三峡库区可持续发展研究丛书

国家哲学社会科学重大招标项目"三峡库区独特地理单元'环境 - 经济 - 社会'发展变化研究"（11&ZD161）

教育部人文社会科学重点研究基地重庆工商大学长江上游经济研究中心 2017 年自主招标项目

"三峡库区百万移民安稳致富国家战略"服务国家特殊需求博士人才培养项目

中央财政支持地方高校发展专项资金应用经济学学科建设项目

国家社会科学基金项目"我国能源消费总量控制与对策研究"（11BJY058）

国家社会科学基金项目"我国能源结构调整与绿色能源发展研究"（15BJL045）

重庆市企业管理研究生中心开放基金项目（2017）

共同资助

长江上游地区水电资源开发研究

曾 胜 著

科学出版社

北 京

图书在版编目（CIP）数据

长江上游地区水电资源开发研究 / 曾胜著. —北京：科学出版社，2018.1
（三峡库区可持续发展研究丛书）
ISBN 978-7-03-054407-0

Ⅰ.①长…　Ⅱ.①曾…　Ⅲ.①长江流域-上游-水电资源-资源开发-研究
Ⅳ.①TV211.1

中国版本图书馆 CIP 数据核字（2017）第 218397 号

丛书策划：杨婵娟　侯俊琳
责任编辑：杨婵娟　李嘉佳 / 责任校对：何艳萍
责任印制：张欣秀 / 封面设计：铭轩堂
编辑部电话：010-64035853
E-mail: houjunlin@mail.sciencep.com

科学出版社 出版
北京东黄城根北街 16 号
邮政编码：100717
http://www.sciencep.com
北京虎彩文化传播有限公司 印刷
科学出版社发行　各地新华书店经销
*
2018 年 1 月第　一　版　　开本：720×1000　B5
2019 年 1 月第二次印刷　　印张：17 5/8
字数：303 000
定价：88.00 元
（如有印装质量问题，我社负责调换）

重庆工商大学"三峡库区百万移民安稳致富国家战略"服务国家特殊需求博士人才培养项目实施指导委员会

主 任 委 员：

  孙芳城（重庆工商大学校长、教授）

副主任委员：

  刘 卡（国务院三峡工程建设委员会办公室经济技术合作司司长）

  袁 卫（国务院学位委员会学科评议组专家、中国人民大学教授）

  彭 亮（重庆市移民局副局长）

委   员：

  陶景良（国务院三峡工程建设委员会办公室教授级高级工程师）

  袁 烨（国务院三峡工程建设委员会办公室经济技术合作司处长）

  徐俊新（中国长江三峡集团公司办公厅主任）

  余棋林（重庆市移民局移民发展扶持处处长）

  杨继瑞（重庆工商大学教授）

  王崇举（重庆工商大学教授）

  何勇平（重庆工商大学副校长、教授）

  廖元和（重庆工商大学教授）

  文传浩（重庆工商大学教授）

  余兴厚（重庆工商大学教授）

项目办公室主任： 余兴厚（重庆工商大学教授）

项目办公室副主任： 文传浩（重庆工商大学教授）

  任 毅（重庆工商大学副教授）

重庆工商大学"三峡库区百万移民安稳致富国家战略"服务国家特殊需求博士人才培养项目专家委员会

主 任 委 员：

王崇举（重庆工商大学教授）

副主任委员：

陶景良（国务院三峡工程建设委员会办公室教授级高级工程师）

黄志亮（重庆工商大学教授）

委　　　员：

戴思锐（西南大学教授）

向书坚（中南财经政法大学教授）

余棋林（重庆市移民局移民发展扶持处处长）

廖元和（重庆工商大学教授）

文传浩（重庆工商大学教授）

培养办公室主任： 文传浩（重庆工商大学教授）

培养办公室副主任： 杨文举（重庆工商大学教授）

丛书序

　　三峡工程是世界上规模最大的水电工程，也是中国有史以来建设的最大的工程项目。三峡工程 1992 年获得全国人民代表大会批准建设，1994 年正式动工兴建，2003 年 6 月 1 日开始蓄水发电，2009 年全部完工，2012 年 7 月 4 日已成为全世界最大的水力发电站和清洁能源生产基地。三峡工程的主要功能是防汛、航运和发电，工程建成至今，它在这三个方面所发挥的巨大作用和获得的效益有目共睹。

　　毋庸置疑，三峡工程从开始筹建的那一刻起，便引发了移民搬迁、环境保护等一系列事关可持续发展的问题，始终与巨大的争议相伴。三峡工程的最终成败，可能不在于它业已取得的防洪、发电和利航等不可否认的巨大成效，而将取决于库区百万移民是否能安稳致富？库区的生态涵养是否能确保浩大的库区永远会有碧水青山？库区内经济社会发展与环境保护之间的矛盾能否有效解决？

　　持续 18 年的三峡工程大移民，涉及重庆、湖北两地 20 多个县（区、市）的 139 万余人，其中 16 万多人离乡背井，远赴十几个省（直辖市）重新安家。三峡移民工作的复杂性和困难性不只在于涉及各地移民，还与移民安置政策，三峡库区环境保护、产业发展等问题紧密相关，细究起来有三点。

　　一是三峡库区经济社会发展相对落后，且各种移民安置政策较为保守。受长期论证三峡工程何时建设、建设的规模和工程的影响，中华人民共和国成立后的几十年内国家在三峡库区没有大的基础设施建设和大型工业企业投资，三峡库区的经济社会发展在全国乃至西部都处在相对落后的水平。以重庆库区为例，1992 年，库区人均地区生产总值仅 992 元，三次产业结构为 42.3∶34.5∶23.2，农业占比最高，财政收入仅 9.67 亿元①。而 1993 年开始的移民工作，执

---

　　① 参见重庆市移民局 2012 年 8 月发布的《三峡工程重庆库区移民工作阶段性总结研究》。

行的是"原规模、原标准或者恢复原功能"（简称"三原"）的补偿及复建政策，1999 年制定并实施了"两个调整"，农村移民从单纯就地后靠安置调整为部分外迁出库区安置，工矿企业则从单纯的搬迁复建调整为结构调整，相当部分关停并转，仅库区 1632 家搬迁企业就规划关破 1102 家，占总数的 67.5%[①]。这样的移民安置政策对移民的安稳致富工作提出了严峻的挑战。

二是三峡百万移民工程波及面远远超过百万移民本身，是一项区域性、系统性的宏大工程。我们通常所指的三峡库区移民工作，着重考虑的是淹没区 175 米水位以下，所涉及的湖北夷陵、秭归、兴山、巴东，重庆巫溪、巫山、奉节、云阳、万州、开县、忠县、石柱、丰都、涪陵、武隆、长寿、渝北、巴南、江津、主城区等 20 多个县（区、市）的 277 个乡（镇）、1680 个村、6301 个组的农村需搬迁居民，以及两座城市、11 个县城、116 个集镇全部或部分重建所涉及的需要动迁的城镇居民。事实上，受到三峡工程影响的不仅仅是这 20 多个县（区、市）中需要搬迁和安置的近 140 万居民，还应该包含上述县（区、市）、乡镇、村组中的全部城乡居民，甚至包括毗邻这些县（区、市）、受流域生态波及的库区的其他区县的居民，这里实际涉及了一个较为广义的移民概念。真正要在库区提振民生福祉、实现移民安稳致富，必须把三峡库区和准库区、百万移民和全体居民的工作都做好。

三是三峡库区百万移民的安稳致富，既要兼顾移民的就业和发展，做好三峡库区产业发展，又要落实好库区的生态涵养和环境保护。三峡库区农民人均耕地只有 1.1 亩[②]，低于全国人均 1.4 亩的水平，而且其中 1/3 左右的耕地处于 25 度左右的斜坡上，土质较差，移民安置只能按人均 0.8 亩考虑。整个库区的河谷平坝仅占总面积的 4.3%，丘陵占 21.7%，山地占 74%。三峡库区是滑坡、坍塌和岩崩多发区，仅在三峡工程实施过程中，就规划治理了崩滑体 617 处。在这样的条件下，我们不仅要转移、安置好库区的百万移民，还必须保护好三峡 660 余公里长的库区的青山绿水。如何同时保证库区的百万移民安稳致富、库区的生态涵养和环境保护，是一项十分艰巨的工作。

国家对三峡库区的可持续发展问题一直高度关注。对于移民工作，国家就提出"开发性移民"的思路，强调移民工作的标准是"搬得出、稳得住、逐步能致富"。在 20 世纪 90 年代，国家财力相对薄，当时全国，尤其是中西部地区

---

① 梁福庆. 2011. 三峡工程移民问题研究. 武汉：华中科技大学出版社.
② 1 亩≈666.67m²。

的经济社会发展水平也不高，因此对移民工作实行了"三原"原则下较低的搬迁补助标准。但就在 2001 年国务院颁发的《长江三峡工程建设移民条例》这个移民政策大纲中，就提出了移民安置"采取前期补偿、补助与后期生产扶持相结合"的原则。在此之前的 1992 年，在《国务院办公厅关于开展对三峡工程库区移民工作对口支援的通知》(国办发〔1992〕14 号)中，具体安排了东中部各省市对库区各区县的对口支援任务，这项工作，由于有国务院三峡工程建设委员会办公室（简称三峡办）的存在，至今仍在大力推进和持续。2011 年 5 月，国务院常务会议审议批准了《三峡后续工作规划》(简称《规划》)，这是在特定时期、针对特定目标、解决特定问题的一项综合规划。《规划》锁定在 2020 年之前必须解决的六大重点问题之首，是移民安稳致富和促进库区经济社会发展。其主要目标是，到 2020 年，移民生活水平达到重庆市和湖北省同期平均水平，覆盖城乡居民的社会保障体系建立，库区经济结构战略性调整取得重大进展，交通、水利及城镇等基础设施进一步完善，移民安置区社会公共服务均等化基本实现。显然，三峡工程移民的安稳致富工作是一个需要较长时间实施的浩大系统工程，它需要全国人民，尤其是库区所在的湖北、重庆两省（市）能够为这项事业奉献智力、财力和人力的人们持续的关注和参与。它既要有经济学的规划和谋略，又要有生态学的视野和管理学的实践，还要有社会学的独特思维和运作，以及众多不同的、各有侧重的工程学科贡献特别的力量。

重庆工商大学身处库区，一直高度关注三峡库区的移民和移民安稳致富工作，并为此做了大量的研究和实践。早在 1993 年，重庆工商大学的前身之一——重庆商学院，就成立了"经济研究所"，承担国家社会科学基金、重庆市政府和各级移民工作管理部门关于移民工作问题的委托研究。2002 年，学校成立长江上游经济研究中心。2004 年，经教育部批准，该中心成为普通高等学校人文社会科学重点研究基地。成立以来，该中心整合财政金融学院、管理学院的资源，以及生态、环境、工程、社会等各大学科门类的众多学者，齐心协力、协同攻关，为三峡库区移民和移民后续工作做出特殊的努力。

2011 年，国务院学位委员会第二十八次会议审议通过了《关于开展"服务国家特殊需求人才培养项目"试点工作的意见》，在全国范围内开展了硕士学位授予单位培养博士专业学位研究生试点工作。因为三峡工程后续工作，尤其是库区移民安稳致富工作的极端重要性、系统性和紧迫性，由三峡办推荐、重庆工商大学申请的应用经济学"三峡库区百万移民安稳致富国家战略"的博士项目最终获批，成为"服务国家特殊需求人才培养项目"的 30 个首批博士项目之一，并从 2013 年开始招生和项目实施。近三年来，该项目紧密结合培养三峡库区后续移民安稳致富中对应用经济学及多学科高端复合型人才的迫切需求，结合博士人才培养的具体过程，致力于库区移民安稳致富的模式、路径、政策等方面的具体研究和探索。

重庆工商大学牢记推动三峡库区可持续发展的历史使命，紧紧围绕着"服务国家特殊需求人才培养项目"这个学科"高原"，不断开展"政产学研用"合作，并由此孵化出一系列紧扣三峡库区实情、旨在推动库区可持续发展的科学研究成果。当前，国家进入经济社会发展的"新常态"，资源约束、市场需求、生态目标、发展模式等均发生了很大的变化。国家实施长江经济带发展战略，意在使长江流域 11 省市依托长江协同和协调发展，使其成为新时期国家发展新的增长极，并支撑国家"一带一路"新的开放发展战略。湖北省推出了以长江经济带为轴心，一主（武汉城市群）两副（宜昌和襄阳为副中心）的区域发展战略。重庆则重点实施五大功能区域规划，将三峡库区的广大区域作为生态涵养发展区，与社会经济同步规划发展。值此之际，重庆工商大学组织以服务国家特殊需求博士项目博士生导师为主的专家、学者推出"三峡库区可持续发展研究丛书"，服务国家重大战略、结合三峡库区区情、应对"新常态"下长江经济带实际，面对三峡库区紧迫难题、贴近三峡库区可持续发展的实际问题，创新提出许多理论联系实际的新观点、新探索。将其结集出版，意在引起库区干部群众，以及关心三峡移民工作的专家、学者对该类问题的持续关注。这些著作由科学出版社统一出版发行，将为现有的有关三峡工程工作的学术成果增添一抹亮色，它们开辟了新的视野和学术领域，将会进一步丰富和创新国内外解决库区可持续发展问题的理论和实践。

最后，借此机会，要向长期以来给予重庆工商大学"三峡库区百万移民安稳致富国家战略"博士项目指导、关心和帮助的国务院学位办、三峡办，重庆市委、市政府及相关部门的领导表达诚挚的感谢！

王崇举

2015 年 8 月于重庆

前言

　　改革开放 30 余年来，我国经济快速发展，社会主义现代化建设取得了举世瞩目的成就。但同时也出现了一些突出的矛盾和问题，如片面追求发展速度，采取高耗能、高污染、高成本、高投入的粗放式经济发展方式，造成生态环境恶化、资源过度消耗与浪费等问题。当 2008 年全球金融危机来临时，我国经济也正面临着"三期叠加"——经济增速换挡期、经济结构调整阵痛期、前期刺激政策的消化期，并会在未来一段时期常态化。为了应对全球经济下行压力与转型要求，我们应该统一两个认识：一是每次工业革命的本质是能源革命；二是当前气候、环境、经济危机的本质是工业文明的危机，生态文明将开启新文明时代。

　　党的十八届三中全会公报中明确提出了建设生态文明，这为抓住正在兴起的第三次工业革命的机会指明了方向。中国在农耕文明的时代是领先的，但错失了第一次和第二次工业革命的机遇。现在在全球发展生态文明的潮流中，如要抢占先机，打造优势，实现跨越式发展，就需要在很多领域和发达国家同步进行并合作开展。大力发展可再生能源或清洁能源及相关制度体系，是践行生态文明的根本举措。生态文明建设既是中国和平崛起的文明之路，也是中华民族走向复兴的创新之路。

　　伴随经济高速发展的是我国能源消耗的快速增长，其中煤炭消费占比居高难下，能源总量短缺与矿石能源消耗带来的环境污染问题并存。在既要满足经济发展的需要，又要减少对大气环境污染的情况下，大力开发清洁能源成为当务之急，对可再生的水电能源进行开发将是解决这种双重困境的重要途径。我国水电资源丰富，无论是理论蕴藏量、技术可开发量还是经济可开发量，都居世界首位，而长江上游地区水能资源技术可开发量和经济可开发量占到了全国总量的半壁江山，具有很大的开发空间。长江上游地区水电能源基地的建设，将为中东部地区提供清洁、优质、可靠、廉价的电力，有利于改善中、东部地区的电力短缺及大气污染状况，缓解国内煤炭生产与运输的压力；也为西部地区经济注入活力，有力带动西部地区的发展与繁荣，促进西部地区的城市化进程；还将有效促进东、中、西部地区经济的协调发展，对推动和加快西部地区的经济社会发展具有重要的战略意义。

水电资源开发是人类合理利用自然资源、满足人类社会能源需求、实现人类自身发展和社会进步的客观要求和必然选择。水电是清洁的可再生能源，必须以环境友好的、社会和谐的方式开发。但是，目前水电开发的规模大、速度快，引发了一系列复杂的问题，如某些流域水质遭到污染、水土流失严重、洪涝灾害频繁、鱼群种类下降等，危害人类生存环境。随着人们生活水平的提高，人们对环境质量的要求也越来越高，这些问题也就变得越来越显著，其中的一些问题还严重影响了人们的日常生活，甚至制约了国民经济的可持续发展，阻碍了流域水资源的进一步开发利用。除此之外，在水电开发过程中，如果水电开发在蓄水、筑坝、修路修渠等施工项目中占用了居民的房屋与土地，必将出现移民搬迁与补偿的问题。例如，移民要求迁出成本过高，水电开发者对移民补偿过低，移民不愿迁出，这势必造成水电开发的社会问题，引起水电开发者与移民的不和谐。

本书以水电开发的文献分析、我国能源供需和水电资源现状及相关资料数据收集作为研究的起点，以水电开发量的动态测评为基础，进行水电开发的替代效应和影响分析，借鉴国内外典型水电开发案例经验，最后对实现经济、社会与环境的可持续发展的水电开发协调机制进行研究。研究分为三个层次：第一层次是基础，就是在现状、文献分析与资料数据收集的基础上，运用有限差分时域（FDTD）方法对水电开发量进行测算；第二层次是在第一层次水电开发量测算的基础上，运用 VAR 模型的脉冲响应函数对水电开发所产生的替代效应与影响进行分析，对国内外水电开发的典型案例进行分析；第三层次是运用进化博弈模型对水电开发与环境、移民进行协调分析，实现水电开发的最终目标——经济、社会与环境的可持续发展。其中，当对水电开发所带来的生态环境与移民的损失进行补偿，就可奠定水电开发的环境与社会基础，水电开发的顺利实施便是水电开发效益的实现，这样便可寻求环境、移民与水电开发者的和谐发展，从而实现环境、社会与经济的协调与可持续发展。水电开发者、环境与移民三者的协调发展又为下一轮水电开发提供资金支持，由此完成一个逻辑循环。

本书的出版与下列同志的关心、帮助和指导有关：四川省发展和改革委员会发展规划处处长韩斌博士，重庆市发展和改革委员会能源局电力处处长杨世兴，四川省扶贫和移民工作局移民工程开发中心杨建成高级工程师，重庆工商大学长江上游经济研究中心文传浩教授和其他的相关老师、管理学院代春艳教授、财政金融学院的领导和同事们，本书所引用文献的作者及限于篇幅而未列出的文献作者；给予本书关心和帮助的其他所有人。本书还得到以下项目的资助：国家哲学社会科学重大招标项目"三峡库区独特地理单元'环境−经济−社会'发展变化研究"（11&ZD161）、教育部人文社会科学重点研究基地重庆工商大学长江上游经济研究中心 2017 年自主招标项目、"三峡库区百万移民安稳致富国家战略"服务国家特殊需求博士人才培养项目、中央财政支持地方高校发展专项资金应用经济学学科建设项目、国家社会科学基金项目"我国能源消费总量控制与对策研究"（11BJY058）、国家社会科学基金项目"我国能源结构调整与绿色能源发展研究"（15BJL045）、重庆市企业管理研究生中心开放基金项目（2017）。在此一并致以衷心感谢！

本书是集体智慧的结晶，课题项目组成员靳景玉、毛跃一、易文德、韩斌、陈晓莉、刘盾、朱沙、魏琪、李仁清、张明龙为项目做出了巨大的贡献，研究生付俊芳、卜政、张露、陈振国、何姚为课题做了大量的问卷、调研和撰写工作。

在本书即将出版之际，我们仍感有许多问题尚未得以讨论，有待进一步深入研究，如水电开发如何引入民营资本，为水电开发的可持续发展提供资金支持。虽然我们已经力求精致，但书中难免还存在不少缺点和不足，恳请大家指正和批评、不吝赐教。我们的研究工作也旨在抛砖引玉，希望能引起更多的理论和实践工作者对水电开发予以关注并激发其研究兴趣。在本书即将付梓之际，我们真诚希望所有阅读本书的读者为我们提供建设性意见，以便我们下一步研究工作做得更好，更符合科学的标准。

曾 胜

2017 年 4 月 30 日

目　录

1

我国能源消费供需状况分析

随着经济的快速发展，我国能源供需矛盾越来越突出。本章分析了我国能源生产和消费状况，以及能源的供需平衡，这是本书的研究基础。

大气污染是世界环境问题中的难题，也是中国环境问题中最为严重的问题之一。长期以来，中国都保持着以煤和石油为主的能源消费结构，能源消费中煤炭占 70%左右，石油占 20%左右，这也成为中国大气污染的主要原因。据研究表明，中国排入大气中的 85%的 SO_2、70%的烟尘、85%的 CO_2 和 60%的 NO_x 来自于煤的燃烧（朱达，2004），大量燃煤对我国的大气环境造成了严重的破坏。在我国，由于粗放型能源发展模式及以煤为主的能源结构和低效率的能源利用方式，能源消费造成的环境污染问题日趋严重。近年来，我国 CO_2 排放的增加量占世界增加量的 90%以上，国际社会不断敦促中国政府控制 CO_2 排放量，这也使我国政府在国际上承担的环境压力愈来愈大。我国火力发电 SO_2 和烟尘排放量占全国总排放量比例见表 1.1。

表 1.1　中国火力发电 SO_2 和烟尘排放量及占全国比例

年份	SO_2 排放量			烟尘排放量		
	全国/万 t	火力发电/万 t	占比/%	全国/万 t	火力发电/万 t	占比/%
1991	1622	460	28.36	1324	325	24.55
2000	1995.1	720	36.09	1165.4	301.3	25.85
2001	1947.8	654	33.58	1069.8	289.7	27.08
2002	1926.6	666.8	34.61	1012.7	292.4	28.87

续表

年份	SO₂排放量			烟尘排放量		
	全国/万t	火力发电/万t	占比/%	全国/万t	火力发电/万t	占比/%
2003	2158.7	802.6	37.18	1048.7	312.8	29.83
2004	2254.9	929.3	41.21	1095	348.6	31.84

资料来源：1992 年、2001～2005 年《中国环境统计年鉴》

2001 年 SO_2 排放量统计口径为 1033 家火力发电厂,消耗原煤 5 亿 t,占 2001 年全国火力发电厂消耗原煤 5.76 亿 t 的 86%。

面对如此严峻的形势,我国未来的能源战略势必调整能源结构,大力发展可再生的清洁能源,来逐步改善以化石燃料为主的能源结构,实现能源、经济与环境的可持续发展。鉴于此,寻找煤炭、石油的替代能源已成当务之急。

1.1 我国能源生产状况分析

从表 1.2 可知,我国能源供给总量从 1990 年的 103 922 万 t 标准煤,增加到 2015 年的 362 000 万 t 标准煤,总量增长了 248%,年均增长速度为 5.21%。我国能源供给总量在一定时期曾有下降,但总体呈现出递增的态势。20 世纪 90 年代前期,我国能源供给以 4%左右的速度稳步增长,由于受亚洲金融危机的影响,90 年代后期呈现小幅下降。迈入 21 世纪后,我国能源供给总量得以快速递增,且增长势头强劲。

表 1.2 我国能源供给总量增长变动情况

年份	能源供给总量/万t标准煤	能源供给总量增长速度/%
1990	103 922	—
1991	104 844	0.89
1992	107 256	2.3
1993	111 059	3.55
1994	118 729	6.91
1995	129 034	8.68
1996	133 032	3.1
1997	133 460	0.32
1998	129 834	-2.72

续表

年份	能源供给总量/万 t 标准煤	能源供给总量增长速度/%
1999	131 935	1.62
2000	138 570	5.03
2001	147 425	6.39
2002	156 277	6.00
2003	178 299	14.09
2004	206 108	15.60
2005	229 037	11.12
2006	244 763	6.87
2007	264 173	7.93
2008	277 419	5.01
2009	286 092	3.13
2010	312 125	9.10
2011	340 178	8.99
2012	351 041	3.19
2013	358 784	2.21
2014	361 866	0.86
2015	362 000	0.04

1990~1996 年，我国能源供给总量持续增长。1997~2000 年出现了能源供给总量增速的下降，到 1999 年时已经低于 1996 年的水平，仅为 131 935 万 t 标准煤。特别是 1998 年下降幅度最大，比 1997 年减少了 3626 万 t 标准煤，降幅达到了 2.72%，这与 1998 年能源需求的大幅度下降有很大关系。在此期间，我国进行了大规模的能源供给结构调整，煤炭供给受到严格限制，而电力消费供给有所上升，这可能是导致统计内能源供给萎缩的主要原因。自 2000 年以后，我国能源供给总量呈现出较快的增长势头，增长速度逐年提高。从总量来看，2001~2010 年增长了 164 700 万 t 标准煤；从增长速度来看更是明显，2001 年、2002 年保持了 6%以上的增长，2003 年和 2004 年环比增长都超过了 14%，这段时期内能源供给经历了井喷式的增长。2004~2011 年能源供给总量的增长速度也都保持高位运行，这说明随着能源开采技术的发展、新技术的利用、新能源的开辟，我国加大了对能源的供给。2012~2015 年能源供给总量的增长速度明显快速下降，在经济运行保持平稳的前提下，资源和能源利用效率等实现了稳

步提高。

1.1.1　我国煤炭生产状况

煤炭是我国重要的基础能源，在国民经济中具有重要的战略地位。根据历年《中国能源统计年鉴》统计，我国各能源产量总体均呈增长趋势。"十五"时期，随着社会经济的快速发展和基础建设步伐的加快，能源需求增长加速，煤炭产量也迅速增长。到"十一五"末，2010 年中国煤炭产量达到 342 844.7 万 t，位居世界首位。1991～2010 年，中国煤炭产量以平均 6.12%的速度增长，2010～2013 年，中国煤炭产量的年增长速度甚至达到了 7.96%（表 1.3）。但 2014 年和 2015 年，我国煤炭产量呈递减状态，出现负增长。

表 1.3　2000～2015 年中国煤炭产量情况

年份	2000	2001	2002	2003	2004	2005	2006	2007
产量/万 t	138 418.5	147 152.7	155 040	183 489.9	212 261.1	236 514.6	252 855.1	269 164.3
增长率/%	8.14	6.31	5.36	18.35	15.68	11.43	6.91	6.45

年份	2008	2009	2010	2011	2012	2013	2014	2015
产量/万 t	280 200.0	297 300.0	342 844.7	351 600.0	394 512.8	397 432.2	387 391.9	374 654.2
增长率/%	4.1	6.1	15.32	2.55	12.21	0.74	−2.53	−3.29

资料来源：国家统计局公开数据

从图 1.1 可以看出，1991～1996 年，煤炭的生产量一直保持着平稳的增长速度，其平均增长率在 4%左右。1996～1998 年，虽然煤炭具有资源丰富、易于开发、成本低廉的优势，但随着经济的发展，其运输不便、利用效率低、污染排放量大等弱点逐渐显现出来，再加上宏观调控不足、经济结构调整和东南亚金融危机等主客观因素的影响造成煤炭需求不足，从而导致其产量下降，其中 1997 年与 1998 年一度出现负增长，1998 年的煤炭产量下降的幅度最大，达到 8.95%。从 1999 年开始，全世界经济复苏，中国经济也持续保持高速增长，对能源的需求量不断增加，再加上煤炭利用技术（特别是燃烧技术）的效率提高、成本的降低和污染物排放量的减少，近年来洁净煤技术得到了很大发展，煤炭显示了很强的潜在市场竞争力，使其需求量和生产量快速膨胀，2003 年中国的煤炭生产量的增长速度超过了 18%。随着人们对环境保护的意识越来越强烈，能源开采中对环境保护的考虑越来越多，因此，2003 年以后，中国煤炭产量增长率呈现下降趋势。"十一五"期间，煤炭工业改革取得了重大进展，在产业结构调整方面，全国煤矿数量由 2005 年的 2.48 万处减少到 2010 年 1.44 万处，平均单井规模由 9.6 万 t 提高到 2010 年的 20 万 t，其中已建成年产 1000 万 t 以上特大型现代化煤矿 37 处；年产量超过亿吨的煤炭企业有 5 家，总产量达 8.13 亿 t。"十一五"期间，在科技创新方面，煤层气开发与利用、煤制烯烃、煤炭液化、难采煤层的开采、环境协调开发等关键技术研发，以及重大煤矿灾害的防治技术取得了重大突破。我国经济发展仍处于高速阶段，煤炭生产仍将保持稳定增长，煤炭企业的供给结构也将不断调整。

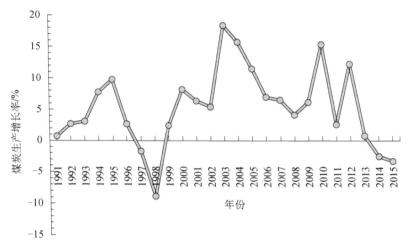

图 1.1　中国煤炭生产增长率

1.1.2　我国石油生产状况

虽然我国是贫油的国家，但是石油在我国能源结构中的重要性仅次于煤炭。由表 1.4 可知，我国石油产量与煤炭相比增速较慢，截至 2006 年年底，我国石油剩余技术可采储量为 27.6 亿 t。由于我国人口众多，人均石油资源量仅 10t 左右，仅是世界平均水平的 17.1 %。2014 年年底，我国石油剩余技术可采储量为 34.3 亿 t。

表 1.4　2006～2014 年我国石油剩余技术可采储量表

年份	剩余技术可采储量/亿 t	增长率/%	年份	剩余技术可采储量/亿 t	增长率/%
2006	27.6	—	2008	28.9	2.12
2007	28.3	2.54	2009	29.5	2.08

年份	剩余技术可采储量/亿 t	增长率/%	年份	剩余技术可采储量/亿 t	增长率/%
2010	31.7	7.46	2013	33.7	1.20
2011	32.4	2.21	2014	34.3	1.78
2012	33.3	2.78			

资料来源：根据 2011～2015 年《中国矿产资源报告》整理得出

我国石油资源匮乏，导致石油自给能力增长有限。近十多年来，我国石油产量增长缓慢。1995 年我国石油产量约为 1.49 亿 t，2009 年产量约为 1.89 亿 t，2012 年产量超过了 2 亿 t，约为 2.07 亿 t（表 1.5）。近几年来，我国石油产量的上升，可能是国际油价的走高和国内石油消费快速增长所致。

表 1.5   中国石油年度产量表　　　　（单位：万 t）

年份	1995	1996	1997	1998	2000	2001	2002
产量	14 901.9	15 851.8	16 219.8	16 016.0	16 300.0	16 395.9	16 700.0
年份	2003	2004	2005	2006	2007	2008	2009
产量	16 960.0	17 587.3	18 135.3	18 476.6	18 631.8	19 044.0	18 949.0
年份	2010	2011	2012	2013	2014	2015	
产量	20 301.4	20 287.6	20 747.8	20 991.9	21 142.9	21 455.58	

资料来源：《中国能源统计年鉴 2016》

我国石油产量发展，大致可以分为三个阶段。一是 20 世纪 60 年代中期～70 年代末期，原油产量处于快速递增阶段，原油生产量快速递增至超过 1 亿 t；二是 80 年代的 10 年时间，原油产量处于稳定递增阶段，生产总量稳定在 1.4 亿 t；三是 1990 年以来，原油产量处于平稳递增阶段，到 2013 年达到约 2.1 亿 t，其中 1990～2008 年年平均增长率为 1.8%左右（中国能源中长期发展战略研究项目组，2011）。我国原油产量的三个阶段决定了我国石油供给的三个阶段，先是快速递增，再是稳定增长，最后是平稳递增。随着经济社会发展，对石油需求快速增加，而我国石油供给增长缓慢，未来石油进口将快速增长，对外依存度将不断提高，我国石油供给风险也随之上升。

1.1.3   我国天然气生产状况

自"六五"以来，我国天然气产量呈等差数列增长。"六五"至"八五"时期，每下一个五年计划天然气的总产量都比上一个五年计划增加 100 亿 m³；"八五"至"十五"时期，每下一个五年计划天然气的总产量都比上一个五年计划增加 300 亿 m^3；而且，1980～2013 年天然气产量的年均增长率已高达 7.9%，其中 2004～2008 年的增长率均为两位数。2010 年，我国天然气储采比约为 40，产量为 948 亿 m^3，处于开发勘查快速发展阶段。2000 年天然气产量为 272 亿 m^3，2011 年就达到了 1011.15 亿 m^3，年均增长率为 13.3%。

虽然受经济增长、国家政策和管网建设等因素的影响，但 2013 年我国天然气产量仍稳定增长，全年产量达到 1170 亿 m^3，同比增长 8.7%。尽管与煤炭和石油两种能源相比，天然气在我国能源生产结构中的比例偏小，但投入产出比煤炭和石油分别高 0.9%和 4.5%。随着进口基础设施的陆续建成投产和不断完善，2013 年我国天然气产量突破 1100 亿 m^3，我国成为世界第七大产气国。

1.1.4 我国电力生产状况

电能是一种清洁优质的能源，在我国产量增速十分明显，从 1980 年的 2421.93 万 t 标准煤，增至 2012 年的 34 180.34 万 t 标准煤，提高了 14 倍，年均增长率为 9%。据《全国电力工业统计快报（2013 年）》统计，我国 2013 年全年发电量达 53 474 亿 kW·h，同比增长 7.52%。我国电力供给还是以火力发电为主，这是我国电力供给的基本特征（表 1.6）。

表 1.6 2013 年、2012 年全国电力工业统计快报一览表

指标名称	2013 年	2012 年	同比增长/%
发电装机容量/万 kW	124 738	114 179	9.25
水力发电/万 kW	28 002	24 945	12.26
火力发电/万 kW	86 238	81 554	5.74
核力发电/万 kW	1 461	1 257	16.19
风力发电/万 kW	7 548	6 062	24.50
太阳能发电/万 kW	1 479	340	335.05
发电量/亿 kW·h	53 474	49 733	7.52
水力发电/亿 kW·h	8 963	8 540	4.96
火力发电/亿 kW·h	41 900	39 142	7.05
核力发电/亿 kW·h	1 121	983	14.04
风力发电/亿 kW·h	1 401	1 028	36.28
太阳能发电/亿 kW·h	87	36	141.67

资料来源：《全国电力工业统计快报（2013 年）》

注：受四舍五入影响，表中加总数据稍有偏差

电力工业是关系国民经济的支柱性行业，电力工业的健康发展是国民经济增长的基础和保障。我国改革开放之初仅有装机容量 5800 万 kW，1987 年达到 1 亿 kW，1994 年达到 2 亿 kW，2000 年达到 3 亿 kW，2004 年上半年达到 4 亿 kW，2004 年年底达到 4.4 亿 kW，2007~2010 年我国电力行业装机容量一直保持着 10%以上的高速增长，随着我国电力行业装机容量的不断提高，2013 年我国电力行业装机容量达到 124 738 万 kW，电源建设基本满足我国电力供应的需求，装机容量增速呈逐渐小幅下降趋势。

1.2　我国能源消费状况分析

1980 年，我国能源消费总量为 60 275 万 t 标准煤，随着我国社会经济的高速发展，工业、商业等对能源的需求量急剧增加。据国家统计局核算，我国 2012 年全年能源消费总量为 402 138 万 t 标准煤，居世界第一。我国人均能源消费约 2.7t 标准煤，略高于世界平均水平。

我国能源消费增长的阶段性比较鲜明，前 20 年的增速明显慢于后 20 年，1980~1989 年年均增长率为 5.4%，1990~1999 年年均增长率为 4%，而 2000~2013 年年均增长率为 8.16%，这表明，进入 21 世纪以后，我国能源消费总量呈现急速增长的趋势，其中最为突出的是 2003 年和 2004 年，这两年的增速都超过了 15%。我国从 2006 年开始加大节能减排的工作力度，能源消费增速降至 9.60%。而国内生产总值（gross domestic product，GDP）与能源消耗不仅存在协整关系，还具有从国内生产总值到能源消耗总量的单向 Granger 因果关系（陈鹏，2005），即能源消耗随着国内生产总值的变化而变化。自 2004 年起，国民经济经历了连续 4 年的两位数增长后，开始进行向下调整。2012 年，国内生产总值增长速度为 7.7%，能源消费总量也随之下降，同期增速低至 3.9%，到 2015 年增速只有 0.98%。表 1.7 为我国能源消费总量增长变动情况。

表 1.7　我国能源消费总量增长变动情况

年份	能源消费总量/万 t 标准煤	能源消费总量增长速度/%
1990	98 703	—
1991	103 783	5.15
1992	109 170	5.19

续表

年份	能源消费总量/万 t 标准煤	能源消费总量增长速度/%
1993	115 993	6.25
1994	122 737	5.81
1995	131 176	6.88
1996	135 192	3.06
1997	135 909	0.53
1998	136 184	0.20
1999	140 569	3.22
2000	146 964	4.55
2001	155 547	5.84
2002	169 577	9.02
2003	197 083	16.22
2004	230 281	16.84
2005	261 369	13.50
2006	286 467	9.60
2007	311 442	8.72
2008	320 611	2.94
2009	336 126	4.84
2010	360 648	7.30
2011	387 043	7.32
2012	402 138	3.90
2013	416 913	3.67
2014	425 806	2.13
2015	430 000	0.98

1.2.1　我国煤炭消费状况分析

中国是世界上最大的煤炭消费国。20 世纪 90 年代末期，曾一度出现煤炭消费量持续递减，这主要是国民经济结构在进行全局性、战略性调整中，发展速度放慢，对煤炭的需求减少，同时产业结构的变化，降低了煤炭消耗量，以及节能技术的应用，提高了煤炭使用效率，减少了煤炭消耗。2013 年煤炭消费总量是 1990 年的 4 倍，随着"十一五"节能减排的力度逐渐加大，煤炭消费增速开始趋缓（表 1.8）。而随着国民经济发展和产业结构调整，煤炭消费总量一直呈现旺盛增长的态势。2015 年，我国煤炭消费量为 39.65 亿 t，同比下降 3.7%，但仍占世界煤炭消费量的一半。煤炭在我国能源消费结构的比例达到 64%，远高于 30% 的世界煤炭平均水平。

表 1.8 1990 年、1995 年、2000～2015 年中国煤炭年度消费量

年份	煤炭消费量/万 t 标准煤	比上年增长/%
1990	105 523	—
1995	137 677	—
2000	135 690	—
2001	143 063	5.4
2002	153 585	7.4
2003	183 760	19.6
2004	212 162	15.4
2005	243 375	14.7
2006	270 639	11.2
2007	290 410	7.3
2008	300 605	3.5
2009	325 003	8.1
2010	349 008	7.3
2011	388 961	11.4
2012	411 727	5.8
2013	424 426	3.1
2014	411 613	−3
2015	396 500	−3.7

资料来源：《中国能源统计年鉴 2016》

1.2.2 我国石油消费状况分析

中国作为世界上能源消费增速最快的大国，从 1993 年开始大量进口石油，目前已经是全球第二大石油进口国。20 多年来，我国石油需求越来越大，2015 年，石油消费量达到 5.52 亿 t。

由中国石油年度产量与消费量情况（图 1.2），可以清楚地看出中国年度石油消费近年的变化趋势。

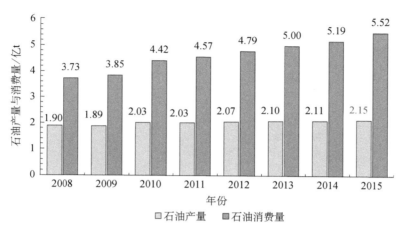

图 1.2　我国石油年度产量与消费量情况

　　"十五"期间,我国石油产量增长缓慢,但伴随经济建设的飞猛发展,石油消费量却快速增长,这导致我国石油进口量的迅猛增长。我国石油表观消费量的大幅增长,主要来自工业、交通运输仓储及邮电通信业、建筑业、零售和餐饮业的迅速发展。"十一五"期间,石油消费比例与"十五"期间平均相比下降了 2.6 个百分点,"十二五"期间有继续下降的趋势。

1.2.3　我国天然气消费状况

　　2000～2013 年,中国天然气消费量年均增长 15.93%,2013 年消费量达 1676 亿 m^3。目前,天然气占我国一次能源消费比例为 5.6%,与国际平均水平(24%)差距较大。从世界范围来看,在世界天然气消费总量中的比例也偏低,仅有 1.8%,而美国的比例高达 23%。同时,随着我国城镇化深入发展,城镇人口规模不断扩大,对天然气的需求也将日益增加。加快发展天然气,提高天然气在我国一次能源消费结构中的比例,可显著减少二氧化碳等温室气体和细颗粒物(PM2.5)等污染物排放,实现节能减排、改善环境,这既是我国实现优化调整能源结构的现实选择,也是强化节能减排的迫切需要。

1.2.4　我国电力消费状况

　　随着经济的大幅度增长,我国对电力的消费进入一个高速增长阶段。截至 2011 年,我国人均装机不足 1kW,而美国和日本分别是 3kW 和 2kW,国内年人均用电量不足 2000kW·h，仅为世界水平的一半。图 1.3 是我国 2000～2015 年的电力消费量。2015 年，我国全社会用电量为 58 019.97 亿 kW·h，同比增长 2.9%。

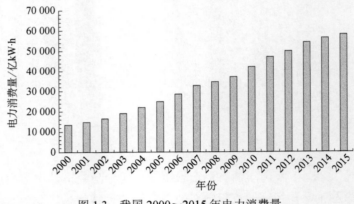

图 1.3　我国 2000～2015 年电力消费量

1.3　我国能源结构分析

1.3.1　我国能源生产结构分析

从表 1.9 中可以看出，我国能源资源结构的变化决定着我国能源生产结构的变化。1990 年，我国煤炭、石油、天然气和电力占能源供给总量的比例分别为 74.2%、19%、2%、4.8%，而我国能源产业的发展可谓突飞猛进，能源供应能力显著增强，煤炭产量占比变化较小，2011 年以后持续下降，电能产量的比例持续增长，石油产量的比例持续减少，天然气产量的比例则呈现先减少后增长的趋势。到 2015 年，我国煤炭、石油、天然气和电能占能源总产量的比例分别为 72.1%、8.5%、4.9%、14.5%。可以看出，我国的能源供给是以煤炭为主，优质能源在能源供给总量中所占的比例非常低。

新中国成立后半个多世纪内，由于我国能源需求一向立足于国内，能源供给应与能源储量相适应，能源供给以煤为主是不言而喻的。从 20 世纪 60 年代初开始，我国能源构成从单一的煤炭构成，逐步向多元化构成发展。从此，石油消费增长相当迅速，能源构成发生了显著的变化。但是，煤炭至今在能源生产构成中仍占有重要的地位，通常在 70%以上，这是我国能源构成的最大特点之一。

表 1.9   我国能源供给总量及各种能源构成比例

年份	能源供给总量/ 万 t 标准煤	占能源供给总量的比例/%			
		煤炭	石油	天然气	电力
1990	103 922	74.2	19	2	4.8
1991	104 844	74.1	19.2	2	4.7
1992	107 256	74.3	18.9	2	4.8
1993	111 059	74	18.7	2	5.3
1994	118 729	74.6	17.6	1.9	5.9
1995	129 034	75.3	16.6	1.9	6.2
1996	133 032	75	16.9	2	6.1
1997	133 460	74.3	17.2	2.1	6.5
1998	129 834	73.3	17.7	2.2	6.8
1999	131 935	73.9	17.3	2.5	6.3
2000	138 570	72.9	16.8	2.6	7.7
2001	147 425	72.6	15.9	2.7	8.8
2002	156 277	73.1	15.3	2.8	8.8
2003	178 299	75.7	13.6	2.6	8.1
2004	206 108	76.7	12.2	2.7	8.4
2005	229 037	77.4	11.3	2.9	8.4
2006	244 763	77.5	10.8	3.2	8.5
2007	264 173	77.8	10.1	3.5	8.6
2008	277 419	76.8	9.8	3.9	9.5
2009	286 092	76.8	9.4	4	9.8
2010	312 125	76.2	9.3	4.1	10.4
2011	340 178	77.8	8.5	4.1	9.6
2012	351 041	76.2	8.5	4.1	11.2
2013	358 784	75.4	8.4	4.4	11.8
2014	361 866	73.6	8.4	4.7	13.3
2015	362 000	72.1	8.5	4.9	14.5

我国能源供给构成以煤炭为主，这种能源供给构成"合情"但"不合理"，

这里的"合情"是指能源供给构成与我国能源储量以煤炭为主相适应,能源供给构成定位是符合我国能源资源储存状况的。这里"不合理"是指煤炭是一种污染性能源,煤炭燃烧时会排放大量的污染物,严重污染大气环境,而经济持续迅速发展又不能以污染大气环境为代价,要求采用清洁能源做燃料,如以天然气、煤制气、液化石油气、柴油等做燃料,显然以煤炭作为主要燃料不合理。

今天的中国,经济及其结构都发生了很大的变化,经济持续快速发展,加入世界贸易组织(World Trade Organization,WTO),中国的经济要融入世界经济。今天中国的能源完全立足于国内,远远不能满足国民经济持续快速发展的需要,也远远不能满足大气环境的要求。既要使经济持续发展,又要保护大气环境不受污染,只能是采用清洁能源做燃料。显然,以煤为主的能源供给构成"合情"但"不合理"。

由于我国经济构成发生了根本性的变化,经济持续迅速发展,能源供给构成中石油、天然气的比例太低,远远满足不了今天市场的需求。石油、天然气、电力在我国能源供给构成中比例如此之低是大气环境严重污染的根本原因之一。电能是优质、清洁、高效、方便、无二次污染的一次能源。任何一次能源都可转化成电能,而电能也可根据需要换成机械能、热能、光能等其他形式的能量。而我国电力的供给比例却很低。因此,改变能源供给结构是我国社会和经济发展的需要。

1.3.2 我国能源消费结构分析

据表 1.10 计算,1990~2015 年,我国能源消费总量中煤炭消费在所占的比例平均约为 71.1%,石油约为 18.4%,天然气约为 2.9%,电力约为 7.5%。然而近年来煤炭占比呈现逐年下降趋势,2015 年占比下降到 64%。2015 年的煤炭消费结构中,我国的煤炭消费主要为商品煤,消费量达 36.98 亿 t,其中电力行业用煤 18.39 亿 t,钢铁行业用煤 6.27 亿 t,建材行业用煤 5.25 亿 t,化工行业用煤 2.53 亿 t,但由于我国经济的放缓,四个行业的煤炭需求均有不同程度的下降,下降幅度分别为 6.2%、3.6%、8%、8.4%。世界能源消费平均水平分别是:煤炭占比 26.2%、石油占比 41%、天然气占比 23.2%、电力占比 8.5%。可以看出,我国能源消费以煤炭为主,相差不大的是电力消费。通过以上与世界平均水平的简单对比分析可知,我国优质能源在能源消费总量中所占的比例是非常低的。另外,我国天然气主要用于化工、油气田开采和发电等领域,而居民用气在天然气消费结构中所占比例不到 11%。

　　从长期的发展来看，天然气由于清洁、热效率高、资源丰富，专家预计它在未来能源结构中比例可能升至第一，将占能源消费总量的 35%～40%，煤炭比例相应降至 30%左右。正如前面所说，我国的消费结构与生产结构一样"合情"但"不合理"。

表 1.10　我国 1990～2015 年能源消费结构和增长率

年份	能源消费总量/万 t 标准煤	煤炭占能源消费总量的比例/%	增长率/%	石油占能源消费总量的比例/%	增长率/%	天然气占能源消费总量的比例/%	增长率/%	电力占能源消费总量的比例/%	增长率/%
1990	98 703	76.2	0.30	16.6	-2.9	2.1	5.0	5.1	4.1
1991	103 783	76.1	-0.13	17.1	3.01	2.0	-4.76	4.8	-5.88
1992	109 170	75.7	-0.53	17.5	2.34	1.9	-5.00	4.9	2.08
1993	115 993	74.7	-1.32	18.2	4.00	1.9	0.00	5.2	6.12
1994	122 737	75.0	0.40	17.4	-4.40	1.9	0.00	5.7	9.62
1995	131 176	74.6	-0.53	17.5	0.57	1.8	-5.26	6.1	7.02
1996	135 192	73.5	-1.47	18.7	6.86	1.8	0.00	6.0	-1.64
1997	135 909	71.4	-2.86	20.4	9.09	1.8	0.00	6.4	6.67
1998	136 184	70.9	-0.70	20.8	1.96	1.8	0.00	6.5	1.56
1999	140 569	70.6	-0.42	21.5	3.37	2.0	11.11	5.9	-9.23
2000	146 964	68.5	-2.97	22.0	2.33	2.2	10.00	7.3	23.73
2001	155 547	68.0	-0.73	21.2	-3.64	2.4	9.09	8.4	15.07
2002	169 577	68.5	-0.74	21	-0.94	2.3	-4.17	8.2	-2.38
2003	197 083	70.2	2.48	20.1	-4.29	2.3	0.00	7.4	-9.76
2004	230 281	70.2	0.00	19.9	-0.99	2.3	0.00	7.6	2.70
2005	261 369	72.4	3.13	17.8	-10.55	2.4	4.35	7.4	-2.63
2006	286 467	72.4	0.00	17.5	-1.69	2.7	12.5	7.4	0.0
2007	311 442	72.5	0.14	17	-2.86	3.0	11.11	7.5	1.35
2008	320 611	71.5	-1.38	16.7	-1.76	3.4	13.33	8.4	12.00
2009	336 126	71.6	0.14	16.4	-1.80	3.5	2.94	8.5	1.19
2010	360 648	69.2	-3.35	17.4	6.10	4.0	14.29	9.4	10.58
2011	387 043	70.2	1.45	16.8	-3.45	4.6	15.0	8.4	-10.64

续表

年份	能源消费总量/万 t 标准煤	煤炭占能源消费总量的比例/%	增长率/%	石油占能源消费总量的比例/%	增长率/%	天然气占能源消费总量的比例/%	增长率/%	电力占能源消费总量的比例/%	增长率/%
2012	402 138	68.5	−2.42	17.0	1.19	4.8	4.35	9.7	15.48
2013	416 913	67.4	−1.61	17.1	0.59	5.3	10.42	10.2	5.15
2014	425 806	65.6	−2.67	17.4	1.75	5.7	7.55	11.3	10.78
2015	430 000	64	−2.44	18.1	4.02	5.9	3.51	12	6.19

　　从煤炭在能源消费总量中所占比例来看（图 1.4），1997 年（"九五"的第二年）以后，其呈现下降趋势，但趋势不太明显，趋于平缓，从走势上看，短期内很难有大幅度下降；同样，石油、天然气、水电在总量消费中所占比例在 1997 年以后略有增加，但也趋于平缓，所以在短时期，我国很难改变目前这种消费结构。

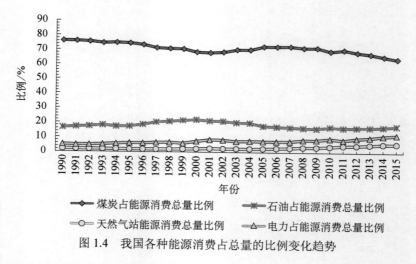

图 1.4　我国各种能源消费占总量的比例变化趋势

1.3.3　我国能源供需平衡分析

　　从表 1.11 可以看出，1990～1991 年或者说 1991 年以前，我国能源供给大于需求（用消费表示），这是因为在 1992 年邓小平南方讲话以前我国还处在计划经济时期，改革还在部分地方试点，对外开放、工业化和城市化程度还相当

低，所以我国能源供给能保证需求，并略有剩余。但随着改革开放的深入，1992
年以后，我国能源需求一直大于我国自身生产能力，国内能源的供给已经满足
不了经济高速发展的需要，能源进口成为必然。1992~2000 年，供给和需求缺
口基本上呈现递增的态势，仅在 1995~1997 年稍有缓解。2000 年以后，能源供
给和需求缺口进一步扩大，供给增长跟不上需求增长的速度。2007 年能源缺口达
到最大值为 47 269 万 t 标准煤。由于国际局势和经济形势的不确定性，伴随国际
能源局势特别是原油供给的不稳定性，因此，我国能源紧张将是一种常态。国际
金融危机以后，随着经济发展的恢复，能源供需缺口有逐步拉大的趋势（图 1.5）。

表 1.11 我国能源需求总量与能源供给总量比较

年份	能源需求总量/ 万 t 标准煤	能源需求总量 增长速度/%	能源供给总量/ 万 t 标准煤	能源供给总量 增长速度/%	供给与需求之差/ 万 t 标准煤
1990	98 703	—	103 922	—	5 219
1991	103 783	5.15	104 844	0.89	1 061
1992	109 170	5.19	107 256	2.30	-1 914
1993	115 993	6.25	111 059	3.55	-4 934
1994	122 737	5.81	118 729	6.91	-4 008
1995	131 176	6.88	129 034	8.68	-2 142
1996	135 192	3.06	133 032	3.10	-2 160
1997	135 909	0.53	133 460	0.32	-2 449
1998	136 184	0.20	129 834	-2.72	-6 350
1999	140 569	3.22	131 935	1.62	-8 634
2000	146 964	4.55	138 570	5.03	-8 394
2001	155 547	5.84	147 425	6.39	-8 122
2002	169 577	9.02	156 277	6.00	-13 300
2003	197 083	16.22	178 299	14.09	-18 784
2004	230 281	16.84	206 108	15.60	-24 173
2005	261 369	13.50	229 037	11.12	-32 332
2006	286 467	9.60	244 763	6.87	-41 704
2007	311 442	8.72	264 173	7.93	-47 269
2008	320 611	2.94	277 419	5.01	-43 192
2009	336 126	4.84	286 092	3.13	-50 034
2010	360 648	7.30	312 125	9.10	-48 523
2011	387 043	7.32	340 178	8.99	-46 865

续表

年份	能源需求总量/ 万 t 标准煤	能源需求总量 增长速度/%	能源供给总量/ 万 t 标准煤	能源供给总量 增长速度/%	供给与需求之差/ 万 t 标准煤
2012	402 138	3.90	351 041	3.19	−51 097
2013	416 913	3.67	358 784	2.21	−58 129
2014	425 806	2.13	361 866	0.86	−63 940
2015	430 000	0.98	362 000	0.04	−68 000

资料来源:《中国能源统计年鉴 2016》

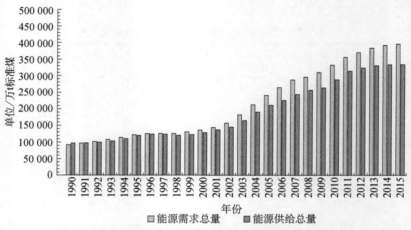

图 1.5　我国能源需求总量与能源供给总量变化趋势比较

　　从我国能源需求总量和能源供给总量的增长趋势和速度来看,两者大致是相同的(图 1.5、图 1.6)。能源供给与需求的变化基本上是同步的,供需总量同步上升,而需求与供给增长速度在 1998 年都为其最低点。

　　从煤炭、石油、天然气、水电所占比例的增长率来看(图 1.7),每种能源所占比例的增长难以保持一种稳定的趋势,并且没有一种能源所占比例的增长率始终保持为正,这也说明我国能源消费结构处于调整时期。虽然各种能源消费总量都呈现递增趋势,而我国政府也想调整能源消费结构,减少煤炭的消费比例,增加其余能源的消费比例,但一方面受能源供给的影响,短时期很难大幅度增加石油、天然气、水电的供给,另一方面,经济的高速发展需要高速增长的能源供给作为保证,而煤炭的供给可以提供这个保障。因此,我国要想发展循环经济、实行国民经济可持续发展战略,能源消费结构的调整任重而道远。

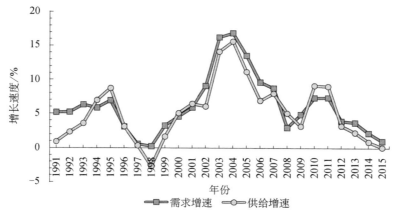

图 1.6　我国能源需求和能源供给增长速度的比较

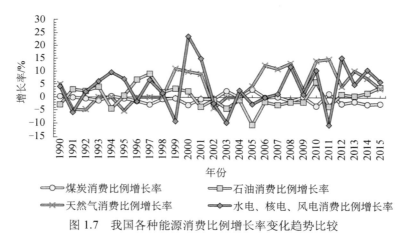

图 1.7　我国各种能源消费比例增长率变化趋势比较

1.3.4　大力发展水电，优化能源结构

随着我国煤炭超强度的开采，长期大量化石能源的消耗已造成严重的环境污染，能源发展受到资源短缺和环境污染的双重约束。面对资源约束趋紧、环境污染严重、生态系统退化的严峻形势，借鉴西方文明的经验教训，结合我国现代化建设实际，党的十八大把生态文明建设作为关系人民福祉、关乎民族未来的长远大计，提到前所未有的战略高度，放在更加突出的地位，融入经济建设、政治建设、文化建设、社会建设各方面和全过程。建设生态文明，必须着力推进绿色发展、循环发展、低碳发展，大力发展清洁可再生能源，其中水电就是我国重要的清洁可再生能源和优势资源。

水电作为一种清洁可再生能源，是煤炭或者石油较好的替代能源之一。大力发展水电有助于优化能源结构，同时带来大气环境的改善。

1.4　本　章　小　结

通过以上分析得知，我国的能源生产自 20 世纪 90 年代以来经历了大幅、快速的增长。近年来，尤其是"十一五"期间，我国能源发展迅猛，能源保障能力显著增强。但我国能源生产结构还需调整，煤炭的比例一直在 70%以上，天然气、水电等清洁能源比例还有待提高。

根据中国能源研究会发布的历年《中国能源发展报告》，我国是世界第二大能源消费国。2013 年我国能源消费总量为 41.69 亿 t 标准煤，比前一年增加 3.67%，2013 年我国的人均能源消费量为 2.643t 标准煤，达到世界平均水平。但我国依然存在着能源消费结构不合理、高耗能企业为保增长过度消耗能源、粗放型经济增长模式还未根本扭转等问题。按照"十二五"能源规划的发展要求，将来应该着力提高清洁低碳化石能源和非化石能源比例，大力推进煤炭高效清洁利用，科学实施传统能源替代，加快优化能源生产和消费结构，尤其是大力开发水电资源，以保证我国能源供需平衡，继续促进经济转型和平稳健康发展。

2 | 从世界到长江上游地区
水电资源状况

1949 年中华人民共和国成立，那时我国的水电装机总量才 $3.60 \times 10^9 \mathrm{W}$，全年共计产出 $1.20 \times 10^9 \mathrm{kW \cdot h}$ 的电量。2014 年，中国水电装机总量突破 $3 \times 10^{11} \mathrm{W}$，跃居世界之首，至 2016 年仍未被超越。

本章对水电资源现状的阐述主要包括以下三个方面。第一，简要介绍包含中国在内的世界主要国家的水电发展进程，通过世界水电开发的现状侧面反映中国水电在世界的地位。其中，以目前官方公布的最新数据介绍全球水电的储备、开发和使用情况，并按发电站发电量、坝体面积、坝体高度、水库容积等指标简要介绍世界排名前十的水力发电站（即大坝，简称水电站）。第二，按地域视角和流域视角划分，分别介绍中国水电资源分布的基础数据和各流域水电开发情况，直接展示我国水电资源现状。并通过中国十三大水电基地规划、千万千瓦级水电站的举例，在描述我国水电资源利用的基础上，使读者能够把握我国未来水电发展的方向。第三，长江流域各省（自治区、直辖市）可开发水电装机容量、年发电量占全国的九成以上，我国的水能资源主要集中在长江流域。选择长江流域中有代表性的四川段，对该流域的水电资源现状进行分析，通过自然特点、可开发电站水量及四川占全国水力发电的贡献率的比较等方面的分析，希望能够以小见大，使读者获得一定的启发。

2.1 世界水电资源现状

2.1.1 世界水电大国的水电资源开发进程

在众多的可再生清洁能源中，只有水电资源可以进行大范围的商业性开发。在众多清洁能源中，它被广泛运用于实践中，开发技术手段也相对成熟一些。鉴于水电资源优点较多，外国很早就开始对其进行商业性开发。全球的首座水电站坐落于法国，开建于 1878 年。1885 年，位于意大利的特沃利水电站的建成标志着欧洲第一座商业性水电站的出现，其装机容量为 $6.5 \times 10^5 \mathrm{W}$。1890 年后，水电站建造的浪潮席卷各国，特别是北美、欧洲等地的国家利用所属地的有利地势，修建的水力发电站装机数十千瓦、数千千瓦不等。20 世纪 30 年代后，由于筑坝、电气等水电建设相关科技的进步，即便在复杂的地势条件下也能修建各种类型的水力发电工程，水电建设的规模和速度得到了更大、更快的提升。

我国的地势呈现为西高东低，丘陵、山地和相对崎岖的高原总计约占中国国土面积的 2/3，因此水能资源丰富，位居世界第一。1910 年，石龙坝水电站建成，其是我国首座建成并投入使用的水电站，它的建立标志着我国水电开发的起步。水电开发在中国已有百年，中国水电从起步阶段到 1950 年开发一直比较缓慢，随着对水能资源的开发利用逐步提升，自 1950 年以来水能资源的开发投入有所加大。中国的水资源充沛，在近 70 年的水电发展上，水电资源开发也有中国特色，具体发展特点如下：

（1）全球储存水力最多的国家。我国水力资源储量位居全球之首。第三次全国水力资源普查结果显示，储藏水力超过 $1.0 \times 10^7 \mathrm{W}$ 的河流总数在 3000 条以上，水资源理论蕴藏量是 $6.9 \times 10^{11} \mathrm{W}$，超出水力大国苏联（$4.5 \times 10^{11} \mathrm{W}$）和美国（$1.7 \times 10^{11} \mathrm{W}$）两国总量之和。

（2）大西南水电资源区居全球之首。大西南水电资源区是全球最大水力发电资源区，地处中国西南部，包含了川、滇、贵、藏等地区。据统计，川、滇、贵、藏四省（自治区）拥有 4 亿～5 亿 kW 水电资源，其中，可供利用的水电资源达 $1.5 \times 10^7 \sim 2.2 \times 10^{11} \mathrm{W}$，占水电资源总量的 70% 左右，在全球各地区中排名第一。

（3）小水电开发潜力大。中国的小型水电站甚多。统计数据显示，截至 2014

年，全国已建成装机在 5 万 kW 及以下的水电站超过 4.7 万个，装机容量近 7.3×10^9W，年产出 2200 多亿 kW·h 电量。全国小水电开发率约为 41%，远低于欧美发达国家水电开发程度，开发潜力大。

（4）全球最大的水电站。1994 年 12 月 14 日是具有里程碑式的日子，三峡水电工程在这天正式动工，标志着世界第一大的水电工程在中国大地上如一颗新星正冉冉升起。三峡大坝（图 2.1）地处湖北宜昌三斗坪。据统计，三峡大坝从建立到 2006 年实现整体完工耗费 954.6 亿元。

图 2.1　三峡大坝

2.1.2　全球水电的储备、开发和使用情况

理论统计上，全球储藏了近 3.91×10^{13}kW·h 水能资源；从技术角度看，全球可开发 1.46×10^{13}kW·h 水能资源；从经济上可供开发值看，全球可开发水能资源达到了 8.7×10^{12}kW·h（李海英等，2010）。《中国能源发展报告 2013》统计表明，截至 2010 年年底，全球水电装机容量超过 1.0×10^{12}W，平均每年产出 3.6×10^{12}kW·h 以上的电量，以此为标准算出我国的水电开发程度约 25%。水能资源开发程度高的国家主要是经济发达的国家，如法国和瑞士的开发程度都达到了 97%，意大利和西班牙也达到了 96%，日本与美国也分别达到了 84%、73%，相较而言，发展中国家对于水电开发的力度普遍低于发达国家。

全球在 2010 年总计消耗了水电 3.427×10^{12}kW·h，占到电力消费总量的 16%，比历史平均值高出一倍。亚太地区国家水力发电量占到全球增长的 72.1%。2010 年，全球水电投资总额在 400 亿～450 亿美元，尽管在环境保护方面现存诸多问题，考虑到水电资源较其他新能源的成本低的优势，预计水电占全球电力生产的比例将不断增加。2011 年世界部分国家和地区水力发电统计见表 2.1。

表 2.1 世界部分国家和地区水力发电统计（2011 年）

国家和地区	总发电量/ （GW·h）	发电量占世界 比例/%	水力发电 比例/%	国家和地区	总发电量/ （GW·h）	发电量占世界 比例/%	水力发电 比例/%
世界总计	22 125 848	100.00	15.80	墨西哥	295 837	1.34	12.26
美国	4 326 625	19.55	7.44	南非	259 576	1.17	0.80
中国	4 964 830	22.44	16.40	乌克兰	194 947	0.88	5.60
日本	1 042 739	4.71	7.98	瑞典	150 254	0.68	44.21
俄罗斯	1 053 001	4.76	15.70	阿根廷	129 555	0.59	24.40
印度	1 052 330	4.76	12.40	荷兰	112 968	0.51	0.05
德国	602 419	2.72	2.87	巴基斯坦	95 258	0.43	29.90
加拿大	636 878	2.88	58.99	比利时	89 008	0.40	0.22
法国	556 886	2.52	8.05	捷克	86 753	0.39	2.26
巴西	531 758	2.40	80.60	芬兰	73 481	0.33	16.94
韩国	520 053	2.35	0.88	瑞士	62 897	0.28	51.50
英国	364 896	1.65	1.56	罗马尼亚	61 999	0.28	23.80
西班牙	289 045	1.31	10.59	保加利亚	50 023	0.23	5.80

资料来源：《中国能源统计年鉴 2013》

2011 年，世界水力发电增加幅度创近 8 年来的新低，仅为 1.6%。《中国能源统计年鉴 2013》数据显示，2011 年，世界总发电量约为 $2.2126×10^{13}$ kW·h，其中水力发电比例为 15.80%，为 $3.4959×10^{12}$ kW·h。中国水力发电量占我国总发电量的 16.40%，水力发电为 $8.1423×10^{11}$ kW·h，水力发电总量保持世界第一，美国、日本分别居第二、第三。全国范围内，巴西水力发电贡献额最高，占到了其全国的总发电量的 80.60%，对水力发电的开发非常充分，另外，加拿大和瑞士也较大地依靠水力发电，各自水力发电额都超过全国总发电额的一半。

2.1.3 世界水电开发现状

2.1.3.1 全球水电消费情况

伴随经济的腾飞，中国电力消费巨大，2013 年凭借整年总消费 $5.2113×10^{13}$ kW·h，居全球榜首。此外，中国积极利用可再生能源（风力、水力、太阳能等）发电，发电总量居全球第一，特别是在水力发电方面的开发利用上。2013 年，中国、加拿大和巴西的水电消费额位居全球前三，分别是 206.3Mt 油当量、

88.6Mt 油当量和 87.3Mt 油当量，仅中国就占到全球水力发电额的 24%。

2015 版、2016 版《BP 世界能源统计年鉴》的数据显示，2014 年，全球水力发电增长 2.0%，这低于过去两年的增速，也低于过去十年平均 3.3%的增速。所有的增长来自于中国 15.7%的增长，这在一定程度上抵消了巴西、土耳其、北美洲和俄罗斯等国家和地区的水电降幅。而在 2015 年，世界水电产出增长了1%，低于平均值，所有净增长都来自亚太地区，尽管该地区的增长仅为过去十年平均增速的一半。图 2.2 为全球分区域的水电消费量。

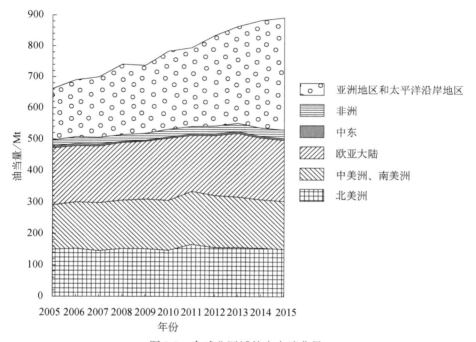

图 2.2　全球分区域的水电消费量

资料来源：2016 版《BP 世界能源统计年鉴》

2.1.3.2　世界排名前十的水电站

目前水电站、核电站等是全球主要的发电工具，属于开发清洁能源发电的范畴，相较于火力发电有效率高、可持续、环保清洁的特点。

在中国，"水电站"的称呼往往多于国外习惯称呼的"大坝"，二者本质上没有什么不同。截至 2015 年，按装机容量的大小，在全球已建成投产的水电站中划分出世界前十大水电站（表 2.2），包含三峡大坝在内的 3 个水电站都位于中国。图 2.3 为全球排名前三的水电站。

表 2.2 世界排名前十的水电站

排名	大坝名称	国家	总装机容量/MW
1	三峡大坝	中国	22 500
2	伊泰普大坝	巴西、巴拉圭	14 000
3	溪洛渡水电站	中国	13 860
4	大古力水电站	美国	10 830
5	古里水电站	委内瑞拉	10 305
6	图库鲁伊大坝	巴西	8 370
7	拉格朗德二级水电站	加拿大	7 326
8	萨扬—舒申斯克水电站	俄罗斯	6 400
9	向家坝	中国	6 400
10	拉斯诺雅尔斯克水电站	俄罗斯	6 000

资料来源：许盼，2015

（a）三峡大坝

（b）伊泰普大坝

（c）溪洛渡大坝

图 2.3 2015 年全球排名前三的水电站组图

2.1.3.3 世界前十大坝体

坝体是水电工程中用于挡水防护的建筑。表 2.3 为 2010 年世界前十大坝体。加拿大的辛克鲁德尾矿坝（图 2.4）拥有包揽世界上第一、第二大的坝体，世界最大的坝体建筑物体积达到了 $540 \times 10^6 / 720 \times 10^6 \mathrm{m}^3$，远超于排名靠后的坝体。

表 2.3 世界前十大坝体

排名	大坝名称	国家	年份	构筑物高/m	构筑物体积/$10^6 \mathrm{m}^3$	水库体积/$10^9 \mathrm{m}^3$
1	辛克鲁德尾矿坝	加拿大	1995	88	540/720	0.35
2	辛克鲁德尾矿坝	加拿大	2010	40～50	119	0.25
3	塔贝拉大坝	巴基斯坦	1976	143	106/152	13.7
4	佩克堡水坝	美国	1940	76.4	96	23
5	阿塔图尔特大坝	土耳其	1990	166	84.5	48.7
6	拦海大坝	荷兰	1968	13	78	0
7	欧阿希水坝	美国	1963	75	70.3	29
8	加德纳大坝	加拿大	1967	64	65.4	9.4
9	马哥拉大坝	巴基斯坦	1967	138	65.4	7.25
10	圣路易斯大坝	美国	1967	93	59.6	2.52

资料来源：庞名立，2014

图 2.4 辛克鲁德尾矿大坝（Syncrude Tailings Dam）

2.1.3.4 世界前十高大坝

中国锦屏一级水电站高为 305m，是全球第一高的大坝。截至 2013 年，世界前十高大坝见表 2.4，位于塔吉克斯坦的努列克大坝以 300m 的坝高排名第二，中国的小湾坝、溪洛渡大坝分居世界第三、第四名。图 2.5 为锦屏水电工程组图。

表 2.4 世界前十高大坝

排名	名称	高度/m	类型	建成年份	国家	河流
1	锦屏一级水电站	305	混凝土高拱坝	2013	中国	雅砻江
2	努列克大坝	300	土石坝	1980	塔吉克斯坦	瓦赫什河
3	小湾坝	292	混凝土双曲拱坝	2010	中国	澜沧江
4	溪洛渡大坝	285.5	混凝土双曲拱坝	2013	中国	金沙江
5	大迪克桑斯坝	285	混凝土重力坝	1964	瑞士	迪克桑斯河
6	因古里大坝	271.5	混凝土双曲拱坝	1987	格鲁吉亚	因古里河
7	瓦依昂坝	261.6	混凝土双曲拱坝	1959	意大利	瓦依昂河
8	糯扎渡大坝	261.5	心墙堆石坝	2012	中国	澜沧江
9	奇科森坝大坝	261	直心墙堆石坝	1980	墨西哥	格里哈尔瓦河
10	特赫里大坝	260.5	土石坝	2006	印度	帕吉勒提河

（a）锦屏一级水电站　　　　　　（b）锦屏二级水电站

（c）锦屏水电工程截面图

图 2.5　锦屏水电工程组图

2.1.3.5 世界装机容量前十的抽水蓄能水电站

截至 2016 年,美国的巴斯康蒂抽水蓄能站在此类电站中装机容量排名第一,其次分别是中国的惠州抽水蓄能水电站、广东抽水蓄能水电站。世界前十大抽水蓄能水电站见表 2.5。

表 2.5 世界前十大抽水蓄能水电站

排名	抽水蓄能水电站	国家	装机容量/MW
1	丰宁抽水蓄能电站（在建）	中国	3600
2	巴斯康蒂抽水蓄能电站	美国	3003
3	德涅斯特抽水蓄能电站（在建）	乌克兰	2947
4	神流川抽水蓄能电站（在建）	日本	2820
5	惠州抽水蓄能水电站	中国	2448
6	广东抽水蓄能水电站	中国	2400
7	洪屏抽水蓄能电站（在建）	中国	2400
8	阳江抽水蓄能电站（在建）	中国	2400
9	梅州抽水蓄能电站（在建）	中国	2400
10	长龙山抽水蓄能电站（在建）	中国	2100

资料来源:北极星储能网,http://shupeidian.bjx.com.cn/html/20160122/703734.shtml

2.2 我国水电资源分布

中国水能资源全球第一,水电开发已有百年历史,有许多水电站坐落在中国广袤大地上。1958 年 9 月,中国首座"百万千瓦级"大型水电站——刘家峡水电站开工兴建,于 1974 年年底竣工。1971 年,位于湖北宜昌的葛洲坝水电站开工兴建,1988 年全部完工,它是长江干流上兴建的第一座大型水利枢纽,也是世界上最大的低水头大流量、径流式水电站。三峡水利枢纽正式开工的装机总量达 2.25×10^{10} W,截至 2017 年是全球第一大水电站。

我国国家能源局统计数据显示,2015 年年底全国水电装机容量为 3.2 亿 kW,设备平均利用小时为 3621h,同比降低 48h。与上年相比,一半省份水电设备平均利用小时同比下降。2015 年全年新增清洁能源装机高达 6600 万 kW,新增水电装机 1608 万 kW,总装机达到 3.2 亿 kW。

我国水电开发现状是:大中型水电站基本规划已经开发完毕,小水电的开发热潮正逐步掀起。随着水电在经济生活中扮演的角色越来越重要，探明我国水电的分布格局和开发利用状况，对于调整我国电力结构、优化我国能源供应结构意义重大。

2.2.1　我国水力资源储量

2.2.1.1　河流水能资源的三种表述

统计中，水能资源主要被划分为三类，分别是：水能资源理论蕴藏量、技术上可供开发的水力资源值与经济上可供开发的水力资源值，这三类通常用装机容量、年发电量表达。

（1）水能资源理论蕴藏量。逐段计算河流分段的平均流量（或中水、枯水流量）及分段水位落差，最终累计得出的数字就是该段河流的理论水能资源蕴藏值。统计范围，分段终点和起点的选择，参考的水文、地形资料的准确度等参数选择的不同，其结果的估算值往往也有所不同。

（2）技术上可供开发的水力资源值。技术上可供开发的水力资源值是根据河流规划可建设水电站数量、初步拟定的装机容量及全年共计发电额计算得到。河流的水能资源蕴藏量、落差在水能转变成机械能及电能的过程时常常伴有一定损失，并不能全被开发利用，所以技术上可供开发的水力资源值小于理论蕴藏量。

（3）经济上可供开发的水力资源值。以技术上可供开发的水力资源资料为依据，以造价成本、淹没损失以及输电距离等为条件，筛选统计出符合技术、经济条件的水电站，就找到满足经济性的水能资源量。关于判断在经济上是不是合理的这个问题，会受到不同国家和地区的水能资源情况、水电技术等条件的影响，不同时期往往不同。

2.2.1.2　我国水力资源普查及成果

1949 年以来，我国总计进行了三次全国范围内的大规模水力资源普查。第一次是 1949～1950 年的水力资源量统计，是水利部在对过往资料进行整理和补充后，按每条河流从河源至河口段来统一制表，并计算出河流平均年径流量和河道落差，统计得到全国水力资源理论蕴藏量。第二次水力资源量统计工作是在 1954～1955 年，水利部在全国范围上进行了一次相对全面正规的水力资源量统计估算。统计对象包含我国较大河流 1598 条，占全国面积超过 70%，所计算的河流总长度达 22.68km，年平均径流的总水量约为 $2.6170 \times 10^{12} m^3$。更全面、系统的是 1977～1980 年进行的第三次全国水力资源普查，这次耗时 3

年多的普查，是在统一了技术标准与计算方法的情况下进行的一次更加全面的普查。结果显示我国水力资源在理论上的总储量是 6.76×10^{11} W。从宏观层面上把握我国水力资源的基本情况，为改革开放 20 多年的水力资源开发、水电建设提供依据。

从 2000 年开始，国家启动了全国水力资源复查工作。经过共同努力，终于在 2005 年公布了复查的成果。复查表明，全国水力资源理论蕴藏量为年发电量 60 829 亿 kW·h，平均功率为 69 440 万 kW；技术可开发装机容量 54 163 万 kW，年发电量 24 740 亿 kW·h；经济可开发装机容量 40 180 万 kW，年发电量 17 534 亿 kW·h。从统计数据我们可以知道，中国的水力资源总量是当之无愧的全球第一。

2.2.1.3　流域视角下的水电资源分布

1）基于水系流域视角下水电资源的基本数据

中国的地势呈现为西高东低，丘陵、山地和相对崎岖的高原总计占到了中国国土面积的 2/3，河流众多、水系庞杂，被分成了十片流域。按从北到南顺序包括：东北诸河流域，包括黑龙江、鸭绿江在内的江河；海河流域，包括海河、滦河等河流；黄河流域，主要由卡日曲、约古宗列曲、黄河干流，以及洮河、汾河、淳水、渭河各支流构成；长江流域，主要包括长江干流及其支流雅砻江、汉江；淮河流域，包括白露河、池河等河流；珠江流域，包括南红水河、黔江在内的河流；东南沿海诸河流域，主要由钱塘江、闽江、九龙江、榕江、晋江、韩江、南渡江等浙江、福建、广东、广西、海南五省区的中小河流组成；另外，西北方向包括甘肃、内蒙古、青海等地的北方内陆河流，以及新疆诸河流域；而西南方向则是分布着西南国际诸河流域、雅鲁藏布江及西藏其他河流流域。

中国水力资源总量居全球第一，但就其分布而言，则是极其不均衡的，大体呈"西多东少"分布。从技术上可供开发的水力资源值上看，中国排名前三的依次为：长江、雅鲁藏布江、黄河三大流域，分别各占整个中国水电资源的 47%、13% 与 7%，主要聚集于云南、西藏还有四川等西南地区，经济发达的东部地区水电资源相对较少，常常不能满足其巨大的用电需求。我国河流纵横，大多数年内、年际径流呈不均匀分布，且在丰季和枯季，水流量也存在较大不同，水力发电的供电质量或多或少存在差异。根据第三次全国水力资源普查成果，各流域水利资源数据见表 2.6。

表 2.6　第三次全国水力资源普查成果分流域汇总

流域	理论蕴藏量		技术上可供开发的水力资源值			经济上可供开发的水力资源值		
	年发电量/（亿 kW·h）	平均功率/万 kW	装机容量/万 kW	年发电量/（亿 kW·h）	占比/%	装机容量/万 kW	年发电量/（亿 kW·h）	占比/%
长江流域	24 335.98	27 780.80	25 627.29	11 878.99	48.02%	22 831.87	10 498.34	59.87%
黄河流域	3 794.13	4 331.21	3 734.25	1 360.96	5.50%	3 164.78	1 111.39	6.34%
珠江流域	2 823.94	3 223.67	3 128.80	1 353.75	5.47%	3 002.10	1 297.68	7.40%
海河流域	247.94	283.04	202.95	47.63	0.19%	151.65	35.01	0.20%
淮河流域	98	111.85	65.6	18.64	0.08%	55.65	15.92	0.09%
东北诸河	1 454.80	1 660.74	1 682.08	465.23	1.88%	1 572.91	433.82	2.47%
东南沿海诸河	1 776.11	2 027.53	1 907.49	593.39	2.40%	1 864.83	581.35	3.32%
西南国际诸河	8 630.07	9 851.68	7 501.68	3 731.82	15.08%	5 559.44	2 684.36	15.31%
雅鲁藏布江及西藏其他河流	14 034.82	16 021.48	8 466.36	4 483.11	18.12%	259.55	119.69	0.68%
北方内陆及新疆诸河	3 633.57	4 147.91	1 847.16	805.86	3.26%	1 717.40	756.39	4.31%
全国	60 829.36	69 439.91	54 163.46	24 739.38	100.00%	40 180.18	17 533.95	100.00%

从表 2.6 可以看出，长江流域无论是理论蕴藏量、技术上可供开发的水力资源值还是经济上可供开发的水力资源值都居各流域之首，理论蕴藏量年发电量达 2.4336×10^{12}kW·h，平均功率为 2.7781×10^{10}W，后者几乎是全国总量的 2/5，技术上可供开发的水力资源值达到全国总量的 48.02%，经济上可供开发的水力资源值甚至占到了全国总量的半壁江山，达 59.87%。除此之外，雅鲁藏布江及西藏其他河流流域、西南国际诸河流域也拥有比较丰富的水能资源，理论蕴藏量的平均功率指标数据分别为 1.6021×10^{10}W、9.8517×10^9W，分别占比 23.1% 和 14.2%，技术上可供开发的水力资源值的该比例分别为 18.12% 和 15.08%。就理论蕴藏量平均功率这个指标而言，我国十大流域数量最多的前三位分别为：长江流域、雅鲁藏布江及西藏其他河流、西南国际诸河，占比依次为 40%、23%、14%，总占比达到了全国的 77%。其余流域的水能资源量相较而言显得略微有些贫乏，年发电量均没有超过总量的 7%。值得关注的是，理论蕴藏量排名第二的雅鲁藏布江及西藏其他河流流域的经济可开发性不强，经济上可供开发的水力资源值仅是全国的 0.68%。总体说来，中国西南地区集聚着大部分的水电资源，其他流域的相对较少。评价我国各流域水力资源的三个指标数值及其各自所占比例如图 2.6 所示。

我国十大流域水资源所占比例如图 2.7～图 2.9 所示：

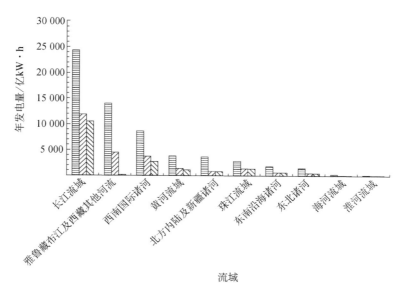

图 2.6　中国十大流域水资源

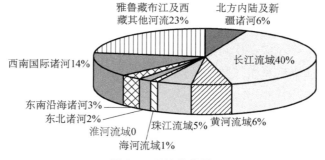

图 2.7　理论蕴藏量

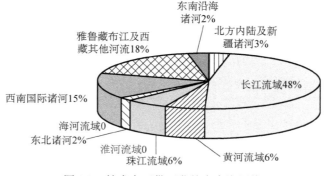

图 2.8　技术上可供开发的水力资源值

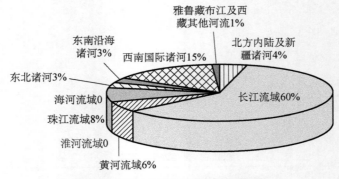

图 2.9 经济上可供开发的水力资源值

2）我国各流域水电开发情况

通过前面数据分析，可以得出我国水力资源整体表现为西部地区较多，东部地区较少的格局。从江河来看，长江、黄河（中上游）、雅鲁藏布江、珠江、澜沧江、怒江和黑龙江这七条江河可开发的大、中型水电资源都在 1000 万 kW 以上，其总量约占全国大、中型水电资源量的 90%，占比极高。

就衡量水力开发水平的评价指标上，国外和国内有所差异。国际上多用年发电量来描述。中国现在并没有明确确定其具体表达方法，一般用水电站装机容量与技术上或者是经济上可供开发的装机值之比来描述。何种指标评价能更科学地反映中国水能资源的利用率，业内倾向于采用国际标准。

表 2.7 显示，中国已、正开发水电站达 6053+4/2 座，装机量为 1.3098×10^{10}W，全年共计能够产出 5.2589×10^{11}kW·h 的电量。长江流域的装机量、年均发电额和水电站数目均列全国榜首。从装机量上看，长江流域装机容量共计 6.9727×10^{9}W，是全国已开发、正开发装机量的 53.2%；从年发电量上看，这个值达到了 2.9250×10^{11}kW·h，占到此类总额的 55.6%；长江流域水电站共计 2441 座。我国最大的三峡水电站就坐落在长江上游干流上，长江的上游至金沙江的下游干流段规划待建的白鹤滩水电站，以及溪洛渡水电站装机容量分别在中国排第二、第三名。汉江分布有丹江口、安康水电站，乌江上还分布着诸如沙陀、构皮滩、思林等百万千瓦级水电站，此外长江流域还有许多大中型水电站，篇幅有限，便不在此处逐一列举。装机容量排名第二的珠江流域，达 1.8101×10^{9}W，占中国装机总额的 13.8%，全年共计能够产出 7.8578×10^{10}kW·h 的电量，达到全国总发电量的 15%。珠江流域上，已建、在建水电站有 957 座。黄河流域装机总量位居第三，为 1.2030×10^{9}W，占中国装机总额的 9.2%，全年

共计能够产出 $4.6479 \times 10^{10} \mathrm{kW \cdot h}$ 的电量，在中国发电总额中占 8.8%。黄河上游水电站数量较少，黄河中下游的干流上的水电站数量占据了黄河流域的绝大部分，其中包括诸如刘家峡、龙羊峡和公伯峡这样的大型水电站。淮河、雅鲁藏布江及西藏其他河流、海河三大流域是已、正开发装机容量最小三块，其装机容量分别是 $3.103 \times 10^{7} \mathrm{W}$、$3.466 \times 10^{7} \mathrm{W}$ 和 $8.034 \times 10^{7} \mathrm{W}$，依次只占到全国总装机量的 0.2%、0.3% 和 0.6%，均不足 1%。

表 2.7 我国各流域水电开发情况

流域	技术上可供开发量			已开发、正开发量			开发程度/%
	水电站数量/座	装机容量/MW	年发电量/（亿 kW·h）	水电站数量/座	装机容量/MW	年发电量/（亿 kW·h）	
长江流域	5 748	256 272.90	11 878.99	2 441	6 972.71	2 924.96	24.62
黄河流域	535	37 342.50	1 360.96	238	1 203.04	464.79	34.15
珠江流域	1 757	31 288.00	1 353.75	957	1 810.07	785.78	58.04
海河流域	295	2 029.50	47.63	123	80.34	19.5	40.94
淮河流域	185	656	18.64	75	31.03	9.58	51.39
东北诸河	644+26/2	16 820.80	465.23	196+4/2	639.68	151.74	32.62
东南沿海诸河	2 558+1/2	19 074.90	593.39	1 388	1 165.37	363.08	61.19
西南国际诸河	609+1/2	75 014.80	3 731.82	313	932.27	442.77	11.86
雅鲁藏布江及西藏其他河流	243	84 663.60	4 483.11	52	34.66	11.55	0.26
北方内陆及新疆诸河	712	18 471.60	805.86	270	229.02	85.1	10.56
全国	13 286+28/2	541 634.60	24 739.38	6 053+4/2	13 098.19	5 258.85	21.26

从技术上可供开发年发电量来看中国水电利用程度（图 2.10），每年可以产出 $2.4739 \times 10^{12} \mathrm{kW \cdot h}$ 的电量，为全球第一，而开发利用程度较低，只有 21.3%。在十大流域中，虽然东南沿海诸河流域的技术上可供开发年发电量仅为 $5.9339 \times 10^{10} \mathrm{kW \cdot h}$，但其开发利用程度为 61.19%，是目前开发利用度最高的流域；珠江流域则以 58.04% 的开发利用率排名第二；淮河流域的技术上可供开发装机容量和年发电量虽然都是排名最末，但其开发利用率却达到 51.39%，排名第三。

雅鲁藏布江及西藏其他河流流域的技术上可供开发装机容量是仅次于长江流域的第二大流域，但其开发程度极低，仅仅只有 0.26%。位于西藏的藏木水

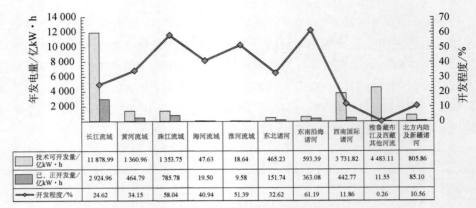

	长江流域	黄河流域	珠江流域	海河流域	淮河流域	东北诸河	东南沿海诸河	西南国际诸河	雅鲁藏布江及西藏其他河流	北方内陆及新疆诸河
技术可开发量/亿kW·h	11 878.99	1 360.96	1 353.75	47.63	18.64	465.23	593.39	3 731.82	4 483.11	805.86
已、正开发量/亿kW·h	2 924.96	464.79	785.78	19.50	9.58	151.74	363.08	442.77	11.55	85.10
开发程度/%	24.62	34.15	58.04	40.94	51.39	32.62	61.19	11.86	0.26	10.56

图 2.10　我国各流域水电开发情况

电站是雅鲁藏布江干流上的首个水电站，所有工程项目于 2015 年 10 月 13 日竣工。其总装机容量为 $5.1×10^8$W，平均每年能够发电 $2.5×10^9$kW·h，这是西藏水力发电的重大突破。包括雅鲁藏布江及西藏其他河流流域、西南国际诸河流域等开发利用程度低的河流未来将成为我国水电发展的主战场。

从技术上可供开发水电装机容量看，淮河流域、海河流域较小，二者合计不足全国总量的 5‰，未来水电开发的潜力相对较小。反观雅鲁藏布江水系，其技术上可供开发的装机容量值达 $8.4664×10^{10}$W 之多，占全国总量的 15.6%，仅次于长江，名列第二，水能相对充沛。但是它的已、在建的水电站数量却是十大流域最少的，仅为 52 座，发电量仅为 $1.155×10^9$kW·h，装机容量为 $3.466×10^7$W，均未超过全国对应总量的 3‰。

2.2.1.4　地域视角下的水电资源分布

虽然我国水能资源丰富，水力资源总蕴藏量世界排名第一位，但各地区的水力资源分布不平衡、水力资源值差别大也是事实。在开发水电资源时，需要因地制宜、规划开发、满足全国的水电需求。例如，按行政区来看，我国西部占有的水力资源最为丰富，台湾、东北、华北的水力资源居末位。第三次全国水力资源普查中，以全国各省（自治区、直辖市）为统计对象，从经济上可供开发的水力资源值、理论蕴藏量和技术上可供开发的水力资源值三个指标入手进行数量统计，详细统计了我国 32 个省（自治区、直辖市）（不含香港和澳门）的水力资源，具体见表 2.8。为了统计方便，把北京、天津与河北省（京津冀）的水力资源值统计在一起，将上海与江苏的数据统计在一起。

表 2.8 中国水力资源值统计（以省份为单位）

地区	理论蕴藏量			技术上可供开发的水力资源值			经济上可供开发的水力资源值		
	年发电量/（亿kW·h）	平均功率/万 kW	占全国比例/%	装机容量/MW	年发电量/（亿kW·h）	占全国比例/%	装机容量/MW	年发电量/（亿kW·h）	占全国比例/%
中国（不含香港和澳门）	60 829.11	69 439.58							
华北地区	1 202.01	1 372.16	2.0	839.62	231.12	1.6	779.36	216.14	1.9
京津冀	199.26	227.46	0.3	175.13	37.12	0.3	125.25	25.27	0.3
山西	493.61	563.48	0.8	402.04	120.55	0.7	397.38	118.96	1
内蒙古	509.14	581.22	0.8	262.45	73.45	0.5	256.73	71.91	0.6
东北地区	1 143.42	1 305.28	1.9	1 504.47	416.63	2.8	1 399.81	386.4	3.5
辽宁	177.92	203.1	0.3	176.73	60.39	0.3	172.89	59.14	0.4
吉林	301.3	343.96	0.5	511.55	117.93	0.9	504.23	115.47	1.3
黑龙江	664.2	758.22	1.1	816.19	238.31	1.5	722.69	211.79	1.8
华东地区	2 432.35	2 776.71	4	2 298.25	718.76	4.2	2 154.2	672.92	5.2
上海、江苏	152.2	173.81	0.3	5.79	1.73	0	2.24	0.67	0
浙江	537.59	613.68	0.9	664.38	161.46	1.2	661.32	160.72	1.6
安徽	273.5	312.2	0.4	107.4	30	0.2	99.6	27.3	0.2
福建	941.01	1 074.2	1.5	997.97	353.02	1.8	969.77	344.97	2.4
江西	425.57	485.81	0.7	516.29	170.96	1	416.19	137.94	1
山东	102.48	117.01	0.2	6.42	1.59	0	5.08	1.32	0
华中地区	3 081.95	3 518.15	5.1	5 044.2	1 969.45	9.3	4 943.21	1 929.43	12.3
河南	412.32	470.66	0.7	288.06	96.95	0.5	272.64	91.4	0.7
湖北	1 507.12	1 720.45	2.5	3 554.05	1 386.31	6.6	3 535.59	1 380.45	8.8
湖南	1 162.51	1 327.04	1.9	1 202.09	486.19	2.2	1 134.98	457.58	2.8
华南地区	2 150.75	2 455.19	3.5	2 507.57	1 028.01	4.6	2 416.43	992.71	6
广东	531.6	606.85	0.9	540.14	198.14	1	487.88	177.79	1.2
海南	73.78	84.22	0.1	76.05	21.03	0.1	71.05	19.94	0.2
广西	1 545.37	1 764.12	2.5	1 891.38	808.84	3.5	1 857.5	794.98	4.6
西南地区	42 951.1	49 030.96	70.6	36 127.98	18 023.86	66.7	23 674.81	11 552.43	58.9
四川	12 571.89	14 351.47	20.7	12 004.00	6 121.59	22.2	10 327.07	5 332.89	25.7
重庆	2 011.67	2 296.43	3.3	980.84	445.78	1.8	819.59	378.04	2

续表

地区	理论蕴藏量			技术上可供开发的水力资源值			经济上可供开发的水力资源值		
	年发电量/（亿 kW·h）	平均功率/万 kW	占全国比例/%	装机容量/MW	年发电量/（亿 kW·h）	占全国比例/%	装机容量/MW	年发电量/（亿 kW·h）	占全国比例/%
贵州	1 584.37	1 808.64	2.6	1 948.79	777.99	3.6	1 898.07	752.42	4.7
云南	9 144.21	10 438.6	15.0	10 193.91	4 918.81	18.8	9 795.04	4 712.83	24.4
西藏	17 638.98	20 135.82	29.0	11 000.44	5 759.69	20.3	835.04	376.25	2.1
西北地区	7 867.51	8 981.13	12.9	5 841.29	2 351.47	10.9	4 811.86	1 884.02	12
陕西	1 118.56	1 276.89	1.8	662.38	222.16	1.2	650.16	217.22	1.6
甘肃	1 304.16	1 488.73	2.1	1 062.54	444.34	2	900.9	370.43	2.2
青海	1 916.14	2 187.38	3.2	2 314.04	913.44	4.3	1 547.91	554.62	3.9
宁夏	184.19	210.26	0.3	145.84	58.94	0.3	145.84	58.94	0.4
新疆	3 344.46	3 817.87	5.5	1 656.49	712.59	3.1	1 567.05	682.81	3.9
台湾	1 020.7	1 165.2		504.8	201.5		383.5	138.3	

资料来源：《中国可再生能源发展战略研究丛书·水能卷》

由表 2.8 可知，我国的水力资源在空间分布上存在差异。从地区层面来看，西南地区的水能资源最为丰富，具体体现在所考察的三个水力资源指标都是全国第一，占据全国的半壁江山。中国西南的理论蕴藏量有 49 030.96 万 kW，是全国总额的 70.6%；技术上可供开发的水力资源值是 36 127.98 万 kW，占到全国总额的 66.7%；经济上可供开发水力资源值达到 23 674.81 万 kW，占到全国总额的 58.9%。中国西北理论蕴藏量虽然在全国为榜眼，但其总量为 8981.13 万 kW，从全国看只占 12.9% 的比例，技术上可供开发的水力资源值只有 10.9% 的比例，经济上可供开发水力资源值的比例为 12.0%，远低于西南地区；华中地区水能资源的理论蕴藏量有 3518.15 万 kW，只有全国总量的 5.1%，虽然不足西北地区的一半，但是其经济上可供开发的水力资源值却比西北地区高出了 3‰。其余地区水力资源量普遍较低，考察的三个指标值均不足 6%。从地区层面再细化到省区层面看，在水力资源的理论蕴藏量方面，前三位依次为西藏、四川和云南，各占全国总量的 29.0%、20.7% 和 15.0%，其余各省区中，新疆水能资源的理论蕴藏值最高，但也仅为全国总量的 5.5%。技术上可供开发的水力资源值方面，四川排名第一，年发电总量有 6.12159×10^3 亿 kW·h，达到了全国总量的 22.2%，其次是西藏与云南，各占 20.3% 和 18.8%。经济上可供开发的水力资源值方面，四川、云南占比大，各占全国总经济上可供开发值的 25.7% 和 24.4%。理论蕴藏量方面，西藏以拥有中国近 29% 的水力资源，排名第一，值得注意的是它的经济上可供开发的水力资源值仅占全国总量的 2.1%，理论值比经济值高出近十倍。反观理论蕴藏量只为总额 2.5%的湖北省，其经济上可供开发的水力资源值占全国总额的 8.8%。水能资源理论蕴藏量与经济上可供开发值不一致，甚至出现了较大差异（西藏之于湖北），究其原因，主要是受到了地形、技术、经济发展水平等所在地资源禀赋的限制。

2.2.2　我国水电基地

从前面的描述可以看出我国的水力资源分布有疏有密，分布不是均匀的。具体而言，水力资源在我国长江、黄河等大江大河的干流与主要支流上呈密集的分布。这样的分布特点对于建立水电基地、战略性地集中开发水电有天然优势，打造中国十三大水电基地就是基于这个实际情况提出的。十三大水电基地规划明确指出了中国水电开发的具体方向，内容涵盖中国 1/2 以上的水电资源，通过投入 2 万亿元以上的资金，整合我国水力资源、提高其利用效率，带动相关地区的经济。

1）金沙江水电基地

该基地装机量在规划建立的十三座水电基地中排名第一，归属于长江上游干流。根据 1981 年《金沙江渡口宜宾河段规划报告》规划的建造装机总量达 3850 万 kW 水电站，推荐 4 级开发方案，即乌东德水电站、白鹤滩水电站、溪洛渡水电站和向家坝水电站四座世界级巨型梯级水电站。2014 年 7 月，溪洛渡水电站、向家坝水电站全部完工并投入运营。2015 年 12 月 16 日国务院核准投建我国又一座巨型水电站——乌东德水电站。在"十三五"开局之年，三峡集团在 2016 年全面完成白鹤滩水电站项目核准前各项准备工作。图 2.11 为西南水电站群落示意图。

图 2.11　西南水电站群落示意图

2）雅砻江水电基地

该基地装机容量在我国目前所有的水电基地里排名第三。位于雅砻江干流的河口到江口段的初始建设方案要求在干流上建立总计数为 11 的梯级，所有梯级装机容量之和达 $2.5700 \times 10^{10}W$，共计每年产出 $1.250 \times 10^{11}kW \cdot h$ 的电量。其中仅仅是桐子林、官地、锦屏一级（图 2.12）、锦屏二级、二滩这 5 级水电站的规划装机值，就大致占到了雅砻江水电基地的半壁江山，这 5 级总装机量达 $1.11 \times 10^{10}W$，每年能够产出 $6.97 \times 10^{10}kW \cdot h$ 的电量。

图 2.12　锦屏一级水电站

3）大渡河水电基地

大渡河之于岷江，正如雅砻江之于金沙江，大渡河干流长度为 1062km，是岷江众多支流中干流长度最大的一条。根据 2003 年 7 月完成的《大渡河干流水电规划报告》，大渡河干流规划河段（下尔呷—铜街子）总装机容量是 2340 万 kW，每年预计产出 1123.6 亿 kW·h 的电量。

按照初始建设方案,位于大渡河干流的铜街子至双江口段拟定了 16 个梯级，其中包括独松、泸定、龚嘴（已建成）等在内。

4）乌江水电基地

被纳入十三大水电基地规划的水电基地都有一定的相通之处，乌江水电基地恰巧反映了一些共性，即长江上游右岸支流中最大的就是乌江，它的流域面积比较大，总计有 $8.792 \times 10^{7}m^{2}$。乌江理论蕴藏的水能资源值为 $1.04 \times 10^{10}W$。1988 年 8 月通过的《乌江干流规划报告》要求在乌江上建立包括北源洪家渡、构皮滩、白马等 11 个梯级的建设方案，所有梯级装机容量之和达 $8.675 \times 10^{9}W$，共计全年可以产出 $4.184 \times 10^{10}kW \cdot h$ 的电量。

构皮滩水电站作为乌江干流上建立的第 5 个梯级电站，以其 232.5m 的坝高，成为全球喀斯特地区当中坝高值第一大的薄拱坝。它的装机容量有 3.0×10^9W，年均发电额为 9.68×10^9kW·h。

5）长江上游水电基地

长江上游宜宾至宜昌段总长为 1040km，根据初始水电开发规划，此河段被分为包括葛洲坝、三峡在内的 5 级开发，全部由中国三峡集团作为主开发商；建设上，在重点打造三峡工程的同时，协调发展其他 4 个梯级，未来可以实现的装机容量有 3.3197×10^{10}W，年发电量 1.438×10^{11}kW·h。

6）南盘江红水河水电基地

根据初步规划，全长为 1143km 的桂平到兴义河段是水电基地重点开发对象，此段河流的水能蕴藏值为 8.60×10^9W。《红水河综合利用规划报告》针对此基地的开发，制定了包括天生桥一级、天生桥二级、平班、龙滩、岩滩、大化、白龙滩、恶滩、桥巩、大藤峡、嫩江流域在内的装机总量达 1.430×10^{10}W 的共 11 级水电开发规划。

7）澜沧江干流水电基地

澜沧江的中国境内部分长约 2139km，落差达 5000m，流域面积为 16.4 万 km^2。澜沧江干流段水能资源丰富。该基地规划装机总量为 2.511×10^{10}W，年发电额达 1.203×10^{11}kW·h。

具体规划方案为：将澜沧江干流按上下游关系分为两部分，一方面，上游河段（滇藏省界—苗尾）有 7 级开发项目；另一方面，中下游河段（苗尾—中缅国界）有 8 级开发项目，总计有 15 级水电开发项目。

8）黄河上游水电基地

黄河上游水电基地主要在黄河上游的中段（茨哈峡—龙羊峡—青铜峡），该河段总长 918km。其中，龙羊峡至青铜峡段开发时期最早。根据初步的水电开发规划，此河段被分为包括寺沟峡、龙羊峡、大峡在内的 25 级开发，总装机容量值为 1.7382×10^{10}W。

9）黄河中游水电基地

黄河中游北干流段（龙门—托克托县河口镇）总计长 725km。本河段的初始开发规划，此河段被分为包括天桥、龙天桥、万家寨在内的 6 个梯级开发。

10）湘西水电基地

湘西水电基地涉及沅水、资水、澧水 3 个梯级的开发，湘西水电基地规划中大中型水电站 51 个，总装机容量达 1.08155×10^{10}W。

11）闽、浙、赣水电基地

闽、浙、赣三省水电基地规划建设大中型水电站 65 个，总装机容量为 1.2200×10^{10}W，每年可产出 3.15×10^{10}kW·h 的电量。

根据初步的水电开发规划，就福建省而言，水力资源最为丰富，可开发 32 座大中型水电站，其装机总量是三省之中最大的，为 1.2200×10^{10}W。浙江省可开发 14 座大中型水电站，装机总量为 4.110×10^{9}W，境内水系以钱塘江为最大，其次是瓯江。而江西省内，可开发大中型水电站 19 座，装机总量为 2.816×10^{9}W。

12）东北水电基地

该基地包含东部省境内的黑龙江干流界河段、嫩江、第二松花江上游、鸭绿江流域（含浑江干流）及牡丹江干流。按初步开发方案，建设大中型水电站 62 个，装机总量达 1.326×10^{10}W，全年共计产生 3.55×10^{10}kW·h 的电量。

13）怒江水电基地

怒江（图 2.13）位于云南省。据统计，怒江中下游干流规划"两库十三级"，总装机容量为 2.199×10^{10}W。根据初步规划，在怒江中下游（干流松塔—中缅边界）规划有 11 个梯级的水电项目，它们的装机总量为 2.13×10^{10}W，平均每年产出 1.030×10^{11}kW·h 的电量（周建平，2011）。

图 2.13　怒江

14）其他

我国的重大水电项目除了上面所涉及的十三大水电项目外，实际上就目前水电开发情况看，在过去水电开发程度低、水资源相对丰富的西藏、新疆的部分地区，处于筹备阶段、建造期的水电项目越来越多。例如，中国国电集团公司新疆分公司下属的各个公司在新疆的水电开发上，取得了众多成果。在雅鲁藏布江的水电站建设上，中国华能集团公司、中国华电集团公司、中国国电集团公司、中国大唐集团公司四大发电集团在西藏地区布局已久。根据规划，中国华能集团公司负责开发澜沧江上游，中国华电集团公司负责开发金沙江上游，中国大唐集团公司负责开发怒江流域，中国国电集团公司负责开发帕隆藏布流域。2015 年 10 月 13 日，雅鲁藏布江干流上规划建设的西藏最大水电工程——藏木水电站全面建成并投入商业运行。我们有理由相信，随着大型水电承建公司在这些地区活跃，未来这些地区的水电开发利用程度会越来越高，给当地的经济发展、用电提供有力保障。

2.2.3　我国水电投资发展情况

2.2.3.1　水电保持较快发展

"十二五"以来中国水电保持较快增长，取得较大的成果。2012 年年初，国家能源局提出了争取全年核准 2000 万 kW 的目标，年底水电开工的目标已基本实现。同年，一批重点水电项目完成建设并投产：金沙江鲁地拉水电站、龙开口水电站在 2 月通过了国家发展和改革委员会核准，三峡水电站的最后一台发电机组于 7 月并网，标志着全球第一大的水电站建造完毕；随即，向家坝、锦屏二级电站部分机组也相继投入运营。

我国水电的发展离不开对水电的资金投入，我国水电完成投资额和增长率的数据关系如图 2.14 所示。

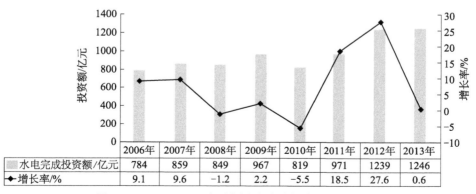

	2006年	2007年	2008年	2009年	2010年	2011年	2012年	2013年
水电完成投资额/亿元	784	859	849	967	819	971	1239	1246
增长率/%	9.1	9.6	-1.2	2.2	-5.5	18.5	27.6	0.6

图 2.14　2006～2013 年我国水电完成投资额与增长率

资料来源：《电力工业统计资料汇编》《全国电力工业统计快报（2013 年）》

从图 2.14 可以看出，我国水电开发的完成投资额总体看呈上涨趋势，作为"十二五"开局前期，水电投资在中国表现出较多的增加，从投资额看，2011 年投资 971 亿元，2012 年投资 1239 亿元，同比增长分别为 18.5%、27.6%。而到了 2013 年，我国水电投资总计达到了 1246 亿元，同比有小幅增加，为 6‰。

2013 年，我国的电力工程总共投资了 7611 亿元。水电总投入达 1246 亿元，占总量的 33%。因为受到了地形禀赋等因素限制，川、滇二省水电投资额远远高于其他地区。此外，湖南、西藏与重庆也都纷纷大力开发水电，水力投资占总投资的比例都超过了 1/2。

水电方面，根据相关规定，在"十三五"期间我国预计投入 5000 亿元用于我国水电项目，具体而言，大中型水电、小水电和抽水蓄能电站分别有 1800 亿元、500 亿元和 1000 亿元资金投入。

2.2.3.2 水电装机逐年递增

《中国能源发展报告（2014）》显示，2013 年，我国的水电总装机超过 2.8×10^{11}W，居全球首位。同比实现了 12.3% 的增长率，增长额为 3.06×10^{10}W。2013 年全年，在常规水电项目方面，实现了 2.87×10^{10}W 的新增额，同比实现了 90.1% 的增长率；而在抽水蓄能水电项目上，实现了 1.2×10^9W 的新增装机额，同比有 27.3% 的降幅，其累计装机额共计 2.15×10^{10}W，同比实现了 5.8% 的增长。另外，由于资源禀赋的差异客观存在，包含西藏、青海、四川在内的地区水电装机占比高，都不低于 1/2。

按照我国《能源发展"十二五"规划》的规划，截至 2015 年，我国要实现 2.9×10^{11}W 的水电装机量，平均每年保持 5.7% 的上涨速度。从历史数据（图 2.15）可以看出"十二五"期间前三年我国平均每年增长约为 9%，超额实现规划的要求增速。

从图 2.15 可以看出，我国的水电装机容量呈上升趋势，8 年来实现了较高的增长幅度。2008～2012 年增长速度有一定幅度的下降，但都在 7.1% 的同比增长水平之上。

国际能源署（International Energy Agency，IEA）公布 2011 年主要国家水电的装机总量如下：日本为 4.84×10^{10}W、加拿大为 7.51×10^{10}W、美国为 1.009×10^{11}W。中国电力企业联合会的公开信息显示，同年，中国水电装机总量为 2.330×10^{11}W，分别为日本、加拿大和美国的 4.8 倍、3.1 倍和 2.3 倍。

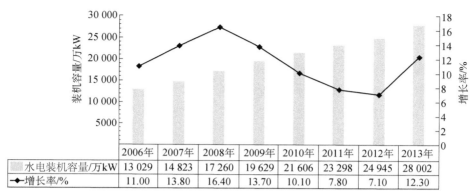

图 2.15　2006～2013 年我国水电装机容量与增长率

资料来源：《中国能源发展报告（2014）》

2.2.3.3　中国三座千万千瓦级水电站

我国的水电资源主要聚集在长江、黄河、金沙江、雅砻江、澜沧江、乌江等水资源丰富的河流上，这样的分布特点便于建立水电基地，对水资源进行战略性的集中开发。我国水电发展的历史长达 100 年，这期间从十三大水电基地的建立、百万级水电基地建成，到现在的千万千瓦级巨型水电站的建成，都代表中国的水电开发的先进技术水平。截至 2015 年 12 月，我国千万千瓦级水电站共有三座，包括三峡水电站、溪洛渡水电站还有最新投入建设的乌东德水电站。

1）三峡水电站

中国水电发展非常迅猛、收获很大的成绩，有人曾经不吝以"世界水电看中国"的语言描述中国水电在全球的地位，这和一座座有代表意义的水电站的建立分不开的。三峡集团是世界的水电企业龙头，清洁能源发电工程方面，2014年装机总量达 5.02×10^{10}W，在建工程装机容量将近 3.0×10^{10}W；三峡水电平均每年产出的电量全球第一，平均每年产生 9.88×10^{10}kW·h 的电力。不仅在国内水电开发占有一席之地，三峡集团的跨国业务量也非常大，截至 2014 年年底，三峡集团拥有 58 台投入运营的装机量超过 7.0×10^{8}W 的水轮发电机组，占全球同类机组的六成。

2）溪洛渡水电站

位于金沙江的溪洛渡水电站自 2013 年蓄水发电。目前为全球排名第三大的水电站。于 2014 年 6 月 30 日，所有机组投产，产生源源不断的电力，承担着水电"西电东送"的重担。溪洛渡水电装机总量达 1.386×10^{10}W，电力主要由 18 台单机容量为 $7.7×10^8W$ 的机组供应，平均每年产出 $5.71×10^{13}W$ 的电量。

溪洛渡水电工程巨型机组的建造伴随着很多纪录的实现，如在投产速度方面，全球排第一；投产质量高，全部机组都是"零非停"；18 台巨型机组，从设计、关键材料到重大铸锻件完全由中国厂家提供支持。

3）乌东德水电站

三峡集团乌东德水电站是我国当前第三座千万千瓦级的巨型水电站，是中国"西电东送"的重要的电力来源，国务院常务会议在 2015 年 12 月 16 日正式核准其投建。同年的 12 月 24 日，进入主体工程施工阶段。按照规划，2020 年 8 月首批机组将投产实现水力发电，最后在 2021 年 12 月全部机组将实现投产。

乌东德水电站是金沙江最上游水电站（其余分别是白鹤滩、溪洛渡、向家坝三座水电站）。水电站装机总量达 $1.02×10^{10}W$，电力主要由 12 台 $8.5×10^8W$ 的巨型机组供应，平均每年产出 $3.89×10^{10}kW·h$ 的电量。

4）主要水电公司

（1）中国电力建设集团有限公司（简称中国电建）是世界第一大的电力建设企业，旗下的产业链非常完整。中国电建业务涉及中国全部较大流域电力开发，据统计，中国 2014 年年末的全国水电装机总量是 $3×10^{11}W$，其中有将近 85%的水电项目是该公司参与建设的。该公司在工程承包方面具备领导实力，根据美国权威杂志 *Engineering News Record* 数据，中国电建在世界前 250 大工程承包商中位列 14 名。此外，公司业务分布全球，已经在上百个国家开展了业务。

（2）中国长江三峡集团公司的前身是成立于 1993 年的中国长江三峡工程开发总公司。负责的主要大型水电工程有众所周知的溪洛渡水电站、乌东德水电站、白鹤滩水电站还有向家坝水电站。公司预计截至 2020 年，总计在长江建立水电总装机量 $7.17×10^{10}W$ 的水电工程。

值得一提的是，上述三峡水电站、溪洛渡水电站和乌东德水电站这三座千万千瓦级水电站均由中国长江三峡集团公司负责建设与运营。图 2.16 为中国长江三峡集团承建的水电工程项目。

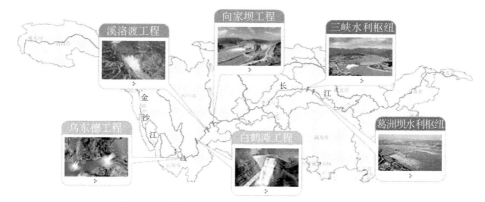

图 2.16 中国长江三峡集团承建的水电工程项目

2.3 长江流域水能资源特点、 长江上游地区水电资源概述及状况

2.3.1 长江流域水能资源特点

长江资源丰富，地形地貌适宜水电工程项目的开发，具备如下特点：

（1）地形地势优越，落差大。长江流域具有多样的地貌，由西向东地势呈现出下降的趋势，总落差约为 5400m。由于地形的多样性，没有完全相同的两条河流，其在水能蕴藏值、开发利用上各有差异。河流按其天然禀赋一般被分成两种：一种是高山峡谷型，这类河流或多或少都途经了高山深涧，且河流之间落差大、水量足，包括雅砻江、金沙江及大渡河在内的河流都属于此类；而除此之外其他河流为另一种类型，它们多流经相对平缓的区域，如湘江、赣江等，这类河流虽然也有充沛的水资源，但实际多受制约，对其的开发被制约在较低的水平。

（2）水量充沛，相对稳定。降雨量主要决定了径流的水量分布，统计数据表明，年径流量变动相对稳定。

（3）水能资源大量汇集于上游，在中国能源供给方面位置重要。长江流域不仅储藏大量的化石能源资源，水能资源拥有量国内占比超过四成，并且地质、地形条件非常适合进行开发。十三大水电基规划的水电基地此处就包含 5 座。

长江横贯我国东西，其下游地区经济比较发达，中部地区经济尚处发展阶段，长江上游地区的经济虽然相对落后，但具备相对丰富多样的自然资源，极具开发价值。长江流域内各省（自治区、直辖市）水力资源丰富，但也存在着分布不均的情况，具体表现为从西向东递减，这与它周边地区的经济发展情况是相反的。各省（自治区、直辖市）水电资源情况见表 2.9。

表 2.9　长江流域各省（自治区、直辖市）水能资源量统计表

省（自治区、直辖市）	可开发水电装机容量/万 kW	占全国比例/%	可开发水电年发电量/（亿 kW·h）	占全国比例/%
青海	1 799.08	4.8	772.08	4.0
甘肃	910.97	2.4	424.44	2.2
陕西	550.71	1.5	217.04	1.1
西藏	5 659.27	15.0	3 300.48	17.1
云南	7 116.79	18.8	3 944.53	20.5
贵州	1 291.76	3.4	652.44	3.4
四川、重庆	9 166.51	24.1	5 152.91	26.8
湖北	3 309.47	8.7	1 493.84	7.8
湖南	1 083.84	2.9	488.91	2.5
江西	510.86	1.3	190.54	1.0
河南	292.88	0.8	111.63	0.6
广东	638.99	1.7	239.80	1.3
广西	1 418.31	3.7	639.47	3.3
江苏、上海	9.75	0.0	3.10	0.0
浙江	465.52	1.2	145.63	0.8
安徽	88.15	0.2	26.09	0.1
合计	34 312.86	90.6	17 802.93	92.6
全国	37 853.24	100	19 233.04	100

注：全国数据不含港澳台

从表 2.9 可以看出，我国的水能资源主要集中在长江流域，长江流域各省（自治区、直辖市）可开发水电装机容量占全国的 90.6%、年发电量占全国的 92.6%。其中以中国西部的水能资源最丰富，可开发水电装机容量在长江流域总水能资源里占到 77.2%，中国西南则占长江流域总的 67.7%，中国西北比例相对较小，只有 9.5%。

2.3.2　长江上游地区水电资源概述

长江上游由长江干流宜宾至宜昌段和支流清江组成，是我国水电"西电东

送"中部通道的枢纽。作为我国第一大河流的长江发源自青藏高原由西向东贯穿中国，其以 6300 多千米的总长在全球排名第三，水能资源总蕴藏值为 2.68 亿 kW。可开发的装机总量达 $1.972×10^{12}W$，平均每年产出 $1.028×10^{12}kW·h$ 的电量，各占全国总量的 52% 与 53.4%。

（1）长江上游地区水能资源"西多东少"。其理论蕴藏总量达到了整个长江流域的近 80.0%，理论和技术上可以开发量在全流域约占 87%。从水系资源分布看，干流、支流分别占可开发总量的 46% 和 54 %，各支流的水力资源理论蕴藏值和可开发的量在整个长江流域总比例分别是：雅砻江 12.6%、14.8%；嘉陵江 5.7%、4%；岷江（含大渡河）18.2%、16.3%；乌江 3.9%、4%；汉江 4.1%、2.4%；洞庭湖水系 6.9%、5.5%；鄱阳湖水系 2.4%、1.8%。

（2）大型水电基地。中国规划的十三大水电基地里有 5 座处于长江上游地区，分别是雅砻江、大渡河、金沙江、乌江水和长江上游干流（宜宾—宜昌，包括清江）水电基地。我国水电开发规划已有 50 个年头，先后提出了八大水电基地、十二大水电基地，最近又提出十三大水电基地。长江上游水电基地就是其中之一。长江上游水电基地全长为 104km，河段落差值总计有 220m，包括三峡大坝、葛洲坝等著名水电建筑工程在内。未来发展方面，《长江流域综合规划（2012～2030 年）》对长江上游水电项目进行了明确的规划，规划中对大型水利水电枢纽工程的建设要求是，建立 80 多座装机在 300MW 以上水电站，总装机容量不低于 $1.7×10^5MW$；建立 48 座装机在 1000MW 以上的水电站，装机总量在 $1.5×10^5MW$ 以上。估计到 2030 年，有装机总量不低于 $3×10^4MW$ 的大型水电站建成于金沙江、雅砻江及大渡河上。届时，长江上游地区大型水电站装机总额将超过全国的 35%，平均每年发电总额达到 $7.5×10^{11}kW·h$。

（3）水库运行管理面临诸多挑战。第一，长江上游现有水库数目多，在运营上仍存在效率不高、行为短视的现象。由于水库涉及较多的上级领导单位，在利益不一致的情形下只顾自身利益及眼前利益，损害了水力资源的整体利益效率，并致使一些不良现象的出现，如汛期到来之前水库都提前开始放水，从而致使众多弃水现象的产生，最后引发上游汛期被提前等问题。第二，水库之间运作协调性差。在水库群的管理中，存在着各种各样的矛盾，包括单个水库和流域的调度目标不同，如日常的水电调度与应急情况出现时的水电调度的矛盾，甚至还涉及整个流域不同地区、水库和部门之间的利益协调问题。这些矛盾目前看来尚缺乏制度性的规范方针和应对办法，是提升水能效率、实现水库之间有效协调的巨大障碍。第三，水库运行调度对经济效益、社会效益过分关注，缺少对保护生态环境的考虑，影响河流健康、可持续发展。随着经济发展，人们环保意识逐渐增强，相关部门也意识到保护生态环境的重要性，治水理念从过去的传统工程水利向资源友好型水利转变，起到了积极作用。

2.3.3 长江上游地区水电资源状况

中国的水力资源总体看集中在长江流域，长江流域各省（自治区、直辖市）可开发的水电装机总量占中国各地区总量的 90.6%、年发电量占 92.6%。其中以中国西部水能资源最充沛，可供开发的水电资源装机总量达到长江流域总量的 77.2%，四川河流众多，水量丰沛，其可开发水电装机和发电量均居我国各省（自治区、直辖市）首位。四川水电建设始于长江上游干流水系，1925 年，泸县小支流龙溪河上建成济和水电厂（即动窝电站），装机总量为 1.4×10^5W，为四川省第一座水电站。

从图 2.17 可以看出，四川省的水力资源发电是逐年上升的，2000～2005 年实现水力发电量翻一倍，2005 年后水电年增速都在 8%左右，水力发电量占全国总产电量的 15%以上，2010～2012 年年均水力发电量占全国总发电量的比例更是达到了 18%，对我国电力供应有重大贡献。

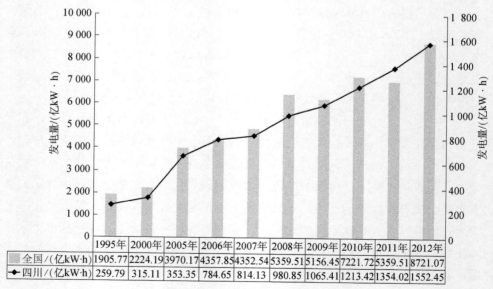

	1995年	2000年	2005年	2006年	2007年	2008年	2009年	2010年	2011年	2012年
全国/(亿kW·h)	1905.77	2224.19	3970.17	4357.85	4352.54	5359.51	5156.45	7221.72	5359.51	8721.07
四川/(亿kW·h)	259.79	315.11	353.35	784.65	814.13	980.85	1065.41	1213.42	1354.02	1552.45

图 2.17　四川省年水力发电量

资料来源：《中国能源统计年鉴 2013》

　　长江上游地区水电资源主要在金沙江、雅砻江、大渡河、岷江、嘉陵江、乌江等流域（大渡河将在后面部分作为水电资源测算案例分析，其水力资源将有详细介绍，在此就不对它的水力资源进行赘述）。

2.3.3.1　金沙江

　　长江上游玉树直门达（巴塘河口）至四川宜宾段称金沙江。金沙江流经青、藏、川、滇四省（自治区），河道全长 2318km，流域面积为 48.3 万 km²，河口（宜宾）年平均流量为 4920m³/s。

　　金沙江三个代表站水文特征值见表 2.10。

表 2.10　金沙江代表站水文特征值

站名	集雨面积/km²	年平均			径流占全年百分比/%	
		流量/(m³/s)	径流量/亿 m³	径流深/mm	5～11 月（其中 6～9 月）	12～4 月
石鼓	214 200	1 310	413	193	85.3（64.4）	14.7
渡口	259 200	1 740	549	212	85.2（62.7）	14.8
屏山	458 600	4 620	1 460	318	85.5（62.7）	14.5

　　金沙江上段处于横断山区中心，地势北高南低，一般山岭海拔 4500～5500m，河谷深切至海拔 2000～3400m，是世界罕见的大峡谷区。地形险峻而复杂，干支流沿河大部为高山深谷，一些大支流上游为高原丘陵。上段干流从加日河口到翁水河口，河长 744km，天然落差 1500m，有 87 条支流，干支流水力资源蕴藏量达 1257.94 万 kW。

　　金沙江中段绝大部分位于云南省境内，仅注入虎跳峡大河湾顶部的水洛河等左岸支流位于四川境内，这些支流流域的自然条件与金沙江上段基本相同。金沙江中游西起云南丽江石鼓镇，东至攀枝花市的雅砻江口，长 564km，落差 838m。金沙江中段水域有龙盘水电站、两家人水电站、梨园水电站、阿海水电站、金安桥水电站、龙开口水电站、鲁地拉水电站、观音岩水电站等。金沙江中游河段水电规划按照开发主体划分，前四级由云南金沙江中游水电开发有限公司负责，金安桥水电站主要由民营企业汉能控股集团有限公司负责，龙开口水电站主要由中国华能集团公司负责，鲁地拉水电站主要由中国华电集团公司负责，观音岩水电站主要由中国大唐集团公司负责。总装机容量为 2058 万 kW。

　　金沙江下段为攀枝花至宜宾段，总的流向是自西南流向东北，除局部河段流经四川或云南境内，绝大部分河段为川滇两省界河，河长 782km。在四川境内，左岸有普隆河、参鱼河、大桥河、黑水河、泥姑河、西溪河、美姑河、西宁河等众多支流，右岸支流有川滇界河横江等支流。该段干支流域在四川南部形成西南—东北向条形地带，属攀枝花市、凉山彝族自治州和宜宾市所辖。该段有 64 条支流，水力蕴藏量共有 2051.49 万 kW。

2.3.3.2 雅砻江

雅砻江系金沙江的最大支流，源出青海省巴彦喀拉山南麓，自西北向东南流至呷衣寺附近入四川境内，在攀枝花市的倮果注入金沙江。因受锦屏山阻挡，流向骤然拐向北东，至九龙河口附近又转向南流至巴折，形成长达 150km 的著名雅砻江大河湾，湾道颈部最短距离仅 16km，落差高达 310m。

雅砻江流域地处青藏高原东南部，界于金沙江和大渡河之间，整个流域南北长 950km，东西平均宽约 135km 的狭长地带。流域北部河源地区为海拔 5500m 以上的高原，东西两侧均为海拔 4500m 以上的高山峻岭，流域南部地势向南倾斜，海拔由 4500m 降至 1500m。河流下切强烈，自河源至河口，高程由 5400m 下降至 980m，下切深度达 4420m。其中，呷依寺至河口，河道长 1368km，落差 3180m，平均比降 2.3‰，局部河段达 6.4‰，水能资源异常丰富。各河段基本特征见表 2.11。

表 2.11 雅砻江河段基本特征

分段	起止	流域面积/km²		河长/km	天然落差/m	比降/‰
		区间	累计			
上游	河源—甘孜	33 800	33 800	621	1 409.6	2.27
中游	甘孜—理塘河口	68 550	102 350	588	1 746.4	2.97
下游	理塘河口—河口	33 771	136 121	362	677.43	1.87
全河	河源—河口	136 121	136 121	1 571	3 830.43	2.44

雅砻江水系水量丰沛，落差巨大，干支流蕴藏了丰富的水能资源。流域内有干支流 180 条，水力资源理论蕴藏量为 3771.18 万 kW，其中干流理论蕴藏量为 2200.5 万 kW，支流理论蕴藏量为 1570.68 万 kW，干流约占全水系的 58.4%。

2.3.3.3 岷江

岷江是长江主要支流之一，位于四川盆地腹部的西部边缘，发源于四川和甘肃接壤的岷山南麓，分东西两源，东源出自贡嘎岭，西源出自郎加岭，汇流于松潘红桥关，干流自北向南流经四川省中部的茂县、汶川、都江堰，穿成都平原，经乐山并接纳大渡河和青衣江至犍为纳马边河，于宜宾汇入长江。岷江流域面积为 13.6 万 km²，干流全长为 735km，天然落差为 3560m，都江堰市以上为上游，都江堰至乐山为中游，乐山以下为下游。

上游段，河流全长为 340km，流域面积为 22 950km²，落差为 3009m，全部流经高原和山地，茂县以上属松潘高原，地势高亢，海拔 3000～4000m；茂县至汶川河谷稍为开阔；汶川以下，河道穿越于海拔 2000～3000m 的崇山峻岭之间，河谷深切，滩多流急，河道平均比降为 8‰，其中福堂坝至中滩铺段 23km 内，落差为 222m，平均比降达 9.7‰。

岷江流至都江堰市进入成都平原，河道分枝，渠系密布，为著名的都江堰灌区。河流主要分成内、外两大水系，外江主流为金马河，长为 117km，落差为 305m，平均比降为 2.6‰；内江为灌溉渠系。内、外江汇合于彭山江口镇，向南流进入丘陵区。江口以下至乐山，河道长为 115km，落差为 67m，平均比降为 0.6‰，水流平缓，漫滩发育，系成都平原边缘南伸部分，仅青神至乐山有一段 8km 长的峡谷河段。段内主要支流有大南河和斜江等。

岷江下游乐山至宜宾段，河道长 163km，落差为 97m，河道比降为 0.59‰，又流浅滩极为发育，水面宽 400～1000m。沿河两岸分布有较宽的台地及漫滩，河谷呈箱形，两岸为低山起伏的丘陵地形。

岷江三个代表站径流特征见表 2.12。

表 2.12　岷江代表站水文特征值

站名	集雨面积/km²	年平均			径流占全年百分比/%	
		流量/(m³/s)	径流量/亿 m³	径流深/mm	5～11 月（其中 6～9 月）	12～4 月
紫坪铺	22 664	467	147	650	84.49 (58.6)	15.51
五通桥	126 478	2 454	774	612	86.0 (63.4)	14.0
高场	135 378	2 840	895	662	86.2 (63.9)	13.8

岷江水系水量丰沛，水力资源丰富，除支流大渡河、青衣江外，干支流理论蕴藏量大于 1 万 kW 以上河流共有 64 条，理论蕴藏量达 1402.43 万 kW。其中，干流为 821.68 万 kW，占整个水系的 58.6%；支流为 580.75 万 kW，占 41.4%。

2.3.3.4　嘉陵江

嘉陵江为长江上游一级支流，其流域涉及陕西、甘肃、四川和重庆四省（直辖市）。干流发源于陕西省凤县北部的秦岭南麓，向南流经甘肃再入陕西，至阳平关以南进入四川境内。在四川省内流经广元、苍溪、阆中、南部、蓬安、南充、武胜等县市，至武胜县南溪乡进入重庆市。

嘉陵江流域面积为 159 800km^2，其中四川境内面积为 79 800km^2，占全水系的 49.94%。干流全长 1119km。广元以上称上游，河流穿行于秦岭大巴山区，谷狭岸陡，人烟耕地较少。广元至合川段称中游，河道长 645km，平均比降为 0.44‰，河流纵贯川中盆地。合川以下至江口称下游。嘉陵江三个代表站水文径流特征见表 2.13。

表 2.13　嘉陵江代表站水文特征值

站名	集雨面积/km^2	年平均			径流占全年百分比/%	
		流量/(m^3/s)	径流量/亿 m^3	径流深/mm	5~11 月（其中 6~9 月）	12~4 月
亭子口	61 089	667	208	137.9	85.51（61.18）	14.49
金银台	67 694	772	243	359.7	86.68（63.58）	13.32
武胜	79 703	891	281	352.6	87.1（63.3）	12.9

嘉陵江水力资源具有巨大潜力，水能蕴藏量共 1525 万 kW（其中：陕西 108 万 kW，甘肃 366 万 kW，四川 1051 万 kW）。流域内水力资源以支流白龙江最为丰富，可装机容量为 413 万 kW。碧口水电站装机容量达 30 万 kW，保证出力 7.8 万 kW，年发电量 14.63 亿 kW·h；宝珠寺水电站装机容量为 64 万 kW。这两个水电站装机容量共 94 万 kW，占总机容量的 22.76%。

2.3.3.5　乌江

乌江即长江上游南岸最大支流，贵州第一大河。乌江有南北两源：南源三岔河，北源六冲河，习惯上以三岔河为乌江干流。乌江发源于贵州省境内威宁县香炉山花鱼洞，流经黔北及渝东南，在重庆市酉阳县、涪陵区注入长江，干流全长 1037km，流域面积为 8.792 万 km^2。六冲河汇口以上为上游，汇口至思南为中游，思南以下为下游。乌江水系呈羽状分布，流域地势西南高、东北低，流域内喀斯特地貌发育。地形以高原、山原、中山及低山丘陵为主。由于地势高差大，切割强，自然景观垂直变化明显。以流急、滩多、谷狭而闻名于世，号称"天险"。

从河源到乌江渡为上游，长为 448km，落差为 1636m，平均比降为 3.65‰，河谷切割深，坡陡流急。从乌江渡到贵州沿河县城为中游，长为 346km，落差为 336m，平均比降为 0.97‰。从沿河县城到涪陵河口为下游，长为 243km，落差为 152m，平均比降为 0.62‰。自中游余庆县构皮滩出峡谷后，江面展宽到 200 多米，水势平缓，但礁石、险滩多。流域内山峦起伏，石灰岩地层分布广泛，多溶洞、伏流。流域内年均径流总量为 503 亿 m^3。

乌江水能蕴藏丰富，全流域水能蕴藏量 1042.59 万 kW，可供开发的水力资源达 267 处。其中，乌江干流为 580.4 万 kW。仅中、下游即可进行 9 个梯级开发，乌江渡电站坝高 162m，装机 63 万 kW，乌江渡电站大坝是中国喀斯特地区已建成的最大高坝。

（1）自然特点。该水系指宜宾以下至合江县大院子村（川渝分界处）之间的四川境内长江干流及中小支流。此段长江又称川江，自西流向东偏北，横穿四川盆地东南部，流经宜宾、南溪、江安、纳溪、泸州、合江等一系列城镇。干流河道长达 220km，宜宾市（岷江汇口以下）流域面积为 $6.062 \times 10^5 km^2$，合江县出川河口处控制流域面积约 $6.5 \times 10^5 km^2$。

干流宜宾至合江段，两岸多为浅丘地形，河流弯道较多，阶地较发育，河谷两岸耕地广布，人口稠密。

（2）水力资源情况。该水系河流总计水力资源的理论蕴藏值有 $5.62 \times 10^9 W$。其中，干流 $4.85 \times 10^9 W$，占该水系 86.3%；支流合计 $7.69 \times 10^8 W$，占该水系的 13.7%。

该段长江在四川境内水能蕴藏量在 1 万 kW 以上的支流有 21 条，其中蕴藏量较大的支流有南广河、长宁河、永宁河和赤水河等。

该水系技术可开发电站共 58+6/2 座，电站装机总量达 $2.63 \times 10^9 W$，平均每年产出 $1.49 \times 10^{10} kW \cdot h$ 的电量。其中，大型电站 1 座，电站装机总量达 $2.13 \times 10^9 W$，平均每年产出 $1.26 \times 10^{10} kW \cdot h$ 的电量；中型电站 1+6/2 座，电站装机总量达 $3.44 \times 10^8 W$，平均每年产出 $1.41 \times 10^9 kW \cdot h$ 的电量；小型电站 56 座，电站装机总量达 $1.55 \times 10^8 W$，平均每年产出 $8.59 \times 10^8 kW \cdot h$ 的电量。

该水系计有经济上可开发电站 57+6/2 座，电站装机总量达 $4.99 \times 10^8 W$，平均每年产出 $2.27 \times 10^9 kW \cdot h$ 的电量。其中中型电站 1+6/2 座，电站装机总量达 $3.44 \times 10^8 W$，平均每年产出 $1.41 \times 10^9 kW \cdot h$ 的电量；小型电站 56 座，电站装机总量达 $1.55 \times 10^8 W$，平均每年产出 $8.59 \times 10^8 kW \cdot h$ 的电量。由于石鹏大型水电站淹没损失大、经济指标较差，目前暂未计入。

2.4 本章小结

从中华人民共和国成立到现在，水电发展在中国已不知不觉走过了百年。中国水电资源开发的巨大成果既得益于我国的水能资源有得天独厚的优势，也离不开国家对开发水电这一清洁能源的重视与资金投入。通过整章的分析，可以得出如下结论。

我国水力资源是整体格局为"西部较多东部较少"。按江河划分，长江、黄河的中上游、雅鲁藏布江的中下游、珠江、怒江、澜沧江和黑龙江上游七条江河上的可开发的总水电资源占到全国的近90%，占到了极大的比例。

从地区层面来看，我国水力资源在量上有较明显的差距。中国西南的水能资源量排名第一，经济上可供开发的水力资源值、技术上可供开发的水力资源值及理论蕴藏量分别为 2.367×10^{11}W（占全国58.9%）、3.613×10^{11}W（占全国66.7%）、4.903×10^{11}W（占全国70.6%）。反观西北地区，虽然其理论蕴藏量只是次于西南地区，为 8.981×10^{10}W，居中国第二，但在全国的占比却不高，仅为12.9%。另外，它的技术上可供开发的水力资源值仅占全国的10.9%，经济上可供开发的水力资源值占全国的12.0%，远低于西南地区。

水力资源开发水平与所拥有的资源量并不完全呈正相关。华中地区水能资源理论蕴藏量为 3.518×10^{10}W，只有全国理论总蕴藏量的5.1%，不足西北地区一半，但经济上可供开发的水力资源值占全国的12.3%，比西北地区高3‰。其余地区水能资源量普遍较低，衡量它的三个指标值都不足6%。自然禀赋的差异等原因导致水能资源理论蕴藏量与经济上可供开发的水力资源值的不一致，甚至出现了较大差异（如西藏与湖北）。

我国水电技术在多年的开发应用已相当成熟，水力发电不仅能为所在地区提供稳定的电量，还能向电力匮乏、耗电量大的地区输送电力，长江上游的水力发电量逐年稳定递增就为实现西电东送、推动经济增长提供了可靠能源保障，解决了部分地区用电难的困境，造福百姓生活，促进工业发展与经济增长。十三大水电基地规划的提出和落实，百万级水电基地及千万千瓦级巨型水电站的建成，我国水电投资和水电装机的不断上升，彰显中国水电在数量和技术创新方面不断迈上新台阶，相信未来中国水电发展更加值得期待。

3

长江上游水电资源动态测算
——以大渡河为例

本章运用时域有限差分（finite-difference time-domain，FDTD）法，综合考虑生态环境在内的多种因素，对长江上游的水电资源进行动态测算。

3.1　FDTD 方法理论

FDTD 法是求解电磁问题的一种数值技术，是由 K.S.Yee 在 1966 年第一次提出的。FDTD 法直接将有限差分式代替麦克斯韦（Maxwell）时域场旋度方程中的微分式，得到关于场分量的有限差分式，用具有相同电参量的空间网格去模拟被研究的对象，然后选取合适的场初始值和计算空间的边界条件，就可以得到包含时间变量的麦克斯韦方程的四维数值解。而且通过傅里叶变换还可求得三维空间的频域解。

3.1.1　FDTD 的差分格式

一般而言，任何一种微分方程数值解法的基本精神在于将原本连续型的问题经由适当的程序离散化成有限维的近似问题，再借助计算器将其近似解求出，最后由数学分析来确保近似解的收敛性与稳定性。传统上求解微分方程的数值方法为有限差分法，有限差分法的基本想法是将微分方程中的微分算子直接以差分替代，造成一组有限个未知数的联立方程式，进而求其解。这种方法主要的数学分析工具就是泰勒定理，目前主要的基础问题的算法及数学分析已经相当完备。

在时域有限差分方法中，本节主要用中心差分来建立 Maxwell 离散方程。设有一函数 $f(x)$，当 x 有一个微小的增量 $\Delta x = h$ 时，相应的函数 $f(x)$ 的增量为

$$\Delta f = f(x+h) - f(x) \tag{3.1}$$

运用中心差分，一阶导数可以近似的表示为

$$\frac{\mathrm{d}f}{\mathrm{d}x} \approx \frac{\Delta f(x)}{\Delta x} = \frac{f(x+h) - f(x-h)}{2h} \tag{3.2}$$

只要增量 h 很小，差分与微分之间的差异也将很小。这就是将 Maxwell 方程离散的基本数学公式。

3.1.2　Yee 元胞

为了建立差分方程，首先要在变量空间把连续变量离散化。通过把计算空间划分成许多网格，只对网格节点上的物理量进行计算，将在空间上连续分布的物理量离散化。当在每个离散点上用有限差分来代替微商时，就把在一定空间解微分方程的问题化为求解有限个差分方程的问题。导出的差分方程称为原方程的差分格式。

图 3.1 是由 Yee 在 1966 年首先提出来的电磁场空间网格划分体系，也叫作 Yee 元胞。这是在直角坐标系下的划分形式，电磁场各分量的空间分布如图 3.1 所示。E 表示电场强度；H 表示磁场强度；i 表示 x 轴坐标值；j 表示 y 轴坐标值；k 表示 z 轴坐标值。由图可以看出，每一个磁场分量由四个电场分量环绕，而每一个电场分量又由四个磁场分量环绕。这种电磁场分量的空间取样方式不仅符合法拉第感应定律和安培环路定律的自然结构，而且电磁场各分量的空间相对位置也适合 Maxwell 方程的差分计算。

3.1.3　Maxwell 方程组

Maxwell 方程组是宏观电磁现象所遵循的一组基本方程，它可以写成微分形式，也可以写成积分形式。FDTD 方法就是在 Maxwell 方程组的微分形式的基础上进行差分离散，进而得到迭代公式，利用计算机进行数值求解。FDTD

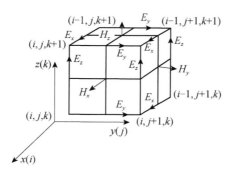

图 3.1　电磁场空间网格划分体系

方法的数学基础是含时间变量的两个 Maxwell 旋度方程

$$\nabla \times H = \varepsilon \frac{\partial E}{\partial t} + \sigma E \tag{3.3}$$

$$\nabla \times E = -\mu \frac{\partial H}{\partial t} - \sigma_m H \tag{3.4}$$

式中，ε 为介电常数（F/m）；μ 为磁导率（H/m）；σ 为电导率（S/m）；σ_m 为导磁率（Ω/m）。将两个旋度方程在三维坐标空间上展开后可得 6 个分量方程为

$$\frac{\partial E_x}{\partial t} = \frac{1}{\varepsilon} \left(\frac{\partial H_z}{\partial y} - \frac{\partial H_y}{\partial z} - \sigma E_x \right) \tag{3.5}$$

$$\frac{\partial E_y}{\partial t} = \frac{1}{\varepsilon} \left(\frac{\partial H_x}{\partial z} - \frac{\partial H_z}{\partial x} - \sigma E_y \right) \tag{3.6}$$

$$\frac{\partial E_z}{\partial t} = \frac{1}{\varepsilon} \left(\frac{\partial H_y}{\partial x} - \frac{\partial H_x}{\partial y} - \sigma E_z \right) \tag{3.7}$$

$$\frac{\partial H_x}{\partial t} = \frac{1}{\mu} \left(\frac{\partial E_z}{\partial y} - \frac{\partial E_y}{\partial z} - \sigma_m H_x \right) \tag{3.8}$$

$$\frac{\partial H_y}{\partial t} = \frac{1}{\mu} \left(\frac{\partial E_x}{\partial z} - \frac{\partial E_z}{\partial x} - \sigma_m H_y \right) \tag{3.9}$$

$$\frac{\partial H_z}{\partial t} = \frac{1}{\mu} \left(\frac{\partial E_x}{\partial y} - \frac{\partial E_y}{\partial x} - \sigma_m H_z \right) \tag{3.10}$$

式中，t 为时间变量。

3.1.4　方程的有限差分表示

根据图（3.1），可以定义网格点的坐标（i, j, k）为

$$(i, j, k) = (i\Delta x, j\Delta y, k\Delta z) \tag{3.11}$$

式中，Δx、Δy、Δz 是离散的空间网格坐标在分别在 x、y、z 方向上的空间网格间距；i、j、k 都为正整数。如果用 Δx 表示时间的离散步长，n 表示时间步数，t 表示时间，任意一个含时间和空间变量的函数可以写成以下形式

$$F^n(i, j, k) = F(i\Delta x, j\Delta y, k\Delta z, n\Delta t) \tag{3.12}$$

建立差分方程的基本步骤是把变量按某种方式离散化，然后用差商近似地替代微分方程中的微商。设 $f(x)$ 为 x 的连续函数，若在 x 轴上每隔 h 取一个点，其中，任一点用 x_i 表示则在 $\tilde{x}_{i1}$ 和 x_{i1} 点上的函数值可通过 Taylor 级数分别表示为

$$f(x_{i+1}) = f(x_i) + \frac{h}{1!}\frac{\partial f(x)}{\partial x}\Big|_{x=x_i} + \frac{h^2}{2!}\frac{\partial^2 f(x)}{\partial x^2}\Big|_{x=x_i} + \frac{h^3}{3!}\frac{\partial^3 f(x)}{\partial x^3}\Big|_{x=x_i} + \cdots \tag{3.13}$$

$$f(x_{i-1}) = f(x_i) - \frac{h}{1!}\frac{\partial f(x)}{\partial x}\Big|_{x=x_i} + \frac{h^2}{2!}\frac{\partial^2 f(x)}{\partial x^2}\Big|_{x=x_i} - \frac{h^3}{3!}\frac{\partial^3 f(x)}{\partial x^3}\Big|_{x=x_i} + \cdots \tag{3.14}$$

以上两式相减，可得

$$\begin{aligned}\frac{f(x_{i+1}) - f(x_{i-1})}{2h} &= \frac{\partial f(x)}{\partial x}\Big|_{x=x_i} + \frac{h^2}{3!}\frac{\partial^3 f(x)}{\partial x^3}\Big|_{x=x_i} + \frac{h^4}{5!}\frac{\partial^5 f(x)}{\partial x^5}\Big|_{x=x_i} + \cdots \\ &= \frac{\partial f(x)}{\partial x}\Big|_{x=x_i} + o(h^2)\end{aligned} \tag{3.15}$$

$\dfrac{f(x_{i+1}) - f(x_{i-1})}{2h}$ 叫作 $f(x)$ 在 x_i 点的中心差商。由前面可知中心差商与微商之差为变量离散步长 h 的二阶近似。

式（3.12）对时间和空间的微商，可以利用中心有限差分式来表示函数对空间和时间的偏导数，这种差分式具有二阶精度，其表示式为

$$\frac{\partial F^n(i, j, k)}{\partial x} = \frac{F^n\left(i+\frac{1}{2}, j, k\right) - F^n\left(i-\frac{1}{2}, j, k\right)}{\Delta x} + o(\Delta x^2) \tag{3.16}$$

$$\frac{\partial F^n(i, j, k)}{\partial t} = \frac{F^{n+\frac{1}{2}}(i, j, k) - F^{n-\frac{1}{2}}(i, j, k)}{\Delta t} + o(\Delta t^2) \tag{3.17}$$

最后，将在 Yee 网格上的差分方程，通过在时间轴上的迭代推进计算，便可求出任意时刻问题空间离散网格节点上的值。

3.2 水电开发量测算模型

3.2.1 测算模型简介

水电开发满足 FDTD 方法的空域、时域的要求，我们可以把一条流域及它的支流作为研究对象，有了空间的纬度，时间的纬度可以从水的丰水期、平水期、枯水期来考虑。以该流域为一个坐标轴，以该流域的支流为一个坐标轴，建立二维的网格，一个网格的格点为一个水电可开发量单元。一条流域和它的支流的水电开发量是相互关联、相互影响的，同时它也与自身的历史数据是相关联的。按照 FDTD 方法的基本思路，建立水电开发问题的时域偏微分方程及空域偏微分方程如下。

$$\frac{\partial E_x(x,y,t)}{\partial t} = \alpha_x(x,y,t)\frac{\partial E(x,y,t)}{\partial x} + \beta(x,y)\frac{\partial \alpha_x(x,y,t)}{\partial t} \tag{3.18}$$

$$\frac{\partial E_y(x,y,t)}{\partial t} = \alpha_y(x,y,t)\frac{\partial E(x,y,t)}{\partial y} + \gamma(x,y)\frac{\partial \alpha_y(x,y,t)}{\partial t} \tag{3.19}$$

也可以把两式联合写成下式：

$$\frac{\partial E(x,y,t)}{\partial t} = \alpha_x(x,y,t)\frac{\partial E(x,y,t)}{\partial x} + \alpha_y(x,y,t)\frac{\partial E(x,y,t)}{\partial y}$$
$$+ \beta(x,y)\frac{\partial \alpha_x(x,y,t)}{\partial t} + \gamma(x,y)\frac{\partial \alpha_y(x,y,t)}{\partial t} \tag{3.20}$$

式中，t 为不同的时段；x、y 分别为该网格水电可开发量的横、纵坐标值，即流域的水电开发量、支流的水电开发量；E 为水电可开发量，这里水电可开发量是水电开发横、纵坐标位置与时间的函数，即水电可开发量是流域、支流位置与时间的函数；α_x、α_y 分别为横、纵向综合影响系数，即流域、支流的综合影响系数，在外界无变化时不会发生变化，如在流域的地质状况、水文环境、居民数量等影响水电开发量的因素发生变化时才发生调整。β、γ 分别为横、纵向惯性系数，即流域、支流的惯性系数，相当于电磁学里加入的激励源，为综合影响系数发生变化时所产生的冲击响应系数。当网格内水电开发的特征没有改变时，$\dfrac{\partial \alpha_x(x,y,t)}{\partial t}$、$\dfrac{\partial \alpha_y(x,y,t)}{\partial t}$ 为零，β、γ 值不产生影响。其边界条件为

$$\frac{\partial E(x,y,t)}{\partial x}=0; \quad \frac{\partial E(x,y,t)}{\partial y}=0 \, 。$$

3.2.2 模型的差分格式

采用 FDTD 方法对偏微分方程进行差分化处理。我们可以把每一条流域及它的支流作为一个研究对象，将它网格化，如图 3.2 所示。

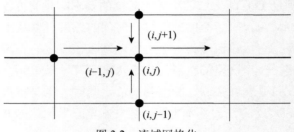

图 3.2 流域网格化

由于对流域水电开发量的研究与对电磁场研究的差异性，这里以横向表示流域，纵向表示支流，流域与支流的交点用坐标点表示，如点 (i, j) 的流量分别来自点 $(i\text{-}1, j)$、$(i, j\text{-}1)$ 和 $(i, j\text{+}1)$。假定只是上游的水电开发量影响下游的水电开发量、支流的开发量影响干流的开发量；反之，下游的水电开发量不影响上游的水电开发量、干流的开发量不影响支流的开发量。

运用 FDTD 技术对以式（3.18）、式（3.19）的一阶偏微分方程做离散化处理，建立一阶差分模型：

$$
\begin{aligned}
\frac{E(i,j,n+1)-E(i,j,n)}{\Delta t} &= \alpha_x(i,j,n)\frac{E(i,j,n)-E(i\text{-}1,j,n)}{\Delta x} \\
&+ \alpha_y(i,j,n)\frac{E(i,j,n)-E(i,j\text{-}1,n)}{\Delta y} \\
&+ \beta(i,j)\frac{\alpha_x(i,j,n+1)-\alpha_x(i,j,n)}{\Delta t} \\
&+ \gamma(i,j)\frac{\alpha_y(i,j,n+1)-\alpha_y(i,j,n)}{\Delta t}
\end{aligned}
\tag{3.21}
$$

变形为

$$E(i,j,n+1) = E(i,j,n) + \Delta t \alpha_x(i,j,n)\left[\frac{E(i,j,n) - E(i-1,j,n)}{\Delta x}\right]$$

$$+ \Delta t \alpha_y(i,j,n)\left[\frac{E(i,j,n) - E(i,j-1,n)}{\Delta y}\right] \quad (3.22)$$

$$+ \beta(i,j)[\alpha_x(i,j,n+1) - \alpha_x(i,j,n)]$$

$$+ \gamma(i,j)[\alpha_y(i,j,n+1) - \alpha_y(i,j,n)]$$

即可简化为

$$E^{n+1}(i,j) = E^n(i,j) + b_x^n(i,j)E^n(i,j) - b_x^n(i,j)E^n(i-1,j) + b_y^n(i,j)E^n(i,j)$$

$$- b_y^n(i,j)E^n(i,j-1) + c_x(i,j)[b_x^{n+1}(i,j) - b_x^n(i,j)]$$

$$+ c_y(i,j)[b_y^{n+1}(i,j) - b_y^n(i,j)]$$

$$= [1 + b_x^n(i,j) + b_y^n(i,j)]E^n(i,j) - b_x^n(i,j)E^n(i-1,j) - b_y^n(i,j)E^n(i,j-1)$$

$$+ c_x(i,j)[b_x^{n+1}(i,j) - b_x^n(i,j)] + c_y(i,j)[b_y^{n+1}(i,j) - b_y^n(i,j)]$$

$$= a(i,j)E^n(i,j) - b_x^n(i,j)E^n(i-1,j) - b_y^n(i,j)E^n(i,j-1)$$

$$+ c_x(i,j)[b_x^{n+1}(i,j) - b_x^n(i,j)] + c_y(i,j)[b_y^{n+1}(i,j) - b_y^n(i,j)]$$

$$(3.23)$$

式中，下标 x，y 分别为流域的水电开发量沿横向、纵向离散化后的值，$(i,j=1,2,\cdots)$；上标 n 为时间值，$n=1,2,\cdots$，$(n-1)$ 表示上期水电开发量时间，n 表示本期时间，$(n+1)$ 表示下期时间；$a(i,j)$ 为离散后的上期水电开发量的影响系数；b_x 和 b_y 分别为离散后横向和纵向的综合效果系数，在图 3.1 的网格示意图中，如果要得到坐标为 (i,j) 的考察点处的水电开发量，根据本节的假定，需要知道上、下、左边网格的水电开发量是如何通过综合效果系数影响考察点的开发量的，以 $(i-1,j)$ 点为例，该点对考察点的影响只有横向影响，因此，在式中写为 $b_x^n(i,j)E^n(i-1,j)$；同理，$(i,j-1)$ 对考察点只有纵向影响，表示为 $b_y^n(i,j)E^n(i,j-1)$。

类似的 $c_x(i,j)$ 和 $c_y(i,j)$，b_x 和 b_y 分别为离散后横向和纵向的水电开发量的惯性系数，该系数能反映当外界变化引起综合效果系数 b_x 和 b_y 变化时对不同位置的影响程度。当外界没有冲击的情况下，b_x 和 b_y 变化率为零，所以 $c_x(i,j)$ 和 $c_y(i,j)$ 对考察点水电开发量的贡献为零。

3.3　实 证 分 析

3.3.1　变量选取

资料显示，水电开发量主要有理论蕴藏量、技术可开发量、经济可开发量，其中理论蕴藏量为河川或湖泊的水能以百分之百的效率转化为电能的量值，其量值是对河流而言的，与是否布置梯级电站无关。技术可开发量是指不考虑开发时序和经济性等因素时，以当前技术水平可以开发利用的资源量。经济可开发量是指在当今地区经济条件可行的情况下，已开发和将要开发的资源量，是技术可开发量中与其他能源相比具有竞争力、具有经济开发价值的资源量。经济可开发量考虑了水库淹没情况、地质条件、地理位置及交通条件等因素。而实际根据专家访谈得到的情况是，经济可开发量主要是按照地理位置和搬迁成本而定，最终是看发电成本。没有考虑流域的生态环境，以及上游电站和支流电站对它的影响，基本没考虑灌溉、供水、渔业、防洪、水运、旅游、自然文化遗产、稀有濒危的物种、水土保持、植被破坏和娱乐等。

经过同相关方面专家的商讨，选取以下指标作为影响水电测量的纵向、横向综合效果系数。两个电站之间的距离与水头、稀有濒危物种的破坏度、森林淹没比例、植被破坏率、文化遗产（名胜古迹）、支流的梯级开发级数。

两个电站之间的距离与水头用 D_w 表示，简单地说，电站某个时段的运行水头是上、下游水位之差。如果两个电站之间的距离太近，水头较高或者河道坡降越平缓，那么所占用的林地越多，对山林的破坏就越大，还有可能导致两个电站之间没有流水。

稀有濒危物种的破坏度用 F_s 表示，即稀有濒危物种被破坏的程度。如果在某一区域有稀有濒危的物种，而因电站的蓄水可能导致该物种面临生存的危机甚至灭绝的危险。

森林淹没比例用 F_i 表示，即在淹没面积中森林所占的比例。库区内淹没面积中森林被淹没面积过大，将直接导致该区域生态环境的改变，造成一系列的影响。

植被破坏率用 V_d 表示，即建电站对当地植被的破坏程度，如沿库区两岸建公路对植被的破坏，修建电站基础设施对植被的破坏等。例如，植被破坏率过大，将导致当地生态系统环境的破坏。

文化遗产（名胜古迹）用 K_h 表示，即在库区内的文化遗产或者名胜古迹，有可能被蓄水所淹没，有的可以搬迁移走，有的则可能无法保护，导致永久消失。

支流的梯级开发级数用 E_s 表示，即支流的梯级开发电站的多少。支流的梯级开发级数越多，对干流的影响越大。

式（3.20）中的 α_x 与 α_y 就随上面 6 个变量的变化而改变。即

$$\alpha_x = f(D_w, F_s, F_i, V_d, K_h, E_s) \qquad (3.24)$$

$$\alpha_y = f(D_w, F_s, F_i, V_d, K_h, E_s) \qquad (3.25)$$

3.3.2 流域基本资料

本书拟以大渡河流域为例测算水电资源。大渡河是岷江最大支流，是长江的二级支流。位于四川省西部，古称沫水，发源于青海省境内的果洛山东南麓。东源有阿柯河和麻尔柯河，于阿坝南部汇合后称足木足河，西源有多柯河和色曲河，于垠塘南部汇合后称绰斯甲河。足木足河与绰斯甲河汇合后称大金川，是大渡河主流，南流至丹巴同来自东北的小金川汇合后称大渡河。在石棉县折向东流，到乐山市草鞋渡纳青衣江后入岷江。长 1062km，流域面积 7.74 万 km²（不包括青衣江）。流域内沟谷纵横，支流众多，干支流之间组合呈羽状水系。多年平均径流总量 456 亿 m³，河口处多年平均流量 1490m³/s。水力理论蕴藏量丰富，可开发装机容量 2336.8 万 kW。其中干流别格尔至乐山市长 584km，天然落差 2788m，水力蕴藏量 2075 万 kW，是水能资源比较集中的河段。

大渡河是我国规划建设的重要水电基地，水能资源丰富，共规划梯级电站 22 级，规划装机总容量超过 2500 万 kW。已建成的水电站有：于 1971～1978 年陆续投产的龚嘴水电站，装机容量为 72 万 kW；于 1992～1994 年陆续投产的铜街子电站，装机容量为 60 万 kW。为了保证大渡河流域梯级开发整体效益的充分发挥，加快梯级电站开发步伐，国家发展和改革委员会制定了"以中国国电集团公司大渡河流域水电开发有限公司为主，适当多元投资，分段统筹开发"的水电开发方案。大渡河双江口铜街子河段按双江口至猴子岩、长河坝至老鹰岩、瀑布沟至铜街子三段统筹开发。上段和下段各梯级电站由中国国电集团公

司大渡河流域水电开发有限公司进行开发，其中装机容量为 330 万 kW 的瀑布沟水电站已于 2010 年全部建成投产，装机容量为 66 万 kW 的深溪沟水电站已于 2011 年全部建成投产。中段各梯级水电站鉴于目前已开展的工作，由中国国电集团公司大渡河流域水电开发有限公司负责建设大岗山水电站，中国大唐集团公司开展长河坝水电站和黄金坪水电站的前期工作，中国华电集团公司开展泸定水电站的前期工作，中旭投资有限公司开展龙头石水电站项目的前期工作。

3.3.2.1 流域的自然特点

大渡河是岷江最大的支流，发源于青海省果洛山东南麓，分东、西两源，东源为足木足河，西源为绰斯甲河，以东源为主源。东、西两源于双江口汇合后，向南流经金川、丹巴、泸定，于石棉折向东流，再经汉源、峨边、福禄、沙湾等城镇，在草鞋渡纳入青衣江后，于乐山市城南流入岷江。

大渡河干流全长 1062km，四川省境内长 852km。天然落差 4175m，四川省境内 2788m。流域面积 77 400km² （不包括青衣江），其中四川省境内 70 821km²，占全流域面积的 91.5%。流域介于北纬 28°17′～33°38′、东经 99°42′～103°48′，位于青藏高原南缘四川盆地西部的过渡地带，总的地势是西北高、东南低，四周被崇山峻岭所包围，周界高程一般均在 3000km 以上，西部的贡嘎山是大雪山山脉的主峰，海拔 7556m，是全省的最高峰。

根据河道特性和降雨情况划分，泸定以上为上游，除双江口以上河源区为高原高山地貌以外，其余属高山峡谷区，集水面积占全流域的 76.1%；泸定至铜街子为中游，属川西南山地，集水面积占全流域的 22.6%；铜街子以下为下游，属四川盆地丘陵地区，集水面积占全流域的 1.3%。中上游河流下切剧烈，河谷深狭，落差巨大，水流湍急，沿河仅金川附近及汉源段河谷比较开阔。下游河谷宽阔，沙滩、沙洲发育。各河段基本特征值见表 3.1。

表 3.1   大渡河流域河段基本特征值

分段	起止	流域面积/km²		河长 /km	天然落差/m	比降/%
		区间	累计			
上游	河源—泸定	58 901.4	58 901.4	682	3 230	4.74
中游	泸定—铜街子	17 492.4	76 393.8	316	867.6	2.75
下游	铜街子—乐山	1 006.2	77 400	64	77.4	1.21
全河	河源—乐山	77 400	77 400	1 062	4 175	3.93

资料来源：四川水力发电网，www.powerfoo.com

　　大渡河流域南北狭长跨五个纬度，更兼地形复杂，高低悬殊，因而气候差异很大。上游川西高原气候区，寒冷干燥，年平均气温在 6℃ 以下，年降雨量在 700mm 左右。中下游属四川盆地亚热带湿润气候区，四季分明，年平均气温一般为 13～18℃，年降雨量一般在 1000mm 左右，中游西部及南部高山地带降雨量可达 1400～1700mm。

　　大渡河径流由降雨形成，部分为融雪和冰川补给。流域内植被良好，水量丰沛，径流年际变化较小。大渡河三个代表站水文径流特征值见表 3.2。

表 3.2　大渡河流域三个代表站水文径流特征值

站名	集雨面积/km²	多年平均			最大流量		最枯流量		径流占全年百分比/%	
		流量/（m³/s）	径流量/亿 m³	径流深/mm	m³/s	出现日期	m³/s	出现日期	5～11月（其中 6～9月）	12～4月
泸定	58 943	895	282	478.8	5 800	1992.6.29	186	1987.2.26	86.8(62.7)	13.4
农场	64 746	1 130	356	550.4	6 080	1992.6.29	265	1983.2.16	85.7(62.3)	14.3
铜街子	76 400	1 510	476	263.3	10 800	1939.7.20	341	1984.3.2	85.6(62.0)	14.4

资料来源：四川水力发电网，www.powerfoo.com

　　大渡河流域内，上游高原区及中上游的高山峡谷区为草原、草甸和森林所覆盖，河流含沙量较少。泥沙主要来自中游泸定至沙坪区间，该区间的安顺河、南桠河、流沙河和尼日河等支流产沙尤为严重。泸定水文站多年平均悬移质年输沙量为 1010 万 t，沙坪水文站多年平均悬移质年输沙量为 3270 万 t，泸定至沙坪区间年输沙模数高达 1400t/km²，为大渡河主要产沙区。

　　大渡河流域在大地构造上分属三个地质单元。上游属川西甘孜褶皱带，岩石主要为中上三叠系砂岩、板岩及晚期花岗岩侵入体。中游河段属于川滇南北构造带，前震旦纪岩浆岩广泛出露，盖层分布于两侧，三叠系及其以前的古老地层除二叠系有峨眉山玄武岩外，均为海相碳酸岩或碎屑岩。川滇南北构造带，经历多次构造运动，具有一系列大型断裂。在泸定—石棉北西向的鲜水河-磨西断裂带和北东向的龙门山断裂带，与南北向的大渡河断裂带呈"丫"字形交汇复合，构造更为复杂。下游河段属于四川盆地，中生代陆相红色岩系广泛分布，古老地层深埋或只在边缘出露，地质构造简单，以舒缓褶皱为特征。

　　区域内微、弱地震数量较多，一般无规律可循。而强震中具有明显的分带和分区性，其分布状况是：①鲜水河地震带南东段，以康定为中心的Ⅷ～Ⅹ度区；②马边地震区，以马边为中心的Ⅷ～Ⅺ度区。区内其余地区皆为Ⅵ～Ⅶ度区。

3.3.2.2　水力资源情况

大渡河水系干支流有 149 条，水能资源理论蕴藏量达 3367.97 万 kW，占四川省总量 23.6%，其中干流为 2083.00 万 kW，支流为 1284.97 万 kW。

按现拟开发方案，流域内干支流上水电站共计 421 座，技术可开发量 2400.91 万 kW，年发电量 1349.67 亿 kW·h。其中干流 24 级装机容量 1931.50 万 kW，年发电量 1083.87 亿 kW·h；支流 397 座，装机容量 469.41 万 kW，年发电量 265.80 亿 kW·h。干流双江口至铜街子 17 级，技术可开发容量 1772.00 万 kW，年发电量 984.92 亿 kW·h，为干流技术可开发容量的 91.7%，占全水系的 73.8%。

参照已建、在建及规划设计资料，经测算该水系经济可开发电站共 356 座，装机容量 1779.14 万 kW，年发电量 985.78 亿 kW·h，装机占技术可开发量的 74%；其中干流 14 级，装机容量 1412 万 kW，年发电量 780.02 亿 kW·h；支流经济可开发电站 342 座，装机容量 367.14 万 kW，年发电量 205.76 亿 kW·h。该水系水力资源主要在干流，其中双江口至铜街子段 17 级，已建的龚咀、铜街子电站是四川省的骨干电源，对主网的安全、可靠运行有着举足轻重的地位。支流分布着较多的中小型电站，它们的开发利用对大网是有力的补充，对促进地区经济全面发展和提高人民生活水平有着十分重要的现实意义。

1）干流情况

由于河流自然条件和所处地理位置及流域地区的社会经济情况不尽相同，因而河流的开发任务亦有所不同。大渡河干流中、上游地区，森林资源丰富，为四川主要森林和木材生产基地之一，目前主要利用大渡河干流河道漂运木材。干流铜街子以上，多为高山峡谷，农牧业用地的灌溉用水和城镇用水主要由支流水源解决；沿河耕地、城镇分散，且分布高程较高，无防洪要求；该段河床陡、险滩多，没有通航可能和要求。铜街子以下至河口（乐山）有一定的防洪、航运、灌溉等综合利用要求。大渡河干流开发任务为：以发电为主，兼顾漂木、防洪、航运和灌溉等综合利用要求。

大渡河干流是四川省水力资源开发条件较好的一条河流，主要特点如下。

（1）大渡河干流所处地理位置较好，交通条件亦较为方便。干流中下游河段紧邻四川盆地，对外输电距离相对较近。干流尼日河口至沙湾有成昆铁路通过。沿河有国道和省级公路相通。

（2）干流双江口至铜街子段，规划 17 级开发，各梯级均为大型工程，多数坝址选择在花岗岩地区，岩石坚硬完整，但该河段河床覆盖层普遍较厚，一般在 50～130m，最浅的也达 20m 左右，大多坝址基础处理工程量较大。

（3）干流多数梯级，水库淹没不大。瀑布沟电站虽淹没指标绝对值较大，但单位千瓦淹没指标并不高。

（4）龚咀（一期工程）和铜街子电站已经建成，为大渡河干流开发积累了经验，为今后滚动开发干流水力资源提供了良好条件。

大渡河干流双江口以上，未进行河流规划，只在 20 世纪 60 年代进行过查勘选点工作。在四川境内初步拟定了四个梯级，即格尔则（2.5 万 kW）、下尔呷（50 万 kW）、巴拉（30 万 kW）、卜寺沟口（30 万 kW），共利用落差 670m，装机容量 112.5 万 kW，年发电量 69.75 亿 kW·h。

干流双江口至铜街子段，是全河水力资源最集中的河段，也是大渡河近期及今后一段时间内开发研究的重点河段。根据成都勘测设计研究院有限公司 1990 年编制的《大渡河干流规划报告》，该河段为 17 级开发。梯级水电站从上至下为：独松（136 万 kW）、马奈（30 万 kW）、丹巴（100 万 kW）、季家河坝（46 万 kW）、猴子岩（140 万 kW）、长河坝（124 万 kW）、冷竹关（90 万 kW）、泸定（60 万 kW）、硬梁包（110 万 kW）、大岗山（150 万 kW）、龙头石（46 万 kW）、老鹰岩（60 万 kW）、瀑布沟（330 万 kW）、深溪沟（36 万 kW）、枕头坝（44 万 kW）、龚咀（210 万 kW）、铜街子（60 万 kW），共利用落差 1770.5m，装机容量共计 1772 万 kW，保证出力 729.2 万 kW，年发电量 984.92 亿 kW·h。

大渡河下游铜街子至乐山段，河谷开阔，比降较缓，沿河两岸城镇、农田较多，人烟稠密，建坝淹没损失大。该河段初拟建三个低水头梯级水电站，即沙湾（35 万 kW）、法华寺（5 万 kW）和安谷（7 万 kW），3 级共利用落差 62m，装机容量 47 万 kW，年发电量 29.5 亿 kW·h。

根据以上方案，大渡河干流共 24 级开发，装机容量 1931.5 万 kW，年发电量 1084.17 亿 kW·h。

2）支流情况

大渡河支流大多处于高山峡谷之中，落差大而集中，开发利用均以发电为主，除极少部分支流上局部河段有一些灌溉用水要求外，一般无其他综合利用要求。

大渡河支流以引水式开发为主，中型电站居多，工程较简易。既可满足地区用电要求，也可作为干流大型工程的施工电源。支流大部分地区有公路相通，交通较为方便，特别是瓦斯沟、南桠河、田湾河等地理位置邻近，开发后可形成一个装机规模为 200 万～230 万 kW 的中型水电基地。

该水系共有 148 条支流，装机容量达 1000kW 以上水电站共 397 座。其中开发条件较好的支流有梭磨河、小金川、瓦斯沟、田湾河、南桠河、官料河等。

（1）梭磨河为大渡河左岸一级支流，流域面积 3027km²，多年平均流量 56.8m³/s。干流初拟 8 级开发，装机容量共 9.96 万 kW，年发电量 6.12 亿 kW·h。其中 1 万 kW 以上水电站有毛孟楚沟口（1.77 万 kW）、赶羊沟口（1.56 万 kW）、卓克基（2.19 万 kW）、热足（1.89 万 kW）4 座。该河上已建成松岗水电站（0.5 万 kW）和热足水电站。

（2）小金川为大渡河左岸一级支流，流域面积 5323km²，多年平均流量 103m³/s。干流初拟 17 级开发，装机容量共 23.94 万 kW，年发电量 14.28 亿 kW·h。其中 1 万 kW 以上水电站有黄家坪（1 万 kW）、桥头（3 万 kW）、石土地（3 万 kW）、阿娘沟（12.5 万 kW）4 座。

（3）瓦斯沟为大渡河右岸一级支流，流域面积 1566km²，多年平均流量 45.5m³/s。干流是近期中型水电开发的重点河流，已完成了河流水电规划，拟定有龙洞（11.4 万 kW）、日地（15.3 万 kW）、冷竹关（16.5 万 kW）3 级开发，装机容量共计 43.2 万 kW，年发电量 26.48 亿 kW·h，其中冷竹关电站可行性研究报告已审查通过，已列为振兴少数民族经济的重点援建项目之一。目前该河上地方已建 4 座小型水电站，装机容量共 4.1 万 kW。

（4）田湾河为大渡河右岸一级支流，流域面积 1442km²，多年平均流量 53.0m³/s，河流开发条件较好，即将开展规划工作。干流初拟有巴王海（5 万 kW）、金窝（9 万 kW）、唐家沟（12 万 kW）、大发（16 万 kW）4 级开发方案，装机容量共计 42.0 万 kW，年发电量 27.06 亿 kW·h。其中巴王海为"龙头"水库电站，具有年调节性能，对下游梯级有显著的径流补偿作用。此外，田湾河支流环河上还拟有人中海梯级，装机容量 15 万 kW，以上 5 级共计装机容量 57 万 kW。

（5）南桠河为大渡河右岸一级支流，流域面积 1217km²，多年平均流量 53.3m³/s。干流已完成河流规划，是四川省中型水电站近期重点开发河流之一，干流拟有冶勒（24 万 kW）、粟子坪（13.2 万 kW）、姚河坝（13.2 万 kW）、南瓜桥（12 万 kW）、洗马姑（4.2 万 kW）、大渡河边（6 万 kW）等梯级；主源石灰窑河上，拟有两岔河（1.1 万 kW）梯级，以上 7 级共计装机容量 73.7 万 kW，年发电量 31.54 亿 kW·h，其中冶勒水电站具有多年调节库容，可显著增加下游梯级的保证出力和发电量。该河上南瓜桥水电站和洗马姑水电站一期（2 万 kW）已建成发电，冶勒水电站初设和姚河坝水电站可研报告（等同原初设）已经完成，粟子坪水电站、大渡河边水电站也即将完成可行性研究报告。

（6）官料河为大渡河右岸一级支流，流域面积 1381km^2，多年平均流量 52.1m^3/s。干流于 1996 年完成了水电规划报告，拟定有幸福水库（1.26 万 kW）、巴溪（3.8 万 kW）、西河（4 万 kW）、金鹅（7.5 万 kW）、麻子坝（1 万 kW）、杨村（6 万 kW）、玉林桥（4.95 万 kW）7 级开发，共装机容量 28.51 万 kW。年发电量 16.09 亿 kW·h。其中西河水电站已建，巴溪水电站、杨村水电站、玉林桥水电站、金鹅水电站已完成可行性研究报告。

3.3.3　测算结果

根据式（3.23）～式（3.25），结合大渡河流域的基本情况，对其干流水电开发年发电量测算见表 3.3。

表 3.3　大渡河流域 24 级开发水电年发电量测算（单位：亿 kW·h）

水电站	格尔则	下尔呷	巴拉	卜寺沟口	独松	马奈	丹巴	季家河坝	猴子岩	长河坝	冷竹关	泸定
年发电量	1.75	28.1	18.53	19.72	67.6	17.23	61.5	25.83	80.42	74.92	51.62	35.78

水电站	硬梁包	大岗山	龙头石	老鹰岩	瀑布沟	深溪沟	枕头坝	龚咀	铜街子	沙湾	法华寺	安谷
年发电量	61.63	87.11	27.65	33.55	139.52	23.1	27.93	99.47	30.53	16.66	4.11	5.02

格尔则水电站、下尔呷水电站、巴拉水电站皆位于阿坝地区，地处Ⅵ级地震烈度地带，属于堤坝式开发，多年平均流量分别为62m^3/s、205m^3/s、216m^3/s，可利用落差分别为70m、200m、190m，正常蓄水位分别为3230m、3120m、2920m。下尔呷水电站、巴拉水电站控制流域面积分别为 15 500km^2、158 400km^2，下尔呷水电站的调节库容为 20.4 亿 m^3。格尔则水电站是大渡河流域上游的第一个电站，因而它不受其他电站开发量的影响，在测算时只考虑其余 5 个变量对它的影响，综合考虑后，格尔则水电站、下尔呷水电站、巴拉水电站测算的年发电量分别是规划的99.6%、98.4%、97.02%。

卜寺沟口水电站位于马尔康地区，地处Ⅵ级地震烈度地带，属于堤坝式开发，多年平均流量为 240m^3/s，可利用落差分别为 210m，正常蓄水位分别为2730m，控制流域面积为 17 330km^2。卜寺沟口水电站综合考虑 6 个变量的影响所测算的年发电量是规划的97.2%。

独松水电站、马奈水电站皆位于金川地区，地处Ⅵ级地震烈度地带，属于堤坝式开发，多年平均流量分别为 536m^3/s、554m^3/s，可利用落差分别为 218m、

54m，正常蓄水位分别为 2310m、2092m。独松水电站、马奈水电站控制流域面积分别为 41 284km²、42 382km²，独松水电站、马奈水电站的调节库容分别为 26.8 亿 m³、0.2 亿 m³，综合考虑后，独松水电站、马奈水电站测算的年发电量分别是规划的 96.43%、95.19%。

丹巴水电站、季家河坝水电站皆位于丹巴地区，地处Ⅵ级地震烈度地带，属于堤坝式开发，多年平均流量分别为 554m³/s、734m³/s，可利用落差分别为 180m、60m，正常蓄水位分别为 2040m、1860m。丹巴水电站、季家河坝水电站控制流域面积分别为 42 382km²、53 100km²，综合考虑后，丹巴水电站、季家河坝水电站测算的年发电量分别是规划的 98.87%、94.27%。

猴子岩水电站、长河坝水电站、冷竹关水电站皆位于康定地区，地处Ⅶ级地震烈度地带，属于堤坝式开发，多年平均流量分别为 781m³/s、814m³/s、887m³/s，可利用落差分别为 170m、155m、105m，正常蓄水位分别为 1800m、1630m、1475m。猴子岩水电站、长河坝水电站、冷竹关水电站控制流域面积分别为 54 968km²、56 545km²、58 675km²。综合考虑后，猴子岩水电站、长河坝水电站、冷竹关水电站测算的年发电量分别是规划的 96.3%、98.32%、93.18%。

泸定水电站、硬梁包水电站皆位于泸定地区，地处Ⅷ级地震烈度地带，属于堤坝式开发，多年平均流量分别为 887m³/s、887m³/s，可利用落差分别为 70m、120m，正常蓄水位分别为 1370m、1250m。泸定水电站、硬梁包水电站控制流域面积分别为 58 943km²、58 943km²，综合考虑后，泸定水电站、硬梁包水电站测算的年发电量分别是规划的 96.86%、92.68%。

大岗山水电站、龙头石水电站、老鹰岩水电站皆位于石棉地区，地处Ⅷ级地震烈度地带，属于堤坝式开发，多年平均流量分别为 1000m³/s、1000m³/s、1070m³/s，可利用落差分别为 145m、50m、50m，正常蓄水位分别为 1100m、955m、905m。大岗山水电站、龙头石水电站、老鹰岩水电站控制流域面积分别为 62 727km²、63 040km²、64 810km²。综合考虑后，大岗山水电站、龙头石水电站、老鹰岩水电站测算的年发电量分别是规划的 97.11%、95.02%、95.86%。

瀑布沟水电站、深溪沟水电站皆位于汉源甘洛地区，地处Ⅶ级地震烈度地带，属于堤坝式开发，多年平均流量分别为 1230m³/s、1360m³/s，可利用落差分别为 179.5m、27m，正常蓄水位分别为 850m、650m。瀑布沟水电站、深溪沟水电站控制流域面积分别为 68 512km²、72 653km²，瀑布沟水电站、深溪沟水电站测算的年发电量分别是规划的 95.69%、98.72%。

枕头坝水电站位于峨眉山地区，地处Ⅶ级地震烈度地带，属于堤坝式开发，多年平均流量为 1360m³/s，可利用落差分别为 33m，正常蓄水位分别为 623m，控制流域面积为 72 653km²。枕头坝水电站综合考虑 6 个变量的影响所测算的年发电量是规划的 97.32%。

龚咀水电站、铜街子水电站、沙湾水电站、法华寺水电站、安谷水电站皆位于乐山地区，属于堤坝式开发，多年平均流量分别为 1490m³/s、1500m³/s、1500m³/s、1500m³/s、1500m³/s，可利用落差分别为 116m、41m、27m、15m、20m，正常蓄水位分别为 590m、474m、433m、400m、377m，控制流域面积分别为 76 130km²、158 400 km²、76 400km²、76 400km²、76 400km²，龚咀水电站地处Ⅷ级地震烈度地带，铜街子水电站地处Ⅶ级地震烈度地带，沙湾水电站、法华寺水电站、安谷水电站地处Ⅵ级地震烈度地带。综合考虑后，龚咀水电站、铜街子水电站、沙湾水电站、法华寺水电站、安谷水电站所测年发电量分别是规划的 94.91%、95.11%、86.77%、95.36%、83.91%。

表 3.3 测算的数据总量与规划数据总量相差只有 4.14%，这表明只要减少 4 个百分点的开发量，就可以减少耕地的淹没、移民搬迁的人数、森林的淹没面积，降低对生态环境的破坏程度。

3.4　本 章 小 结

水电开发是人们充分利用自然资源，保持人类社会、经济与资源环境协调发展不可替代的优质能源，是具有巨大社会效益的基础产业和公益事业，在经济社会的可持续发展中具有重要作用。优先和大力开发水电，是我国经济、社会和生态环境可持续发展的必然选择。但是水电的开发不能以"牺牲环境的代价"来换取暂时的经济利益，与我国提倡的"科学发展、共建和谐"相悖。

本章利用大渡河翔实的资料，运用时域有限差分法（FDTD）对大渡河流域的干流的年发电量进行了测算。结果表明，在考虑了两个电站之间的距离与水头、稀有濒危物种的破坏度、森林淹没比例、植被破坏率、文化遗产（名胜古迹）、支流的梯级开发级数等变量以后，年开发量只减少了 4 个百分点。这为水电资源开发战略规划构建科学的基准，从而丰富和发展水电资源可持续利用的理论基础和分析方法，为政府建立对水电资源开发的市场规制、总体规划和政策规范提供理论依据和衡量基准。

4

长江上游水电资源开发的影响分析

水利工程事关我国经济的命脉，是社会进步和国民经济发展的基础，在保证我国社会发展和经济繁荣中起着举足轻重的作用。长江上游地区水能资源相对丰富，长江上游水能资源的开发在保障我国能源供给、促进区域经济社会可持续发展等方面都有着重大的影响。

长江上游地区以其丰富的水能资源，对区域经济起到了重要的影响，包括促进地区 GDP 的增长，优化产业结构等；水电资源的开发能很大程度上推动社会的发展，因为水利工程的修建可以向下游地区提供巨大电力、增灌大批农田、为广大城镇供水服务、改善城乡防洪条件、延长通航里程及提高通航能力，对整个社会的发展做出贡献；水库的修建还对长江上游的生态环境产生一定的影响，包括影响修建水库后水温变化过程及各种水生植物或者鱼类的生存现状；此外移民也是水电资源开发不得不重视的问题，移民安置是否妥善解决关系整个社会的安定与繁荣。因为长江上游水利工程众多且工程浩大，需要足够的资金维持运营，所以融资问题也需要进一步重视。本章将从经济、社会、生态环境、移民、融资模式 5 个方面对长江上游水电资源开发的影响进行分析。

4.1 经 济

水电项目通常是一个庞大的工程，要顺利修建，巨大的资金是必不可少的，所以水电工程能够吸引大量的投资，进而促进当地 GDP 的增加；水利枢纽完成后，不但能够带来一定的发电效益，而且还会带来一定的防洪、航运、灌溉、养殖、旅游等综合社会效益，并且还可以促进水利工程周围地区工业、旅游业、养殖业和相关产业的全面发展，进而优化当地的产业结构，提高当地人民物质、文化生活水平；在施工期间往往能给当地提供强大的材料市场和设备市场，如需要大量的水泥、钢材、木材、工器具等，可以促进当地工业的发展。下面将从国民收入、产业结构、工业发展等几个方面来阐释长江上游水电资源开发对经济的影响。

4.1.1　对 GDP 的影响

水电开发投资有利于促进地方经济的增长，同时水电作为经济发展所需的清洁能源，也有助于经济的发展，经济发展也促进水电的开发。曾志雄等（2012）从国家层面验证了水利投资可以拉动 GDP 的增长，而 GDP 增长反过来也会推动水利投资的增加。周睿萌等（2015）在《水电建设对地方经济发展影响实证研究——以云南省永善县溪洛渡电站为例》中也证明了水电资源的开发能够从多方面推动当地经济发展，包括 GDP、社会消费、居民收入等，其指出在溪洛渡水电站建设期间，永善县 GDP 增长率高出巧家县 GDP 增长率 4.1 个百分点。有力地证实了水电资源开发对区域 GDP 的拉动作用。GDP 是衡量一个地区经济发展最为直接的因素，可以衡量地区全面经济发展情况，反映地区整体经济发展趋势，由此可以说明长江上游水电资源的开发对地区经济的发展贡献巨大。

4.1.2　对产业结构的影响

长江上游水电资源的开发工程浩大，涉及各个地区，波及众多人口，并且会对该地区的产业结构产生影响，下面从第一、第二、第三产业 3 个方面具体阐述长江上游水电资源开发对产业结构带来的影响。

4.1.2.1　对第一产业的影响

长江上游水能资源丰富，修建了众多的水利工程枢纽。水电站及大坝的修建，常常涉及淹没和移民等问题。例如，三峡工程的修建就涉及百万移民。在水利工程修建之前，很多地区都是经济不发达的山区，这些地方道路不通，信息闭塞，大部分居民都从事最原始的农业来维持生存，工业相对落后。但是水利工程的修建造成大量耕地淹没及农村移民搬迁，很多地区都推行退耕还林的政策，导致农业生产的大幅下降。移民多数从第一产业流向第二、第三产业，使第二、第三产业产值增加，在客观上这种变化有利于产业结构的优化及加快城镇化的进程。

4.1.2.2　对第二产业的影响

水利工程的修建需要大量的资金投入，而且水利工程的修建，往往意味着一个新县城的诞生。随着投资的增加及新县城的建设，第二产业的规模和产值会有所增加，特别是到运营的后期，水电产值也会计入第二产业产值，第二产业产值的增长更快。另外水利枢纽的修建，会有水泥、钢材、施工机器、输变电设备等物资的投入，大部分的物资都会在当地就近采购，上述物资的需求量就会有所增加，进一步促使周围地区生产部门增多，最终造成经济结构中的工业产值进一步增长，整体经济结构发生改变。

4.1.2.3　对第三产业的影响

在水电资源的筹建时期，各方面还没有发生实质性的变化，此时对第三产业没有明显的影响，一旦水利工程进入建设后期，随着大量人流和物流的涌入，对生活服务产生更大的需求，同时因为投资的不断增加，金融服务等行业也得到了发展，第三产业产值就会不断增加。而当电站建成后，人们会利用水坝资源，与当地人文景观相结合，大力推进旅游业的发展，从而又进一步增加了第三产业的比例，实现产业结构的进一步优化。例如，三峡工程建成后，当地的旅游业发展良好，成为当地创收的重要产业。

4.1.3　对工业发展的影响

长江上游水电资源的开发能够为下游提供原材料，进而促进当地工业的快速发展。长江上游地区的矿产资源十分丰富，矿种比较安全。其中储量占全国总储量 80%以上的有钛、锶、光学萤石；占全国 50%以上的有钒、天然气、锂、镉、芒硝、磷矿石、化肥用硅石、碘；占全国 30%以上的有铍、高岭土、铝上矿、贡、石棉、铂；占全国 20%左右的有铁、锰、铅、锌、银、硫铁矿等。这些地下宝藏的陆续开发，必将促进地区经济发展。但由于自然、历史、社会等原因，以及能源、交通、资金、技术条件的限制，一些矿区的开发利用程度还不够高。上游地区蕴藏的矿物资源的制成品都是我国紧缺的产品，每年均从国外进口相当数额。而随着我国经济的发展，对这些产品的需求还会与日俱增，客观上对开发这些地下宝藏提出了巨大需求。

要开发利用这些宝贵的矿藏资源，重要的条件之一是要有丰富廉价的电能，因为冶炼铝钛、提炼元素磷及生产合成化工产品都要消耗大量电能。

长江上游地区拥有丰富的水能资源，大型的水利枢纽（如构皮滩、洪家渡、向家坝、白鹤滩、溪洛渡等）均与磷、铝、铜、钛等矿区毗邻，发展锰、钛、铜、铝冶炼和磷化工、合成化工具有得天独厚的资源优势，利用本地区的丰富水电开发这些矿藏，除发展本地区经济外，还可对长江中下游地区及全国其他地区经济发展做出重要贡献。我国华东、华南、华北及东北地区均缺乏磷矿资源，这些地区的磷肥和磷化工生产均需从云、贵、川三省运进，运输压力很大，加之这些缺磷地区又同是缺电地区，发展制磷工业又受到电能供应紧缺的制约。而长江上游地区利用本地的丰富资源，就地加工成黄磷，运销华东、华南、华北等缺磷缺电地区，既大大减少了矿石的长途运输，又等于送去电能。可解决这些地区磷肥生产和磷化工生产对原料的需求。此外，长江中下游铝土矿也比较稀缺，利用贵州省的廉价水电和丰富的铝土矿，就地生产电解铝，再运销中下游地区，既供给这些地区铝材加工的原料，又减少运输量，还等于输送了电能。这样就把长江上游的资源优势转化成对全流域都受益的经济优势。

4.2 社　　会

长江上游地区水电资源的开发不仅对经济的发展有着重要的影响，而且对社会的发展也起到至关重要的作用。近些年，我国陆续在长江上游地区，包括大渡河、雅砻江、岷江、嘉陵江上都兴建了众多的水利工程，首先，这些工程的修建能够改善城乡防洪标准，让两岸居民不再频繁受到洪灾之苦；然后，水利枢纽的修建还能改善长江的整个航道，延长通航里程并提高通航能力；另外，水利工程也可以促进西电东送工程更加顺利地进行，解决一些地区供电不足的问题；最后，上游的水库可以很好地减少下游泥沙的淤积。这些都对上、中、下游居民的生活及社会的发展起到巨大的推动作用。下面将从防洪标准、航运条件、送电工程、泥沙数量 4 个方面阐述长江上游水电开发对社会的影响。

4.2.1　提高中下游防洪标准

长江沿岸多洪水灾害，其中又以中下游地区更严重，荆江河段又是防洪的重中之重。中华人民共和国成立之后，修建了一大批的防洪设施，对下游 3 万余千米的堤岸进行了巩固，修建了荆州分洪工程等分蓄洪工程，还在支流上修建了数量众多的水利枢纽，让长江下游的洪水灾害得到了初步的改良。可是中下游干流堤防只可以抵御 10～20 年的洪水灾害，就荆江河段来说，只可以通过来自枝城约 6 万 m^3/s 的洪水。一旦超出这个标准，就要启动分蓄洪措施。可是分蓄洪措施所在地很多开发过，农田密集，人口量大，进行一次分蓄措施，会造成很大的损失，更重要的是可能会造成人身伤害。就算采取分蓄措施，荆江河段也只可以承受来自枝城不超过 8 万 m^3/s 的洪水量，大概与 40 年一遇洪水相当。一旦出现 1870 年那样的洪水灾害，即使有分蓄洪措施，还是会有大概 3 万 m^3/s 的过量洪水不能顺利经过荆江河段，这样就会造成江岸决堤，不管是南溃淹没洞庭湖平原，或者北溃淹没江汉平原，都会淹没面积众多的农田，造成城市被冲毁和大量人口伤亡的毁灭性灾害，还有可能会造成南北都被淹没的惨剧。荆江决堤，还会对武汉的安全造成威胁。荆江南面和北面，是湘鄂两省的精华，如果出现问题，影响将波及全国。

多年研究表明，治理洪患，不能单独依靠某一种措施，而必须实行综合治理，采用堤防、分蓄洪区、干支流水库群、河道整治、水土保持等工程措施及非工程防洪措施共同组成长江中下游防洪系统，才能对长江中下游防洪能力有根本性的提高。

上游干支流水库群是上述防洪系统中的治本措施，尤以三峡工程最为关键。三峡枢纽工程的修建，能够让荆江河段的防洪标准从十年一遇上升到百年一遇，如果遇到 1870 年那样的洪水灾害，在分洪措施的帮助下可以使荆江河道行洪顺利，南北两岸不会发生溃堤，使城陵矶地区的分洪量大大降低，也使武汉地区的防洪调度更加灵活便捷，能够有效保证武汉市的防洪安全。此外，还为荆江向洞庭湖分流的松滋口、藕池口等建闸控制创造了条件，对治理洞庭湖十分关键。可见，三峡工程将使中下游防洪能力达到新的水平。

4.2.2　改善中下游干流航运条件

长江是我国内河航运最发达的河流，是沟通西南、华中、华东的运输大动脉。在三峡工程建成之前，长江水系航运业最为突出的问题是航道建设远远跟不上国民经济的发展需要。航道是航运事业的基础，航道不通，就极大地制约了航运的发展，在长江上游地区，干支流大都经过山地峡谷，水流湍急，致使有的河段不能通航，有的河段只能分段季节性通航。能常年通航的河段，也由于水急滩险，航道狭窄，通航能力受到很大限制。例如，重庆至宜昌河段就有滩险139处，成为黄金水道的瓶颈河段；长江在中下游，干流虽流经平原地区，水缓河宽，航道通过能力较大，但每当枯水季节流量就减少，常出现浅滩碍航。三峡水利枢纽建成后，就在很大程度上改变了航道的状况，水利工程使宜昌以上约700km的航道变为平湖，万吨级船队有半年时间可到达重庆。结合港口建设和船舶现代化，水运通过能力可以提高到 5000 万 t，运输成本也可以降低35%～37%。对大坝下游航道，由于水库调蓄水量，在洪水期，洪峰流量减少，使中下游航道在汛期航行条件得到改善，也为航道整治工程创造有利条件；尤其在枯水期，可增加下游流量。

结合航道整治，可满足大型船队常年汉渝直达。随着上游干支流上综合水利枢纽的陆续建设，实行梯级开发，就能逐步渠化航道，提高通航等级，延长通航里程，不仅使上游航运事业得到迅速发展，而且也荫及中下游地区。其作用有两点：第一，完善中下游航运条件。大型水利工程有很大的库容，不但能够调蓄洪水，还可以拦沙；既能降低泥沙在航道的淤积，又能控制洪枯水的流量，完善中下游航运在季节上的稳定性。例如，金沙江下段的 4 座水利枢纽，总库容408 亿 m^3。配合三峡工程运行，既可增加中下游枯季流量，又可提高中下游航道的航深，有利于全线的常年通航。第二，促进长江上游与下游的物资交流。长江上游与中下游地区在经济上联系十分紧密，而这种联系在很大程度上得力于长江水运大动脉。长江干流及众多支流与沿岸的数百座大、中、小城市关系紧密，干支流航道的通畅关系江河海相通及干支流直达，极利于上、中、下游物资交流，从而可促进全流域经济带的发展。

4.2.3 促进西电东送工程实施

长江中下游的华东、华中都是我国十分发达的地区，但是受材料等资源的限制，社会发展的速度受到影响，尤其是能源短缺的矛盾十分突出。据统计，1990 年华中电网发电装机容量为 2029 万 kW，华东电网发电装机容量为 2217万 kW，年发电量分别为 983 亿 kW·h 和 1091 亿 kW·h。为实现国民经济和社会发展的战略目标，20 世纪初这两个电网年发电量和装机容量大幅增长。而华中、华东地区可开发的能源又极其有限。煤炭资源的保有储量，华中电网所辖湖北、河南、江西、湖南四省只占全国的 2.9%；华东电网所辖三省一市①只占全国的 3.5%。现在年产煤能已远不敷用，要靠从外调入，运输压力已很大。这两个地区可开发的水能资源，除三峡水电站外，其他可供开发的水能资源已不多。我国核电开发尚处在起步阶段，核电站的单位千瓦造价比我国在建的水、火电站都高出很多倍，近期大量发展核电是国家财力难以承受的。加快开发长江上游水电并向华中、华东地区送电，即"西电东送"，是解决华中、华东地区能源问题的一条重要途径。三峡工程正常蓄水位 175m，装机容量 1768 万 kW，年发电量 840 亿 kW·h。按照电力系统规划，将给华东、华中地区各送电 800 万 kW，其余的送电川东地区。输送到华东、华中地区的巨大电能，将对缓解这两个地区能源紧张局面起到十分重要的作用。

但是，即使三峡工程能够在很大程度上解决供电量，但是由于华中、华东地区电力需求增长很快，仍只能满足短时间的需要，还必须不断投入新的电源，除仍需建火力发电工程及一定的核能发电工程外，还要加快开发长江上游水电，关键是抓住金沙江水电基地的建设。设想就是：21 世纪先后开始建设溪洛渡、向家坝两个水电站，然后再开发观音岩水电站。逐步建虎跳峡、白鹤滩等水电站，继续开发金沙江中下游其他几级及向家坝、溪洛渡、白鹤滩的扩机工程，还要兴建石鼓以上的日冕、王大龙、降曲河日等梯级。到 2050 年，完成金沙江中下段的全部梯级开发及上述 3 个梯级（向家坝、溪洛渡、白鹤滩），再加上其他支流兴建的水电站。若电源建设达到上述规模，在满足云、贵、川三省本地对能源需求的前提下，有可能在 2050 年向华中、华东及华南地区送电力 3000 万~7000 万 kW，这相当于输送原煤 7500 万~18 000 万 t，这对 3 个地区的发展有相当大的意义。

4.2.4　减少中下游的泥沙数量

长江干流多年平均的年输沙量，在上游河段是沿程递增，宜昌以下就有所减少，如直门达站为 971 万 t，宜昌站为 5.3 亿 t，大通站为 4.7 亿 t。上游河段强产沙区主要分布在金沙江下游、嘉陵江上游及大渡河。大量下泄的泥沙日积

---

① 华东电网前身是华电电业管理局，统管江苏、浙江、安徽和上海三省一市。2003 年组建华东电网有限公司，供电区域为上海、江苏、浙江、安徽和福建四省一市。

月累地淤积在中下游河道与湖泊中，使部分河床抬高，航道变窄，影响航运，更为严重的是湖泊淤积，逐渐降低调洪能力，以致在一定程度上加剧洪涝灾害。综合开发利用长江上游水资源，兴建水库，结合水土保持工程，则极有利于减少中下游泥沙淤积。三峡工程水利枢纽采取"蓄清排浑"的运行方式，可长期保留水库的防洪库容和调节库容。但在建库后相当长的一点时间内，仍将有相当数量的泥沙拦在库内，在不考虑上游建库的条件下，几十年后冲淤将基本达到平衡。三峡水库拦沙，可减缓洞庭湖积与河道淤积。除了三峡工程，上游干支流上的向家坝、白鹤滩、溪洛渡等一系列水利枢纽的巨大库容，也会拦蓄大量的泥沙，只要水库运用方式得当，不会影响水库的效益，还能发挥拦沙作用，增加三峡水库达到冲淤平衡的年限，进而延长洞庭湖寿命，保障中下游河槽的泄洪能力。

4.3 生 态 环 境

水利工程是经济发展中的基础设施，在某一河段上修建可以控制一定流域面积的水利设施，能够增加蓄水量，提升上游水位，化解水资源时空分布的不平衡，并且对供水、灌溉、养殖、航运、旅游、防洪、发电等都发挥着不可替代的作用，并且能够显著提高社会经济效益。其对生态环境和社会存在潜在的影响。

首先，长江上游地区建设大型水利枢纽工程后，对非生物环境会产生影响。河流径流的调节，增加或者减少河流的径流量及其年内分配和季节分配等，还会改变水文特征的物理性质和化学性质，河流下游的地貌也会受到影响。其次，大型的水利工程还会影响库区的初级生物，使生境和植物发生变化。最后，水电开发也会严重影响鱼类的生存和繁衍。这些改变随之引起了生物多样性锐减、水污染严重等问题。随着人们对生活环境质量要求的不断提高，这些问题显得越来越突出，有些问题已明显制约区域国民经济的可持续发展和影响人民群众的正常生产生活。同时由水电开发带来的这一系列生态环境问题又会反过来影响水电开发自身甚至制约长江流域水资源的进一步开发利用和可持续发展。

国外学者也研究水电开发对环境的影响，其主要观点有如下几种。

Oud（2002）概述了水电开发的历史演变历程，认为水电规划方法经历了从技术经济规划方法向强调各方参与决策的整体规划方法的逐渐转变过程。他从经济、环境和社会方面探讨了水电工程建设活动在1985年以后明显放缓的原因；并探讨了影响水电开发的主要因素，包括环境意识、公众参与、社会经济影响、水库需求、私有投资人参与电力系统；阐述了水电设计预留可扩展功能的观点。水电工程的设计应该预留灵活的可扩展空间，以应付或适应工程未来功能的可能变化。例如，多层取水、坝下游反调节堰/坝、泄流底孔、冲沙设施、电站厂房扩建、大水头水轮机、泄流能力的扩大、洪水预报系统等。

Winter 和 Jansen（2006）研究了水电开发给鳗鲡带来的影响。由于近十年来欧洲鳗鲡的数量在其分布区域内急剧减少，Winter 和 Jansen 利用遥测技术测定荷兰鳗鲡由于水力发电和渔业引发的死亡率和能够成功到达海里的鳗鲡数。首先选定研究海域范围，建立遥测技术；然后选择测试鱼群和外科操作来进行数据分析，结果表明：下游迁移方式决定了在下游移动的鳗鲡的命运；最后其提出了对鳗鲡保护的管理措施，其中鳗鲡在下游迁移的减少，认为是最有效的影响因素之一，在鳗鲡迁移的高峰时期临时关闭涡轮也是行之有效的方法。Kuby 等（2005）引入了一种系统的、组合的和客观的优化模型来分析生态经济的交易并支持与河流系统拆坝相联系的复杂决策，分析了威拉米特河分水岭的案例，表明在一个生动的交易中只需牺牲水电站和储水量的 1.6%，就可拆除 12 座大坝而重新连接该流域的 52%。Bhola 等（2005）探讨了水电开发中悬浮泥沙对环境的影响。其选择尼泊尔的 Khimti 水电工程（60MW）作为具体案例，调查悬浮泥沙对环境的影响，并由此研究分析了取自不同河流的沙样中的矿物质含量。

Yüksel（2007）认为发展中国家的水电发展面临着许多挑战，对环境的影响往往随着时间的增加而增加。在过去的 20 年间，全球电力生产增加了一倍以上，电力需求迅速增加，世界各地的经济发展蔓延到新兴经济体。因此，技术上可行、同时又具有经济和环境效益的水电站成为能源需求的重要载体，成为未来世界的能源结构中的主要部分。特别是水电在一些发展中国家的利用是有限的，如中国、印度和土耳其，当然水电并不会有助于温室气体排放量的增加或其他大气污染物的产生，它仍是绿色能源。

Sternberg（2008）认为在 19 世纪末迅速扩大的电力需求，加之技术上的创新导致水能发电的产生，水电在许多国家成为一个"能源桥"。Sternberg 认为觉醒的公众对环境问题的认识是由 18 世纪 70 年代初开始产生的，他提出了水电站成为一个发电与环境保护共存的主体模式。在世界许多地方，水电继续充当"能源桥",但在大多数国家,它只能满足一小部分的电力需求,与其他电力能源共同发挥重要作用,在保护环境方面它起着关键作用。他特别强调在平衡分析中,当代水利水电工程的兴建要特别注意对环境影响的技术改进,以尽量减少该项目的环境影响。

Kibler 和 Tullos(2013)从生境丧失、流域连通性、优先保护区、景观稳定性、水文情势和泥沙输移、水质等角度构建多个评价指标,对比研究了大/小型水电站单位装机容量对生态环境产生累积影响的差异。结果表明,小水电群对受影响河长、受影响的生境多样性、优先保护区、河流水文情势、河流水质等方面的影响超过大型水电站产生的影响;而大型水电站在淹没土地面积、改变泥沙输移过程和水库诱发地震等方面的影响较大。

4.3.1 对非生物环境的影响

水利工程对河流水力、水文、水质等非生物环境的作用主要体现在河道相应流量变化、下泄流量减少、历时和频率、淹没范围的变化。水库拦沙减少了下泄泥沙含量,并且降低了浑浊度;水库下泄水体会溶解 pH,减少氮含量、氧含量、营养物等。

4.3.1.1 对河流径流的影响

大坝的蓄水功能改变了河流径流模式,河流径流调节不但发挥了工程的效益,而且还从根本上诱发了下游河流生态系统的变化。水位的波动从不同方面对河流造成影响。从其他水库的运作模式可以看出,水库造成坝址下游泥沙流及径流的改变,波及范围已经达到了 100km。洪水来临时,大坝的削峰、错峰、调蓄等各种功能,也会造成河流的径流量的变化。

4.3.1.2 对水温及水质的影响

建成的水库会造成库区的有机物和水温分层,表层内变化很大,伴随水深的增加,变化越来越不明显,直到底层几乎保持不变,经常是一种低温低溶解氧的情形,使天然河道环境发生改变,并且使河流中污染物的扩散、迁移及转化受到影响,使河流的水质状况变得更糟糕。水体富营养化是最典型的情况,因为水体在水库中流动缓慢,城市生活污水、化工企业产生污水及雨后径流中有很多含氮、磷的有机物,会使藻类及鱼类因为缺氧而死亡,导致腐臭加剧、水质恶化。

4.3.1.3　对下游河流形态的影响

水电工程还在一定程度和范围上影响河流廊道，这种影响取决于河流流量之间的关联，以及水库的整体规模。坝下流量的改变会引发下游生态效应的改变。电负荷的变化会导致水电站的下泄量及河流形态发生改变，造成下游河岸侵蚀的重要原因是下泄流量的变化，也进一步造成河岸生境丧失，水利工程放缓了水库水体的流速，有可能使之变成湖泊生境。对大坝来说，一旦改变河道内的流量，大坝周围的生态环境也随之变化。

4.3.2　对初级生物的影响

大坝的修建会对河流的生态环境带来严重的影响，库区环境对初级生物来说又显得至关重要，水文环境的改变也会对水中各种初级生物产生影响，包括浮游生物及河流中的大型水生植物。

4.3.2.1　对浮游生物的影响

浮游生物比较适宜生活在缓流水或者静水中，一般情况下在没有修建水库时，山区的河床水流较急、坡度也较大，浮游生物的数量和种类都不多，其中大部分为绿藻和硅藻；而水利工程的修建会降低水流流速，再加上库区周边因为急雨带来的有机碎屑、无机悬浮物在水流中越积越多，这些有机和无机营养物给浮游生物的生存带来了很好的环境条件，进而大量繁殖。在水库蓄水之后，浸没导致大量生物死亡，淹没区有机物的分解导致微生物种群大量释放养分，进一步提高了水体中氮和磷的含量，数量众多的氮和磷诱发浮游生物的迅速繁殖，甚至可能造成蓝绿藻成倍增加。在水库形成的初期，水库会对浮游动植物区系组成、初级生产力生物量等造成影响。

4.3.2.2　对大型水生植物的影响

大型水生植物是至少有一部分生殖周期在水表面或者水中的植物类群，而且它们在生理上会依赖于水生环境。淹没是对水生植物最直接的影响，而间接影响就是改变了水和土壤的涵养功能、水位状况和水域的形态特征，从而会影响高等水生植物的生存和生长。大坝岸边的水生植物的数量可能会上升。河口周围形成的三角洲，降低了水的深度，同时也为水生植物的生存提供了更好的生存环境，更加利于它们的生存。但是，一旦水库的水位起伏偏大，再加上光照的深度不支持，水生植物迁移到这种地方就会受到影响。不过处于平稳及富营养的条件下，物种的流动侵入就会变成可能。因为水生植物能够产生具有生物多样性价值的类似湿地的生境，促进渔业发展，并且帮助建设栖息地，这是其优点之一。但是其也会造成疾病媒介生境，如携带血吸虫的蜗牛、蚊虫。

4.3.3　对鱼类的影响

鱼类作为水生生态环境系统中营养级较高的一类群体，是不可缺少的水生物种，大坝的修建对水生环境最重要的影响就体现在对鱼类的影响上。鱼类的生存生态环境是在逐渐的生物进化中产生的，相对来说生态环境比较稳定，这也是保障鱼类资源量和鱼类种群稳定的前提条件。但是水利枢纽工程的修建，干扰了鱼类的生存环境，造成鱼类多样性锐减等问题。

4.3.3.1　直接影响

大坝的修建对河流起到了分割的作用，以水库为中心的水利工程将天然的河道分隔成了 3 部分，即水库上游、水库库区及坝下游区，破坏了原本一体的生态景观，水电站的梯级开发活动又把河流分割成一个个不同却相互联系的水库。水利枢纽对鱼类的直接影响如下。

（1）阻隔了洄游通道。因为水利工程的分割作用，河流的水力学特性发生变化，出现了高位水头，阻碍了河道内水生生物的迁移和栖息，并且造成一些鱼类种群在上下游之间迁徙的障碍，让这些鱼类不能够顺利完成它们的生活周期，破坏它们的生存规律，这对需要进行大范围迁移的鱼类来说造成的结果往往是毁灭性的。

（2）影响了物种交流。水利枢纽工程对洄游性鱼类的洄游通道造成了阻碍，就可能会导致不同水域鱼类种群相互之间的遗传交流障碍，造成鱼类种群整体遗传多样性丧失的问题。

（3）对鱼类的伤害。某些鱼类或者幼鱼经过水轮机、溢洪道等会因为高压高速水流的冲击而受到伤害甚至造成死亡。例如，美国的斯内克河、哥伦比亚河，每年由于汛期大坝泄洪，鱼类因为含氮过饱和而死亡。大坝溢流的时候，流水的翻滚会带来大量空气，也会引发氮气过饱和的情形，这也不利于鱼类的正常生长，让鱼类患上气泡病最后导致死亡。还有就是大坝阻碍了鱼类，使它们不能到达产卵地，造成很多逆流而上产卵的鱼类因撞上堤坝而死亡。

4.3.3.2 间接影响

大坝修建后，影响了水体的水文条件，导致鱼类的栖息环境发生了改变。不同的鱼类有着不同的栖息环境，大坝的鱼类水体生境会出现以下显著变化。

（1）水温的变化。坝下的水温会因为大坝的修建而发生变化，因为水库温跃层再往下滞水层的水体温度比较低，含氧量也偏少，自这一水层下泄的水流会影响坝下的河流水体环境。在一些深水库区，水体的温度普遍偏低，放水的整个过程会导致某些土著鱼类无法适应。因为水生物种经常把日水温及日长当做繁殖的信号，所以坝下水温的下降会使无脊椎动物的生长周期和鱼类产卵情况受到影响。

（2）泥沙含量的变化。泥沙会因为水利工程的修建在水库中堆积，而一些有机物因为吸附在泥沙颗粒表面所以就停滞在水体中，某些情况下这些有机物为下游生物提供了不可或缺的营养物质。由于水库清水下泄造成河床的再造，而河岸、河床带是生物重要的栖息地，泥沙来源很局限，让河床底部的软体动物、贝壳类动物和无脊椎动物（如昆虫等）失去了赖以生存的环境资源，河心洲中的生境及物种也会逐渐地消失。以白鳍豚为例，三峡工程建成之后，因为水库蓄水后清水下泄对河床的冲刷作用改变了中下游水域的生态环境，白鳍豚的栖息空间范围减小了 155km，其意外事故、意外死亡更加容易发生。

（3）水位的变化。库区的水位因为水电资源的开发而变高，再加上水库在洪水期间的泄洪及调蓄，造成水位变动很大，并且变动的幅度也不小；对于大坝以下的江段，因为有大坝的调节，其水位、流量及流速的周年变化趋势减小，并且大坝减轻了河道自然水位的改变，水位的变化也相对缓慢，还缩小了两岸消落区的面积。库区下段自然水位的改变放缓及大坝的淹没都对河流两岸生态环境层次的简化产生了直接作用，其中对流水性鱼类比较重要的生态环境条件逐渐退化。

（4）流速的变化。大坝蓄水后库区水流的速度会放缓，导致库区上游一些鱼群产的漂流性的卵因缺乏充分的漂流距离而大量死亡；因为洪水的危害性，人类会对其进行自主调节，这也不能满足波峰型产卵的鱼类繁殖所必要的生境。一般洄游鱼类的产卵和肥育取决于流速与水量，库区涨水时间延长会导致洄游鱼类的性成熟及产卵数量的上升。而且，大坝周围因为失去激流也可能造成某些向下游迁徙的鱼类迷失方向，从而被捕食。

（5）水质的变化。水库在形成期，会影响浮游植物区系组成、初级生产力及生物量等，库区水质经常由于藻类植物的大量增加而富营养化。藻类大量繁殖期间将大量消耗水中的营养物质，还会导致水体缺氧，进一步对另外的水生物造成影响，特别是将造成鱼鳃堵塞，甚至导致鱼类死亡。

综上所述，可以看出长江上游水电开发对生态环境的影响是方方面面的，包括对非生物和各种生物的影响。而这些影响又进一步引发了一些更加值得重视的环境问题，如植被破坏导致了长江上游地区水土流失严重，又如对水质的影响严重减少了生物的多样性并且干扰到了下游居民的正常生产生活。开发水电的初衷是为社会带来经济效益，为人民谋福利，但是一旦违背了初衷，对环境造成了破坏，给人们的生活增添了困扰和不便，水电资源的开发就会受到阻碍，在影响生态的同时，也会受到来自生态环境的反作用，导致水电开发受阻。

当前，我们提倡经济及社会等各方面的可持续发展，同样适用于水电开发，在追求巨大经济效益的同时，不能破坏生态环境，以牺牲环境为代价的水电开发会严重影响人们的生活并且会阻碍对长江流域水电资源的进一步利用和开发。所以，在长江上游水电资源开发过程中要关注人与自然的和谐发展，深入研究什么是导致生态环境问题的根源，提出相应的缓解补救应对措施及技术方法，才能促进水电开发和生态环境之间的和谐与可持续发展。

4.4　移　　民

长江上游地区对整个流域甚至是全国来说都是至关重要的生态支撑，并且对可持续发展来说也是不可或缺的保障。一方面由于长江上游地区移民数量多，并且有部分移民并非自愿搬迁，而且移民涉及不同的民族和宗教文化，这些都加大了移民的难度；另一方面数量众多的移民突然搬到一个陌生的地方，会很难适应新的环境，且移民大部分是土生土长的农民，离开了土地，他们很难再找到赖以谋生的职业。移民后期的保险制度和法律规范也对移民产生着巨大的影响。这些问题对长江上游地区移民来说无疑是一个巨大的威胁，一旦不能妥善地解决这一系列问题，不但不能让移民工作顺利地完成，而且对当地经济的发展还有可能造成负面影响，不利于和谐社会的建设。有序地开发长江上游的水电资源是我们所希望的，可是在移民过程中，关于移民我们应当创新战略对策，更多关注移民的就业、心理及适应能力问题，促进移民区各方面的和谐发展，努力朝着让移民能过上小康生活的目标奋斗，最主要的是使移民感受到水电开发带来的好处，这样水电开发才能得到民众的支持，只有得到广大人民群众的认可，水电开发才能够顺利地进行，所以在移民过程中出现的这些问题便成了水电开发中我们应该重点关注的因素。影响移民的主要因素有移民意愿、宗教文化、适应能力、再就业、保障制度、法律法规等问题，深入研究这些问题才能解决移民过程中的各种状况，让移民顺利进行，并且也为长江上游水电资源的进一步开发营造一个良好的社会环境。

4.4.1　移民意愿

人类在发展历程中始终离不开人口的迁移。中国古代是典型的农耕社会，农民一般都有着强烈的恋土情节和乡土观念，他们从小就对土地就有着强烈的依附感和归属感。而移民，则表明他们要流离失所、背井离乡，这是一个极其痛苦过程。

长江上游水电开发的移民过程中，由于管理不当或经济因素等方面的原因，遗留下了一些问题，如管理者在处理事件时会与民众发生一些对立与摩擦。由此，在移民的整个过程里，应重点注意移民的耕作方式、意愿、风俗习惯、心理承受能力等问题。现在移民工作已经告一段落，但是还是要关注他们身心健康等各方面的问题，在有关问题的决策上需要移民的参与，高度尊重他们的建议。根据调查，中华人民共和国成立后我国因大型工程而造成超过4000万的非志愿移民，他们用自己的牺牲为祖国的经济社会发展献出一份力，在为国家做出贡献的同时，自己却违背初衷承受着各方面的压力。移民在促进社会发展的同时也会带来一些负面影响，所以各级政府在管理各地移民时一定要采取包容理解的态度，贯彻落实各项重大举措，提升移民政策和各项工作的完成质量，避免移民遗留问题的发生。对于移民过程中的意愿问题，政府一定要及时疏导与重视，才能营造一个良好的社会环境，使群众的移民生活及水电开发更加顺利。

4.4.2　宗教文化

长江上游是一个多民族聚居的地区，而不同的民族又有着不一样的文化与风俗。这些少数民族地区独特的民族文化，代表着重要的文化理念，是民族凝聚力的具体体现。宗教这种特殊且复杂的文化现象，不但体现在民族的传统文化等方面，而且在保证民族内聚、社会稳定及传承文化等方面具有重大作用，其至还会影响少数民族地区的关系整合、发展及重构。不同的民族有着不一样的文化形式，如纳西族的东巴文化、傣族的贝叶文化、白族的本主文化、彝族的毕摩文化等，相互之间的文化、语言、风俗、文字、宗教信仰也千差万别，所以在移民过程中，关于移民的搬迁、规划和重建，要引起各方的重点关注。由此，在少数民族移民过程中，最好能够把自治区内部的人民安置在相对集中的区域，便于具有相同的风俗习惯、文化的民族之间的交流，尤其是对村落社区内的社会融合相关的传统、宗教文化及风俗习惯，要更加重视，不然会诱发矛盾与冲突，最后可能影响整个移民区的和谐安置。

在长江上游地区的移民过程中，一些宗教文化矛盾经常会导致一些焦点问题及难点问题，对移民过程产生重大的影响，甚至可能引起民族冲突。也有可能被心怀不轨之人借机挑事，导致民族矛盾。水电开发过程中稍有懈怠，就可能引发社会、民族和经济等的不稳定。这为水电开发增添了很大的困难。

4.4.3 移民的适应能力

移民突然进入一个完全陌生的环境中，而这个环境中的人已经形成了自己特有的文化形式及生活习惯。移民除了让自己习惯既定环境和生活方式别无他法，但即使这样也很难在短时间里融入一种全新的生活里。长江上游水电开发的移民大部分是少数民族，因为人际关系、语言文化、生活习惯等突然改变，移民们会遭遇到很多意想不到的困难。对整个移民工程，不管是个人还是政府都付出了巨大的人力、物力及财力，特别是一些怀着对新生活无限憧憬的人们，等到移民完成后，与他们的心理期望相差太大。一个村庄就有上千人，而很多人都来自不同的地区，文化不同、生活习惯相异。这些不同之处会引发移民之间的矛盾，甚至还会导致违法行为的发生，进一步会增加移民村群众上访的频率。而且因为差异太大迁入人口与当地人口之间也会出现矛盾。移民的迁入，影响了当地人民的生活，也可能造成他们的不满，导致社会的不稳定。这就需要政府还有民众自己处理好与当地人之间的关系。除生活习惯之外，需要考虑的还有文化差异、民族宗教、心理活动等因素。

西部地区分布着大量的少数民族，无论是在移民过程中还是移民完成后这些因素都值得我们重视并且加以研究。所以，长江上游地区的移民工作中一定要各方面统筹兼顾，协助移民适应当地的文化和生活等习惯，才能让移民区经济社会稳定发展。

4.4.4　移民再就业

实施长江上游地区移民工程是为了迁出移民后，当地生态环境能够得到保护，移民地的原住户能够享有原来安稳的生活，迁出的移民生活能够变得更加富裕。移民搬迁后，相对原来的生活，生存应该是不存在问题的。可是仅仅依赖人均两亩限量供水的耕地而发家致富是不可能的，又因为移民本身知识和经验的缺乏以至于找不到其他的增收办法，对现代社会的很多高科技还不能够适应，并且现在很多岗位对知识和技能的要求更高，导致一部分移民再就业困难。在这种情况下即便移民因为搬迁而提升了生活质量，但是由于自身条件的限制他们的收入一时也不会有显著增加，这就会增加移民背井离乡的伤感和对未来的迷惘，可能会引发更多的社会不和谐问题。

当前，长江上游移民工程已经大体完成，"搬得出"不成问题，可是要"稳得住""能致富"却不尽如人意。所以移民的再就业问题应该得到重视，并且一定要得到妥善的解决，才能维护移民区的社会稳定，以及水电开发的顺利进行。

4.4.5　移民保障制度

长江上游水电资源开发区移民工程的社会整合问题，归根结底还是移民利益的整合问题。这里的利益关系是指移民和部门之间的利益同时还有移民、部门与整体之间的利益。移民的利益整合也就是要协调和重建国家和移民地区、移民和与其相关的非移民区的部门及群众之间的相互利益关系。站在宏观角度上来说，长江上游的水电工程移民对改善生态环境、构建生态安全支持体系宏伟工程及对整个流域的可持续发展都起到了至关重要的作用，水电工程对长江中下游地区人民的安全及经济的发展起到了支持和保障的作用。长江中下游地区分布着很多重要的城市及工农业生产基地，保护长江上游的生态环境，能够减少对长江下游的危害与不利，能够使长江上游经济带产生更大的经济效益。从整体上来讲我们都是获益匪浅的。

长江上游水电资源开发中产生的移民涉及很多区域，而这些区域之间又存在着各种利益关系，如长江上、下游地区之间的利益关系及移民区和安置区之间的利益关系等。要协调完善各个群体之间的利益关系是一个巨大的挑战。如果这些关系不能得到妥善的处理，可能会出现长期的纠纷与矛盾并且阻碍水电开发的进程。由此在长江上游水电开发移民过程中，一定要协调解决移民各方的利益保障问题，如移民补偿和移民保险等保障制度的建立，以保证移民区及非移民区的社会和谐。

4.4.6 移民安置的法律法规

在移民过程中，法律法规应该发挥至关重要的作用，作为移民工程的有效保障。移民工程关系广大群众的自身利益，只有"有法可依""有法必依"才可以保障移民的利益，把移民的规划、建设、验收、补偿机制都合法化，移民才能顺利进行。移民是一个特殊而脆弱的群体，因为生活习惯的天差地别，搬迁到陌生环境的他们会遇到很多困难，而全国各个地方的安置补偿费普遍偏低。所以要想让移民安居乐业，法律法规制度的健全势在必行，建立移民社会保障制度，为移民提供安全保障，让移民在新的安置地生活得更好，解决后顾之忧。让他们充分体会到水电开发所带来的福利，他们才会支持水电资源的进一步开发。

综上所述，由于长江上游水电开发移民数量巨大，涉及区域广泛，各方面的问题也就更加突出，关于移民的意愿问题和适应能力都需要政府各部门加强关注，对于一些极端的民众，如有必要可以请专门的心理辅导机构加以疏导。因为一点小民愤也有可能会引起很大的社会不安定事件。另外，关于移民的再就业、保障制度等后期问题，也需要相关部门妥善解决，因为最需要关注的是他们移民之后的生活质量能不能提升，一旦达不到他们的预期，就会带来一些冲突点，长此以往，这些冲突会越积越深，甚至带来社会的动乱。并且还会让人们对水电开发移民失去信心，可能会排斥水电资源的开发，成为水电开发的阻碍。所以，在移民过程中一定要协调好各方面的问题，才能为水电资源的进一步开发营造一个良好的社会环境。

4.5 融 资 模 式

我国蕴藏着丰富的水电资源，水能资源储存总量及可开发的水能资源都排在世界首位，其中大部分又集中在西南地区，长江上游地区更是大型水电站的聚集地。装机需求十分巨大，所以大量的投资商及巨额资金必不可少。可是我国大中型水电工程一直以来都缺乏足够的资金支持，筹集足额的工程建设资金是当前要解决的头等大事，一旦在融资问题上受到阻碍，水电资源开发的进程及规模就会遭遇重创。只有大规模的资金到位，水电资源的开发才能顺利地进行。经过多年的改革和实践，我国目前形成了内源融资、直接融资、间接融资、权益性融资和债务性融资等多种融资形式，这些融资形式发展比较早，在水电开发中也都有运用。项目融资在国际上被称为"无追索或有限追索贷款"，是一种新型且运用灵活的筹资模式。根据这些年来我国在大中型项目中对项目融资的使用，项目融资对提升我国资金管理水平、更有效地利用国内外资金、拓宽融资渠道有着积极的作用，具体包括 ABS、BOT 和 PPP①等。只有深入了解、研究各种融资模式的特点与作用，在长江上游水电资源的开发中选择合适的融资模式，才能够解决长江上游水电开发资金缺乏问题，而且可以加速我国水电产业的发展。

4.5.1 内源融资

内源融资是企业运用自有资金在生产经营中取得资金的方式。内源融资包含折旧、留存收益和应付款项等。内源融资的主要特点有自主性、低成本、低风险和原始性等，是企业生存和发展的支撑与保障。优序融资理论表明，与其他融资方式相比内源融资是融资模式的最佳选择。对于成熟国家的市场，内源融资在融资构成中有很重要的地位，也是企业优先考虑的融资模式。

4.5.1.1 内源融资的优点

（1）维持股权比例不变。与发行新股相比，内源融资没有引进新股东，而是维持了原股东的股权比例，控股股东的控制权不会受到威胁。

（2）向市场传递利好消息。企业选择内源融资模式时往往代表这时企业面对的是很好的投资机遇，所以企业选择内源融资模式为市场传达了正面、积极的消息，有益于市场积极向上发展。

（3）融资风险小。内源融资的大部分资本是权益性的，所以对改善资本结构、降低资产负债率、进一步对加强公司融资能力及信誉也有帮助。

4.5.1.2 内源融资的缺点

（1）融资规模受限。很多公司因为其盈利能力有限，会限制其融资规模，

---

① ABS 即 asset-backed securities，是以项目所属的资产为支撑的证券化融资方式；BOT 即 build-operate-transfer（建设-经营-转让），在我国被称为特许权投融资方式；PPP 即 public-private-partnership，是指政府与私人组织之间，合作建设城市基础设施项目。

无法满足企业对资金的巨大需求。

（2）受股利分配政策的影响。除了盈利能力会影响内源融资的规模，股利政策也会对其产生作用。股东根据自身利益，在较高的股利支付率的要求下，会较大影响内源融资的规模。

4.5.2　直接融资

在直接融资模式中是没有金融中介机构参与的。此情况下，一定时期，资金盈余方直接联系资金需求方与之签订协议，资金盈余单位也可以在金融市场上买进资金需求单位发行的股票或者债券，通过这种方式把资金供需求单位使用。企业发行股票和债券及商业信用，还有个人或者企业之间的借贷都是直接融资方式。与间接融资相比较，资金盈余方和资金需求方可以有更多的选择。对投资者来说会有更高的收益率，对融资者来说又降低了融资成本。直接融资的主要特点有自主性、直接性和不可逆性等。

4.5.2.1　直接融资的优点

（1）融资效率高。资金供求双方直接对接，减少中间环节，可以提高融资效率，从而实现资金的合理配置和使用效率的提高。

（2）融资成本较低。由于直接融资无中间交易成本，因此可降低融资成本。我国当前直接融资情况表明其融资成本低于银行借款。

4.5.2.2　直接融资的缺点

（1）限制较多。直接融资在资金期限、利率、数量等方面限制较多，尤其是在公开市场上，对债务人的信息披露等要求较高，其融资规模受到较多限制。

（2）融资风险较大。相比于间接融资，直接融资的风险更大。

4.5.2.3　直接融资的实例

以长江三峡水电站建设第一阶段（1993～1997年）融资为例。

本阶段的融资特点是项目建设工期较长，未来的不确定因素很多，项目建设的风险客观存在，投资者对该项目的风险无法在短期内做出合理判断，观望人数较多。因此，本阶段筹资策略以直接融资为主要方式——争取政府的直接投入和政策上的支持，国家注入的资本金和政策性银行贷款是这一阶段主要的资金来源。

4.5.3　间接融资

间接融资方式必须经过金融中介机构的参与。在这种融资方式下，在一定时期里，资金盈余单位将资金存入金融机构或购买金融机构发行的各种证券，然后再由这些金融机构将集中起来的资金有偿提供给资金需求单位使用。间接融资的资金供求双方不发生直接的债权债务关系，而是由银行等金融机构以债权人和债务人的身份介入其中，实现资金余缺的调剂。间接融资和直接融资相比的优势是其灵活性，银行等金融机构可以集中本来比较分散的小额资金。而且金融机构聚集了行业的专业人才和信息资源，对资金安全及使用效益都大有帮助。

4.5.3.1　间接融资的优点

融资弹性好。间接融资方会与银行等金融机构接洽。融通资金的数量、金额、时间、偿付方式等都可以由双方具体协商，而且融资期满后，也可以具体商议展期事项，所以具有较好的弹性。

4.5.3.2　间接融资的缺点

融资成本高。由于有金融机构的参与，间接融资会产生相应的代理成本，因此间接融资的成本相对较高。

4.5.3.3　间接融资案例

以三峡水电站建设第三阶段（2004～2009 年）为例。

本阶段的特点是项目开始产生现金流入，工程建设风险进一步稀释，电价、电量分配等政策逐步明朗，投资者对项目、公司的财务能力和风险程度可以做出合理的度量与评估。本阶段融资策略是通过资本市场运作将项目未来的现金流提前到当前使用，建立股权融资通道和资本运作的载体（2003 年中国长江电力股份有限公司上市）采用间接融资为水电站融入更多资金。

4.5.4　权益性融资

利用增多企业所有者权益以获得资金的方式称为权益性融资，企业上市募集资金、增发和配股都称为权益性融资。权益性融资具有以下特点：

（1）长期性。权益性融资的特点有不用归还、无期限、永久性等。

（2）不可逆性。进行权益性融资的投资人收回本金时必须通过流通市场。

（3）无负担性。权益性融资股利不固定，公司根据自身的状况决定支付股利的多少。

（4）发行新股，会稀释控制权。

4.5.5 债务性融资

债务性融资是一种重要的外部融资，它是指企业以负债形式向贷款者支付固定金额的契约性合约。债务性融资主要有以下特点：

（1）契约性。债务性融资是债权人和债务人之间签订的契约性合约。

（2）债务性融资财务杠杆影响明显。

（3）债务性融资模式和企业的控制权没有关系。

权益性融资与债务性融资主要具有以下不同：

（1）风险不同。债务性融资的风险相比权益性融资来说更大，权益性投资者的股息收入一般与公司的经营状况和股利政策相关，普通股不用固定支付利息，公司也就没有了必须支付利息的压力。所以，权益性融资没有还本付息的风险危机。对债务性融资来说，必须按规定日期支付利息，还要到期还本付息，而且这些都与公司的财务状况无关。一旦公司的经营状况恶化，公司就会面临很大的财务风险，甚至导致破产。

（2）融资成本不同。从理论上来讲，债务性融资的成本比权益性更低，因为债务性融资方式能够抵扣所得税在税前支取利息。但是权益性融资模式的利息支付在债权性融资本息之后，所以投融资风险更大，但是正是因为其高风险，带来的收益率更高。

（3）对控制权的影响不同。债务性融资对股东保持控股权有帮助，也不会导致股权的稀释。但是权益性融资会分散股东的控股权，所以控股股东经常不愿意发行新股。

（4）发挥的作用不同。权益性融资不但能够提高股东权益，而且能够减少资产负债率，为公司提供大量债务资金。债务性融资税前支付利息，能够抵扣所得税，为企业带来财务杠杆作用。

综上所述，权益性和债务性融资相互促进、相互补充。

4.5.6 项目融资

4.5.6.1 BOT 融资模式

1）BOT 模式含义

BOT 是 build（建设）、operate（经营）和 transfer（转让）三个英文单词首字母的简写，表示一个完整的项目融资模式。BOT 模式就是由项目所在国的机构或者政府专门将项目的建设制造特许权协议作为项目融资的基础，通过外国或本国公司为项目的投资者进行融资，并且为其分散风险，同时在定期内获得利润，最后根据协议把该项目转让给政府。

2）BOT 模式参与方

（1）项目发起人是项目所属国家安排的公司。从法律上来说，项目的发起人不拥有项目，也没有项目的经营权，它是通过给项目定量的从属性贷款和特许经营权作为项目的建设、融资的保障，融资完成后，项目的发起人自然而然地得到经营权和所有权，并且不用付出任何代价。因为特许权协议对 BOT 融资模式来说至关重要，由此一些时候 BOT 融资模式也可以称为"特许融资"。

（2）项目公司。BOT 融资模式的主体就是项目公司。项目所在国政府把项目经营的特许权给予项目公司，由项目公司负责组织项目的建设和生产经营，并且提供技术支持、安排融资，还要分担项目的风险，进而从中得到利益。项目公司经常有特定的组织，由该领域技术能力较高的公司或者承包公司构成，偶尔也会有金融性投资者或者一些项目产品的购买者加入。

（3）项目的贷款银行。BOT 融资模式中的贷款银行组成情况比较复杂。其中除了商业银行以外，还有政府的出口信贷机构、区域性开发银行及世界银行。贷款条件一般与公司的资金状况、项目的经济能力及公司的经营水平有关；另外还依靠政府和发起人对项目的支持及特许权协议的主要条款。除了上面提到的三方之外，很多情况下 BOT 融资模式经常还有政府机构、律师、保险公司、有关国际机构、担保受托人参加，他们扮演不同角色，一起推动 BOT 融资模式的发展。

3）BOT 模式融资结构

BOT 模式基本结构一般为有限追索权式的项目融资模式结构，贷款一般的还款方式是现金流量，项目公司会分担由此引发的风险，项目发起人只要对供货、提货及付款属性的定量的贷款担保责任或者从属性贷款负责任。BOT 融资模式结构的基础条件是特许权协议，融资过程里，项目公司一般将特许权协议转交贷款银行抵押，还有特定的机构对项目现金流量加以控制，有降低贷款风险的作用。在项目的建设过程中，经常需要工程承包和设备供应公司提交一份交钥匙合同[①]，把贷款风险值进一步降低；在项目运营过程中，需要公司依照协议处理好项目的运行及保养，另外还要支付项目的贷款本息，而且还要为投资人获得经营利润；在最后过程，要确保 BOT 融资模式在结束时，把项目完好地交付给所在国家的政府机构或者其他所属机构。BOT 融资模式结构如图 4.1 所示。

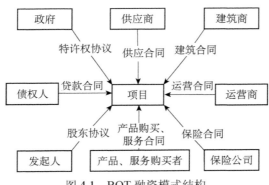

图 4.1 BOT 融资模式结构

4）BOT 融资模式案例

作为实施"走出去"战略的方式，中国东方电气集团有限公司开展电站 BOT 的探索工作可追溯到 20 世纪 90 年代中期。从巴基斯坦柳邦水电项目到土耳其桑德拉杰克水电项目，通过当时的集团外经贸窗口——四川东方电力设备联合公司（现在的东方国际集团）不懈的努力和探索，取得了显著成果，逐渐塑造了中国东方电气集团有限公司在海外市场的形象，尤其是在东南亚市场的品牌影响力和市场占有率。

南芒河水电站项目的开发主要是发电，同时可以促进当地旅游开发，带动地区社会经济的发展。南芒河水电站项目位于南芒河与支流南坡河汇口下游约 10km 处，电站装机容量为 57MW，电站供电范围主要为老挝国内，电站电力接入老挝国家电网参与电力电量平衡。

在老挝南芒河水电站项目中，中国企业东方国际集团和最初项目开发权的

---

① 交钥匙合同：买卖双方签订的以成套工厂设备和技术转让为目标的买卖协议，指承包商从工程的方案选择、建筑施工、设备供应与安装、人员培训直至试生产承担全部责任的合同，最后把一个随时可以使用的工程交给买方。又称启钥契约，一揽子合同。

拥有者——澳华集团，以及老挝代理——赛塔公司通过书面协议方式组成南芒河水电站项目开发联营体，并且确定未来项目公司股份划分，东方国际集团占70%、老挝政府占15%、澳华集团占10.75%、赛塔公司占4.25%。

4.5.6.2 ABS 融资模式

1）ABS 模式的含义

ABS 是一种把项目所属资产作为支撑的证券化融资模式。详细来讲，该项目的基础条件是它的资产，而资产又进一步为该项目带来一定的收益，然后在资本市场发行债券以便募集资本，是一种项目融资的模式。这种模式融资的目标是：利用专门的增强信用等级方法，让以前信用等级低的项目也能够参与到较高信用等级的市场中，信用等级高的市场因为其高安全性和高流动性的特点可以有效地降低成本。ABS 模式的参与方包括：发起人或原始权益人、证券承销商、服务人、投资者、SPC（special purpose corporation，特别用途的公司）、信用评级机构、信用增级机构银行及受托管理人。他们的关系如图 4.2 所示。

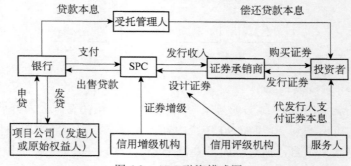

图 4.2　ABS 融资模式图

2）水电项目 ABS 运作程序

（1）确定资产证券化的对象。在 ABS 融资模式里，一开始选择的资产要稳定、低风险及具有良好的可出售品质的未来现金流量，但是目前没有办法用证券化的途径在资本市场获取资金的项目资产。中国的水电开发项目一般具有良好的经济效益，预期收入稳定，大体能够满足资产证券化的各项条款，能够成为资产证券化的目标资产。另外，还要对水电资产进行信用考察及资产评估，依照资产证券化的目的对资产的数量进行有效选择，将这些资产组合在一起，成为资产池。需要重视的是：资产支持证券预期还本付息额要低于组合的资产池预期收入。

（2）组建 SPC，也就是建立一个特殊目的公司。水电项目的 SPC 可以由电力财务公司建立，这个机构也能够通过信用担保公司、投资保险公司、信托投资公司及其他独立法人来组建。这个机构可以得到权威资信评估公司比较高的评级，因为 ABS 融资模式的基础是 SPC，ABS 可以顺利运营的本质条件和关键要素就是 SPC 可以顺利建立。总而言之，经过公开招标及公开投标的方式，选择一个享有免税政策、高信用评级的投资银行，落实增级计划，这样的投资银行就可以成为 SPC。

（3）SPC 与水电项目结合，也就是 SPC 寻找能够资产证券化融资的项目。总的来讲，投资项目依赖的资产如果在定期内有未来收益，就能够通过 ABS 模式进行融资。水电开发项目得到现金流收入的方法是水、电费及另外的综合业务收入，获得这样的未来现金收入的项目公司被称为原始权益人。这部分未来现金流资产，是 ABS 融资模式得以顺利进行的物质条件。ABS 融资过程中，应该选择可靠、稳定、风险小及具有未来现金流量的项目资产。这种带来未来现金流量的项目资产，有着极高的投资价值，不过因为一些投资条件的束缚，这些资产自身没有办法得到权威资信评估机构给予的高信用级别，所以不能用证券化的办法在资本市场募集到项目建设资金。但是如果这些项目与 SPC 结合在一起，即利用合约、协议等办法把原始权益人获得的项目资产的未来现金流量转嫁到 SPC，这种转嫁的用意是把原始权益人自身的风险阻隔。这种用 SPC 方式进行 ABS 融资的过程，融资带来的风险只和项目资产未来现金流量联系在一起，顺利转移了项目原始权益人自身的风险。在操作过程里，为了完全阻隔这样的风险，SPC 会让有关机构及原始权益人做出有效的担保。虽然水电建设项目投资资金需求很大、项目建设周期也很长，但因为水电建设项目属于国家基础建设并且还得到了国家的重点支持，未来现金流量持续、安全、稳定，遵照了 ABS 融资模式选用未来现金收入可靠、稳定、风险小的资产规定。水电项目通过合约和协议的方法把原始权益人的项目资产未来现金流量转嫁到 SPC，水电项目还能够让政府为它提供有效的担保，有效地避免了风险和问题的出现。

（4）水电费权益真实出售。通过投资银行和原始权益人根据资产证券化的目的双方订立买卖合约，把水电费的权利过户到银行名下，还要让电力公司为其提供超额担保。合约还应该确保水电费权利出售是真实可靠的，而且要约定当原始权益人破产清算时，这项权益并不在清算范围之内，以此获得破产隔离的特权。这种情况下投资者就不会在原始权益人出现信用风险时受到牵连，完成信用增级的第一个部分。

（5）进行信用评级和信用增级。邀请权威的信用评级机构对资产证券结构及投资银行进行信用评级。因为这样就要求整顿水电建设资产原来的财务结构，让项目投资证券可以与投资级别相匹配，并且能够满足 SPC 承保 ABS 债券的基础条件。SPC 给予专业的信用担保达到信用升级的目的。信用增级的途径包括：建立现金担保账户、使用信用证及通过金融担保。然后，让资信评估机构对担保快要发行的 ABS 债券地做出资信评级，并且评级要具体参照 ABS 债券的资产的财务结构、还本付息能力、担保条件等方面，最后确定 ABS 债券的信用级别。通过信用增级办法让水电资产得到较高的资信级别。

（6）SPC 发行证券并获取发行收入阶段。SPC 通过资本市场直接以发行证券的方式来筹集所需的资金，另外 SPC 还可以利用信用担保让别的一些公司发行证券，而且将发行证券所募集的资金投入水电建设项目中。因为 SPC 一般情况下都能够得到国际权威信用评级机构较高的等级，根据信用评级的一贯做法，如果一种证券是经过它发行的或者给予信用担保，那么该证券自然而然地具有相同的信用级别。由此 SPC 能够通过这种优点进入国际高级别证券投资市场，并且以较低的成本募集项目的各项资金。

（7）水电费权益收入。项目的建设完成之后，水政公司和电力公司通过五方合约约定，将水、电费收入按照之前规定的额度转入约定账户。商业银行把这部分资金按照合约规定设立积累金，作为投资银行向投资者归还本息的专用资金，超出的部分金额可以经商业银行通过特种转账的途径将其转到原始权益人规定的账户中。

（8）ÀSPC 的偿债阶段。因为水电建设原始权益人已经把项目建设的未来现流量转嫁到 SPC，所以，SPC 就可以通过项目建设的未来现金流量，支付发行证券的本息。到还本付息的时候，商业银行把积累金转入付款方，把债券本息偿还给投资人，而且还要把各项费用支付给相关部门。当偿还了所有债务后，商业银行把所有剩余资金转入原始权益人规定账户。到这时，水电资产证券化融资项目顺利终止，各种合约也即行废止。

3）ABS 项目融资的优越性

ABS 融资模式开展水电项目有下面一些优点：非公司债务型融资、延伸水电项目的融资途径，减少融资成本的同时还降低了项目的风险，经过信用增级环节也可以增加融资的安全性、加大筹集的资金量，能够提高资金需求者的融资能力。

4）ABS 融资在我国应用前景

我国小水电建设面临巨大的资金需求，根据水利部对 21 世纪头 20 年我国小水电发展做出的战略规划，到 2020 年，我国将建成 300 个装机 10 万 kW 以上的小水电大县，100 个装机 20 万 kW 以上的大型小水电基地，40 个装机 100 万 kW 以上的特大型小水电基地，10 个装机 500 万 kW 以上的小水电强省。按现在的标准(每千瓦投资 7000～8000 元)估算,总投资大约需要 9800 亿～11 200 亿元。小水电发展巨大资金需求和大量小水电投资项目为 ABS 融资提供了广阔的物质基础和应用空间。

4.5.6.3 PPP 融资模式

1）PPP 模式的含义

PPP 模式，也称为 3P 模式，即公私合作模式。在 PPP 模式中，政府机构的民营资本由于部分公共项目达成合伙模式，二者开始用协议的方法规定双方将要负担的各项责任及风险，另外还要规定双方在水电工程中所有事项的义务及权利，把各方的优势努力发挥到最大，让项目融资不但可以不用遭受政府的行政限制及各项干预，还要发挥民营资金在各项经营和资源组合的优点，能够取得比预期更加好的成绩。当有私人企业加入公共基础建设的项目中时，项目运行的基础因素是项目组织机构的设置及各个参与者相互间的各种作用。当前的组织里，参加项目的公共机构及私人公司是通过等级的方法影响对方；该项目有着金字塔式的组织机构，如图 4.3 所示。

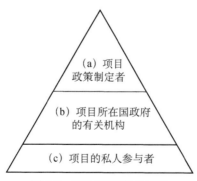

图 4.3　PPP 融资模式结构

图 4.3 很好地描绘了 PPP 组织结构。金字塔顶部（a）表示一个项目所在国家的政府机构，是各项政策的制定者。项目所在国家的政府机构面对公共基础项目会制定全面的政策文件及应对方法，针对项目的实施及运作程序做出约束或者指示。金字塔中部（b）表示水电建设项目所在的国家政府的相关联的机构，主要对水电项目所在国家的政府制定的指示性政策框架做出具体的运作对策，

并且还要把各种政策框架制定成具体的计划，与此同时通过政策框架规定本机构的规范的目标。金字塔底端（c）表示项目的私人参加者经过和项目所在国家的政府机构签订的一个长期的合约，对这个机构、政府机构，以及政府相关机构的各种目标计划进行协调，尽最大努力让参加各方在这个项目的建设过程中达到预期的目的。

2）PPP 融资模式的必要条件

（1）政府部门的大力支持。在 PPP 融资模式中公私参与双方的责任和角色会根据项目的改变发生变化，不过政府为群众提供最优基础建设及服务是一直不变的。不管在什么样的情况下，政府均都应该以保护群众的各种利益作为决策的出发点，做好水电项目建设的各项策划，组织招标事项，理清机构及各个参与方之间的利益关系，把项目建设的风险值降到最低。

（2）形成有效的监管构架。一个高水准的监管体系的建立及监管职能的实施，对水电项目建设的顺利执行及圆满完成至关重要。政府监管部门一定要规定一些承诺机制，为项目资产的安全提供保障，并且尽可能地减少项目的融资成本，还要给予企业相应的投资激励。除此之外，监管管理机构还要有保障企业生产经营的可持续发展的能力，保证企业能够得到一定的利润。一般来说水电建设项目的资金投入周期比较长，由此政府机构就要制定出符合水电建设项目能够长期稳定发展的程序，并且还要制定与之对应的监管规定。水电项目要保持可持续发展，项目公司就一定要有一个较好的财务状况，而且利益双方都必须进入监管程序。一旦政府监管不到位，就会引发各种风险，监管效率是政府监管最值得关注的一个环节。

（3）健全的法律法规制度。PPP 项目融资模式的运营还要上升到法律的层面，对政府机构及公司部门在项目的实施过程中双方应该承担的责任和风险做出明文规定，使双方的利益都能够不受侵害。在这种模式的融资中，关于各个项目部分的融资、设计、运营、管理和维护等每个部分都要和公共民营进行协作，还要完善相关的法律法规以此来约束参与双方的行为，这样既能够发挥优势又可以弥补不足。

（4）专业化机构和人才的支持。"P"即模式的运作广泛采用项目特许经营权的方式，进行结构融资，这需要比较复杂的法律、金融和财务等方面的知识。一方面要求政策制定参与方制定规范化、标准化的"P"即交易流程，对水电项目的运作提供技术指导和相关政策支持；另一方面需要专业化的中介机构提供具体专业化的服务。

3）PPP 融资模式基本框架

按照 PPP 融资模式的全面规划及水电建设项目的特征，PPP 融资模式可以分为如下几点：

（1）选择项目合作公司。按照水电建设的需求，政府机构会确定一家实力和资质都较高的私营公司作为合作对象，该公司一般为财团而且政府机构还要与这个私营公司签署特许权协议。

（2）确立项目。项目初期，合作双方都会参加项目的确认及可行性研究等方面的工作内容，双方一起做完水电项目的初期工作内容。

（3）成立项目公司。政府机构及私营公司按照双方一起规定的项目，制定项目公司作为特许权人的身份应该承担的各项责任和义务。

（4）招投标和项目融资。项目公司在政府机构的监管检查之下，能够对工程项目招标或者投标，与此同时公共机构及项目公司会通过一定的合作达到项目融资的目的，这种情形下，公共部门的角色经常是担保人，正是政府机构的担保，使投资风险大幅度降低，还让融资更加容易进行，也就使项目融资更容易成功。

（5）项目建设。政府机构及这个私营公司本身对水电项目的设计和各个方面的建设，对于政府机构除了与该公司合作之外，还对其有一个监督管理的作用。

（6）运行管理。当整个水电项目完成之后，项目公司发挥其经营管理的职能，政府机构按照签订的协议及各项法律条款，对项目公司的运营实行监督管理，必要时还要给予该公司政策支持。

（7）项目交接。当特许权协议到期的时候，私营公司就会把整个项目转移给政府机构，全部的固定资产都会归到政府名下。

综上所述，长江上游地区拥有丰富的水电资源，水电是无污染、可再生的清洁能源，在我国能源组成中占有很重要的地位，在能源的可持续发展和能源平衡中也发挥着重要的作用。水电是国家重点开发的行业，有着很好的发展前景。因为长江上游水电资源的开发资金需求量大，资金将会成为水电开发的瓶颈，所以，要促进长江上游水电资源开发快速发展，就要深入研究了解各种融资模式，将有利于长江上游水电企业逐步优化融资结构，降低融资成本，筹集到足够的水电开发所需资金，进而不断推进长江上游水电资源开发的快速发展。

4.6　本　章　小　结

　　长江上游水电资源的开发促进了我国的经济发展，更是提高了人们整体的生活质量。但在水电开发的过程中除了看到它的有利面，更要关注这个过程中对环境对社会带来的一些影响。

　　首先，水电开发对经济发展、产业结构和工业发展产生影响。水电开发和经济发展互相促进，水电开发能够促进经济及社会的快速发展，进一步提高人们的生活水平，改善人们的生活条件，经济的发展也可以加大对水电开发的投资；水电开发可以促进产业结构的优化，产业结构的优化有助于经济结构调整和健康发展，而经济发展有利于水电资源的开发；水电开发为工业发展提供了清洁能源，为发展提供了物质保障，而工业发展使经济发展得以提升。

　　其次，水电开发对环境的影响包括对库区非生物、初级生物及鱼类造成的各种改变，这些改变将直接或者间接地影响我们人类的生存环境。我们在水电开发过程中不要以牺牲环境为代价，一旦这样做就违背了水电开发是为了提升人们生活质量的初衷，因为环境的恶化不仅会制约水电的进一步开发，而且对整个社会来说都是巨大的灾难。

　　再次，对移民的影响包括意愿、宗教文化、适应能力、就业情况、保险制度及法律 6 个方面，在移民过程中，我们要从这几个方面出发考虑各种问题，不管是哪一个方面都要求我们坚持以人为本的思想，移民是为了给人们带来更好的生活，一旦适得其反，引发了民愤，就会对水电资源的开发及社会的发展带来严重的影响。

　　最后，融资模式包括内源融资、直接和间接融资、权益性融资、债务性融资及项目融资。其中在水电过程中运用较多的是项目融资。融资是长江上游水电资源开发的支撑，没有足额的投资，水电开发将会举步维艰，所以，只有深入了解这些融资模式，才能使水电资源的开发顺利进行。

5

水电开发的替代效应

5.1 引　　言

我国以煤为主的能源消费结构，是导致大气污染的主要原因。寻找煤炭的清洁替代能源成为调整我国能源消费结构的当务之急，而水电是一种可再生的清洁能源，它是煤炭可替代的能源之一。

替代效应是一个经济学概念，以商品 A 和商品 B 为例，假设消费者能够消费的商品总量是一定的，如果多消费了商品 A，必然减少商品 B 的消费量，反之亦然；那么，商品 A 和商品 B 之间就存在着替代效应。本书所指的替代效应与一般经济学中的替代效应还有所不同，简言之，本书的替代效应就是用水电替代煤炭（或者说是用水电替代火电）或者替代其他能源所带来的效应。

严奇等（2006）建立多变量向量自回归模型（vector autoregression，VAR），通过脉冲响应函数（impulse response function，IRF）分析了我国电力、煤炭、石油和天然气四种能源之间的替代性，发现电力与煤炭之间存在显著的替代性，而其余能源之间不具有显著的替代性，由此建议可用煤炭缓解电力的不足。本书与严奇等不同的是除了运用多变量向量自回归模型的脉冲响应函数，还建立了两变量的向量自回归模型的脉冲响应函数，严奇等用煤炭替代电力，其用意在于用煤炭消费缓解电力的不足，而实质上我国电力消费中 80%来自煤炭消耗的火电，用更多的煤炭增加较多的电力供应是显而易见的。本书旨在研究用水电对其他能源的替代性，从而研究其替代效应。本书运用两变量向量自回归模型的脉冲响应函数研究水电对煤炭、水电对石油及水电对天然气的替代性，以及建立水电、煤炭、石油与天然气的多变量向量自回归模型的脉冲响应函数研究四种能源之间的替代性。其替代性表示的是水电消费量的变化如何引起煤炭（或者其他能源的消费量）消费量的变化；反之，煤炭消费量（或者其他能源的消费量）的变化如何引起水电消费量的变化。

5.2 模型的描述

5.2.1 ADF 检验

在进行 VAR 模型分析以前，必须对相关数据列进行平稳性检验，只有具有同阶平稳性的数据列，才能进行 VAR 模型分析。检查平稳性的方法就是单位根检验，本书选取增广迪基-福勒检验（augmented dickey-fuller test，ADF）检验。ADF 检验方法通过在回归方程右边加上因变量 y_t 的滞后差分项来控制高阶序列相关。其模型有如下三种形式：

$$\Delta y_t = \gamma y_{t-1} + \sum_{i=1}^{p} \beta_i \Delta y_{t-i} + u_t , \quad t = 1,2,\cdots,T \tag{5.1}$$

$$\Delta y_t = \gamma y_{t-1} + a + \sum_{i=1}^{p} \beta_i \Delta y_{t-i} + u_t , \quad t = 1,2,\cdots,T \tag{5.2}$$

$$\Delta y_t = \gamma y_{t-1} + a + \delta t + \sum_{i=1}^{p} \beta_i \Delta y_{t-i} + u_t , \quad t = 1,2,\cdots,T \tag{5.3}$$

扩展定义将检验

$$H_0: \gamma = 0 , \quad H_1: \gamma < 0 \tag{5.4}$$

也就是说原假设为：序列存在一个单位根；备选假设为：不存在一个单位根序列 y_t 可能还包含常数项和时间趋势项。判断 γ 的估计值 $\hat{\gamma}$ 是接受原假设或者接受备选假设，进而判断一个高阶自相关序列 AR（p）过程是否存在单位根。通过模拟可以得出在不同回归模型及不同样本容量下检验 $\hat{\gamma}$ 在设定显著性水平下的 t 统计量的临界值。这使我们能够很方便地在设定的显著性水平下判断高阶自相关序列是否存在单位根。

5.2.2 VAR 模型的一般表示

VAR（p）模型的数学表达式是

$$\boldsymbol{y}_t = \boldsymbol{A}_1\boldsymbol{y}_{t-1} + \cdots + \boldsymbol{A}_p\boldsymbol{y}_{t-p} + \boldsymbol{B}\boldsymbol{x}_t + \boldsymbol{\varepsilon}_t \tag{5.5}$$

式中，$t = 1,2,\cdots,T$，$\boldsymbol{y}_t$ 为 k 维内生变量向量；$\boldsymbol{x}_t$ 为 d 维外生变量向量；p 为滞后阶数；T 为样本个数。$k \times k$ 维矩阵 $\boldsymbol{A}_1,\cdots,\boldsymbol{A}_p$ 和 $k \times d$ 维矩阵 $\boldsymbol{B}$ 是要被估计的系数矩阵。$\boldsymbol{\varepsilon}_t$ 为 k 维扰动向量，它们相互之间可以同期相关，但不与自己的滞后值相关及不与等式右边的变量相关，假设 $\boldsymbol{\Sigma}$ 是 $\boldsymbol{\varepsilon}_t$ 的协方差矩阵，是一个 $k \times k$ 的正定矩阵。式（5.5）可以用矩阵表示为

$$\begin{bmatrix} y_{1t} \\ y_{2t} \\ \vdots \\ y_{kt} \end{bmatrix} = \boldsymbol{A}_1 \begin{bmatrix} y_{1(t-1)} \\ y_{2(t-1)} \\ \vdots \\ y_{k(t-1)} \end{bmatrix} + \boldsymbol{A}_2 \begin{bmatrix} y_{1(t-2)} \\ y_{2(t-2)} \\ \vdots \\ y_{k(t-2)} \end{bmatrix} + \cdots \boldsymbol{B} \begin{bmatrix} x_{1t} \\ x_{2t} \\ \vdots \\ x_{dt} \end{bmatrix} + \begin{bmatrix} \varepsilon_{1t} \\ \varepsilon_{2t} \\ \vdots \\ \varepsilon_{kt} \end{bmatrix} \tag{5.6}$$

式中，$t = 1,2,\cdots,T$。式（5.6）含有 k 个时间序列变量的 VAR（p）模型由 k 个方程组成。还可以将式（5.6）简单变换，表示为

$$\tilde{\boldsymbol{y}}_t = \boldsymbol{A}_1\tilde{\boldsymbol{y}}_{t-1} + \cdots + \boldsymbol{A}_p\tilde{\boldsymbol{y}}_{t-p} + \tilde{\boldsymbol{\varepsilon}}_t \tag{5.7}$$

式中，$\tilde{\boldsymbol{y}}_t$ 为 y_t 关于外生变量 x_t 回归的残差。式（5.7）可以简写为

$$A(L)\tilde{\boldsymbol{y}}_t = \tilde{\boldsymbol{\varepsilon}}_t \tag{5.8}$$

式中，$A(L) = \boldsymbol{I}_k - \boldsymbol{A}_1 L - \boldsymbol{A}_2 L^2 \cdots - \boldsymbol{A}_p L^p$，是滞后算子 L 的 $k \times k$ 的参数矩阵，一般称式（5.8）为非限制向量自回归模型（unrestricted VAR）。冲击向量 ε_t 是白噪声向量，因为 $\boldsymbol{\varepsilon}_t$ 没有结构性的含义，被称为简化形式的冲击向量。

5.2.3 脉冲响应函数的基本思想

在分析 VAR 模型时，往往不分析一个变量的变化对另一个变量的影响如何，而是分析当一个误差项发生变化，或者说模型受到某种冲击对系统的动态影响，这种分析方法就是脉冲响应函数方法（IRF）。

用时间序列模型来分析影响关系的一种思路，是考虑扰动项的影响是如何传播到各变量的。下面根据两变量的 VAR（2）模型式（5.9）来说明脉冲响应函数的思想。

$$\begin{cases} x_t = a_1 x_{t-1} + a_2 x_{t-2} + b_1 z_{t-1} + b_2 z_{t-2} + \varepsilon_{1t} \\ z_t = c_1 x_{t-1} + c_2 x_{t-2} + d_1 z_{t-1} + d_2 z_{t-2} + \varepsilon_{2t} \end{cases} \quad (5.9)$$

式中，$t = 1, 2, \cdots, T$，a_i, b_i, c_i, d_i 是参数，扰动项 $\boldsymbol{\varepsilon}_t = (\varepsilon_{1t}, \varepsilon_{2t})'$，假定是具有下面这样性质的白噪声向量：

$$\begin{cases} E(\varepsilon_{it}) = 0，对于 \forall t \qquad i = 1, 2 \\ \mathrm{var}(\boldsymbol{\varepsilon}_t) = E(\boldsymbol{\varepsilon}_t \boldsymbol{\varepsilon}_t') = \sum = \{\sigma_{ij}\}，对于 \forall t \\ E(\varepsilon_{it} \varepsilon_{is}) = 0，对于 \forall t \neq s \qquad i = 1, 2 \end{cases} \quad (5.10)$$

假定上述系统从 0 期开始活动，且设 $x_{-1} = x_{-2} = z_{-1} = z_{-2} = 0$，又设于第 0 期给定了扰动项 $\varepsilon_{10} = 1$，$\varepsilon_{20} = 0$，并且其后均为 0，即 $\varepsilon_{1t} = \varepsilon_{2t} = 0(t = 1, 2, \cdots)$，称此为第 0 期给 x 以脉冲，下面讨论 x_t 与 z_t 的响应，$t = 0$ 时：$x_0 = 1, z_0 = 0$。将其结果代入式（5.9），$t = 1$ 时：$x_1 = a_1, z_1 = c_1$。再把其结果代入式（5.9），$t = 2$ 时：$x_2 = a_1^2 + a_2 + b_1 c_1$，$z_2 = c_1 a_1 + c_2 + d_1 c_1$。继续这样计算下去，设求得结果为：$x_0, x_1, x_2, x_3, x_4, \cdots$ 称为由 x 的脉冲引起的 x 的响应函数。同样所求得 $z_0, z_1, z_2,$ $z_3, z_4, \cdots$ 称为由 x 的脉冲引起的 z 的响应函数。

当然，第 0 期的脉冲反过来，从 $\varepsilon_{10} = 0$，$\varepsilon_{20} = 1$ 出发，可以求出由 z 的脉冲引起的 x 的响应函数和 z 的响应函数。以上这样的脉冲响应函数明显地捕捉到冲击的效果。

5.2.4 多变量 VAR 模型的脉冲响应函数介绍

将 5.2.3 节讨论推广到多变量的 VAR（p）模型上去。考虑不含外生变量的非限制向量自回归模型，如式（5.11）：

$$\boldsymbol{y}_t = \boldsymbol{A}_1 \boldsymbol{y}_{t-1} + \cdots + \boldsymbol{A}_p \boldsymbol{y}_{t-p} + \boldsymbol{\varepsilon}_t \quad 或 \quad \boldsymbol{A}(L) \boldsymbol{y}_t = \boldsymbol{\varepsilon}_t \quad (5.11)$$

则可得

$$\boldsymbol{y}_t = (\boldsymbol{I}_k - \boldsymbol{A}_1 L - \cdots - \boldsymbol{A}_p L^p)^{-1} \boldsymbol{\varepsilon}_t = (\boldsymbol{I}_k + \boldsymbol{C}_1 L + \boldsymbol{C}_2 L^2 + \cdots) \boldsymbol{\varepsilon}_t \quad (5.12)$$

式中，$t = 1, 2, \cdots, T$。如果行列式 $\det[\boldsymbol{A}(L)]$ 的根都在单位圆外，则式（5.12）满足可逆性条件，可以将其表示为无穷阶的向量动平均 [VMA（∞）] 形式

$$\psi_1 = \psi_2 = \cdots = 0 \quad (5.13)$$

其中，

$$\boldsymbol{C}(L) = \boldsymbol{A}(L)^{-1}，\quad \boldsymbol{C}(L) = \boldsymbol{C}_0 + \boldsymbol{C}_1 L + \boldsymbol{C}_2 L^2 + \cdots，\quad \boldsymbol{C}_0 = \boldsymbol{I}_k$$

VMA（∞）表达式的系数可按下面的方式给出。由于 VAR 的系数矩阵 $\boldsymbol{A}_i$ 和

VMA 的系数矩阵 C_i 必须满足下面的关系：

$$(I - A_1L - \cdots - A_pL^p)(I_k + C_1L + C_2L^2 + \cdots) = I_k \quad (5.14)$$

$$I_k + \psi_1L + \psi_2L^2 + \cdots = I_k \quad (5.15)$$

其中，$\psi_1 = \psi_2 = \cdots = 0$。关于 ψ_q 的条件递归定义了 MA 系数：

$$\begin{cases} C_1 = A_1 \\ C_2 = A_1C_1 + A_2 \\ \cdots\cdots\cdots \\ C_q = A_1C_{q-1} + A_2C_{q-2} + \cdots + A_pC_{q-p}, \end{cases} \quad (5.16)$$

若 $q - p = 0$，令 $C_{q-p} = A_k$；若 $q - p < 0$，令 $C_{q-p} = O_k$，其中，$q = 1,2,\cdots$。

考虑 VMA（∞）的表达式

$$y_t = (I_k + C_1L + C_2L^2 + \cdots)\boldsymbol{\varepsilon}_t, \quad t = 1,2,\cdots,T \quad (5.17)$$

y_i 的第 i 个变量 y_{it} 可以写成：

$$y_{it} = \sum_{j=1}^k (c_{ij}^{(0)}\varepsilon_{jt} + c_{ij}^{(1)}\varepsilon_{jt-1} + c_{ij}^{(2)}\varepsilon_{jt-2} + c_{ij}^{(3)}\varepsilon_{jt-3} + \cdots), \quad t = 1,2,\cdots,T \quad (5.18)$$

其中，k 为变量个数。

现在假定在基期给 y_1 一个单位的脉冲，即：$\varepsilon_{1t} = \begin{cases} 1, t = 0 \\ 0, 其他 \end{cases}$，$\varepsilon_{2t} = 0$，

$t = 0,1,2,\cdots$。则由 y_1 的脉冲引起的 y_2 的响应函数为

$$t = 0, \quad y_{20} = c_{21}^{(0)}$$
$$t = 1, \quad y_{21} = c_{21}^{(1)}$$
$$t = 2, \quad y_{22} = c_{21}^{(2)}$$
$$\vdots$$

因此，一般地，由 y_j 的脉冲引起的 y_i 的响应函数可以求出如下：

$$c_{ij}^{(0)}, c_{ij}^{(1)}, c_{ij}^{(2)}, c_{ij}^{(3)}, c_{ij}^{(4)}, \cdots$$

且由 y_j 的脉冲引起的 y_i 的累积（accumulate）响应函数可表示为 $\sum_{q=0}^{\infty} c_{ij}^{(q)}$。

C_q 的第 i 行、第 j 列元素可以表示为

$$c_{ij}^{(q)} = \frac{\partial y_{i,t+q}}{\partial \varepsilon_{jt}}, \quad q = 0,1,2,\cdots, \quad t = 1,2,\cdots,T \quad (5.19)$$

作为 q 的函数，它描述了在时期 t，其他变量和早期变量不变的情况下 $y_{i,t+q}$ 对 y_{jt} 的一个冲击的反应，我们把它称为脉冲-响应函数。也可以用矩阵的形式

表示为

$$C_q = \frac{\partial y_{t+q}}{\partial \boldsymbol{\varepsilon}_t'}$$

即 $\boldsymbol{C}_q$ 的第 i 行第 j 列元素等于时期 t 第 j 个变量的扰动项增加一个单位，而其他时期的扰动项为常数，对时期 $t+q$ 的第 i 个变量值的影响。

5.3 实 证 分 析

本书数据选取 1978～2014 年我国水电消费、煤炭消费、石油消费与天然气消费总量历史数据，资料来源于历年《中国统计年鉴》、《中国能源统计年鉴》及中经网产业数据库。没有选取区域能源消费数据，其原因有二：一是我们运用 VAR 模型的脉冲响应函数，主要是分析水电与煤炭、石油及天然气之间的可替代性，而选用全国数据并不会改变这种既定关系；二是由于我国特定的国情，能源的消费与分配不仅仅局限于某一区域，而是服从于国家的整体调配，因此，选取全国数据才更能说明它们之间的关系。

为了消除数据的异方差性，对数据取自然对数，然后运用模型（5.3）对进行自然对数处理的数据作 ADF 单位根检验，其结果见表 5.1。其中用 L、P、G、E 分别表示进行自然对数处理的煤炭消费总量、石油消费总量、天然气消费总量、水电消费总量。

表 5.1 1978～2014 年中国煤炭、石油、天然气、水电消费总量的 ADF 单位根检验结果

序列	ADF 检验值	10%显著水平	5%显著水平	1%显著水平	是否平稳
L	-1.795 66	-3.202 445	-3.540 328	-4.234 972	否
L 一阶差分	-2.444 161	-3.207 094	-3.548 49	-4.252 879	否
L 二阶差分	-12.259 2	-3.207 094	-3.548 49	-4.252 879	是
P	-1.891 135	-3.202 445	-3.540 328	-4.234 972	否
P 一阶差分	-4.096 57	-3.204 699	-3.544 284	-4.243 644	是
P 二阶差分	-10.089 94	-3.207 094	-3.548 49	-4.252 879	是
G	0.109 311	-3.202 445	-3.540 328	-4.234 972	否

序列	ADF 检验值	10%显著水平	5%显著水平	1%显著水平	是否平稳
G 一阶差分	−5.845 572	−3.204 699	−3.544 284	−4.243 644	是
G 二阶差分	−8.871 795	−3.207 094	−3.548 49	−4.252 879	是
E	−2.835 416	−3.202 445	−3.540 328	−4.234 972	否
E 一阶差分	−5.902 56	−3.204 699	−3.544 284	−4.243 644	是
E 二阶差分	−5.805 059	−3.212 361	−3.557 759	−4.273 277	是

注：这里所给出的 10%、5%、1%显著水平的临界值是 MacKinnon 协整检验单位根的临界值

从表 5.1 可以看出，进行自然对数处理的煤炭消费总量、石油消费总量、天然气消费总量、水电消费总量均具有二阶平稳性，也就是说，可以进行下一步分析。

5.3.1 两变量 VAR 模型的脉冲响应函数分析

为了能够比较清楚地知道水电消费与其他三种能源消费之间的冲击响应，本节选用两变量的 VAR 模型进行脉冲响应函数分析。其结果和图表如下。

5.3.1.1 水电消费与煤炭消费

水电消费（E）与煤炭消费（L）的脉冲响应函数分析结果见表 5.2，脉冲响应函数冲击如图 5.1 所示。图中实线表示脉冲响应函数曲线，虚线表示正负两倍标准离差偏离带，横轴表示时间，纵轴表示累积效应。

表 5.2 水电消费与煤炭消费的脉冲响应函数结果

	E（−1）	E（−2）	E（−3）	L（−1）	L（−2）	L（−3）	C
E	0.759 932	−0.131 154	0.228 314	−0.714 309	−1.696 931	1.490 991	4.243 434
	(0.268 00)	(0.358 72)	(0.235 34)	(1.489 85)	(2.125 31)	(1.262 55)	(2.999 99)
	(2.835 59)	(−0.365 61)	(0.970 16)	(−0.479 45)	(−0.798 44)	(1.180 93)	(1.414 48)
L	0.033 660	−0.024 690	−0.026 408	1.094 550	0.258 7 26	−0.492 259	0.623 179
	(0.044 95)	(0.060 17)	(0.039 47)	(0.249 88)	(0.356 46)	(0.211 76)	(0.503 17)
	(0.748 84)	(−0.410 36)	(−0.669 03)	(4.380 25)	(−0.725 81)	(−2.324 61)	(1.238 51)

调整后的 R^2=0.902 442，AIC=−5.651 678，SC=−5.337 428

注：C 表示常数；AIC 表示赤池信息准则；SC 表示施瓦茨准则。其后的脉冲响应函数 C、AIC、SC 含义同此

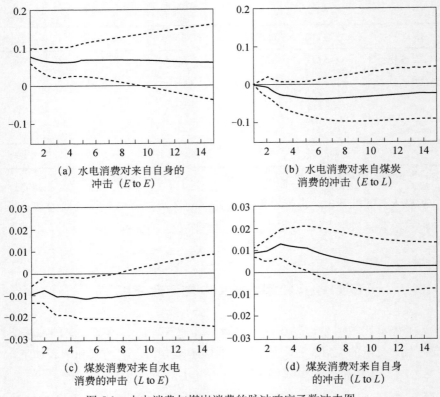

（a）水电消费对来自自身的
冲击（E to E）

（b）水电消费对来自煤炭
消费的冲击（E to L）

（c）煤炭消费对来自水电
消费的冲击（L to E）

（d）煤炭消费对来自自身
的冲击（L to L）

图 5.1　水电消费与煤炭消费的脉冲响应函数冲击图

从图 5.1 可以看出，在考虑水电消费与煤炭消费之间的脉冲响应函数冲击效应情况下，水电消费、煤炭消费对来自自身的冲击，以及水电消费对来自煤炭消费的冲击与煤炭消费对来自水电消费的冲击，都有显著的反应。当给水电消费本身一个冲击时，水电消费具有正向作用，当期达到最大响应，随后呈现出一种平稳下降的趋势，第 14 期后趋于稳定。当给煤炭消费一个正的冲击时，煤炭消费初期反应较大，在第 3 期就到达响应的最高点后，影响快速下降，第 10 期后趋于平稳。水电消费对来自煤炭消费的冲击，始终是呈现负向的反应，第 7 期达到最小值，随后略微上升，并趋于平稳。而煤炭消费对来自水电消费的冲击也始终是负响应，并且初期呈现小幅波动，第 1～第 3 期水电消费对煤炭消费呈现先升后降的走势，并在第 5 期达到最小值，其后也小幅上升并趋于平稳。这表明，水电消费与煤炭消费相互之间具有很强的影响，它们相互之间具有可替代性。

5.3.1.2 水电消费与石油消费

水电消费（E）与石油消费（P）的脉冲响应函数分析结果见表5.3，脉冲响应函数冲击如图5.2。图中实线表示响应函数曲线，虚线表示正负两倍标准离差偏离带。

表 5.3　水电消费与石油消费的脉冲响应函数结果

	E（-1）	E（-2）	E（-3）	P（-1）	P（-2）	P（-3）	C
	0.921 46	0.003 505	0.056 835	-0.079 527	0.523 787	-0.397 401	-0.066 476
E	(0.192 96)	(0.264 02)	(0.195 68)	(0.419 37)	(0.639 92)	(0.388 58)	(0.497 16)
	(4.775 4)	(0.013 28)	(0.290 45)	(-0.189 63)	(0.818 52)	(-1.022 71)	(-0.133 71)
	-0.083 744	0.203 45	-0.128 014	1.149 369	0.009 263	-0.321 861	0.487 285
P	(0.078 98)	(0.108 07)	(0.080 1)	(0.171 66)	(0.261 93)	(0.159 05)	(0.203 5)
	(-1.060 3)	(1.882 63)	(-1.598 27)	(6.695 77)	(0.035 36)	(-2.023 64)	(2.394 57)

调整后的 R^2=0.855 019, AIC=-3.786 305, SC=-3.472 054

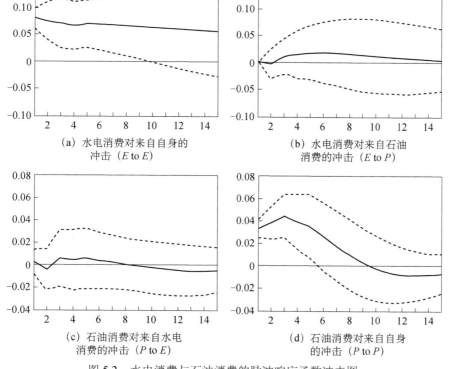

图 5.2　水电消费与石油消费的脉冲响应函数冲击图

从图 5.2 可以看出，在考虑水电消费与石油消费之间的脉冲响应函数冲击效应情况，水电消费、石油消费对来自自身的冲击，以及水电消费对来自石油消费的冲击与石油消费对来自水电消费的冲击，都有显著的反应。当给水电消费本身一个正的冲击时，水电消费始终具有正向作用，当期达到最大响应，第4～第5期小幅上升，随后呈现出一种平稳下降的趋势。石油消费对来自自身冲击，响应曲线呈现 N 形，期初有较大的正向响应，并在第 3 期达到最大值，随后快速下降，在第 10 期下降至 0，降为负值后的第 13 期开始趋于平稳。水电消费对来自石油消费的冲击反应，当期并未呈现任何强烈的响应，在第 2 期略有负响应，随后有个快速上升趋势，第 5 期达到最大值，然后平缓下降，并保持较小的正效应。而石油消费对来自水电消费的冲击呈现先减后增再减的趋势，当期有个较小的正响应，在第 2 期降为负值，第 3 期快速升至最大值，随后开始逐步下降，第 8 期降至 0，降至负值后的第 13 期开始平稳。这表明，石油消费对来自水电消费的冲击呈现出促进作用，而水电消费对来自石油消费则具有替代效应。

5.3.1.3　水电消费与天然气消费

水电消费（E）与天然气消费（G）的脉冲响应函数分析结果见表 5.4，脉冲响应函数冲击如图 5.3 所示。图中实线表示脉冲响应函数曲线，虚线表示正负两倍标准离差偏离带。

表 5.4　水电消费与天然气消费的脉冲响应函数结果

	E (-1)	E (-2)	E (-3)	G (-1)	G (-2)	G (-3)	C
	0.707 735	0.089 806	-0.010 677	0.537 851	-0.114 167	-0.362 242	0.356 089
E	(0.188 14)	(0.230 93)	(0.170 2)	(0.263 49)	(0.401 71)	(0.267 76)	(0.143 31)
	(3.761 74)	(0.388 89)	(-0.062 73)	(2.041 26)	(-0.284 2)	(-1.352 88)	(2.484 68)
	0.044 896	-0.173 055	0.297 098	1.119 736	-0.076 012	-0.059 487	-0.266 888
G	(0.122 98)	(0.150 95)	(0.111 25)	(0.172 23)	(0.262 58)	(0.175 02)	(0.093 68)
	(0.365 07)	(-1.146 47)	(2.670 45)	(6.501 36)	(-0.289 48)	(-0.339 89)	(-2.849 02)

调整后的 R^2=0.978 777，AIC=-3.087 388，SC=-2.773 138

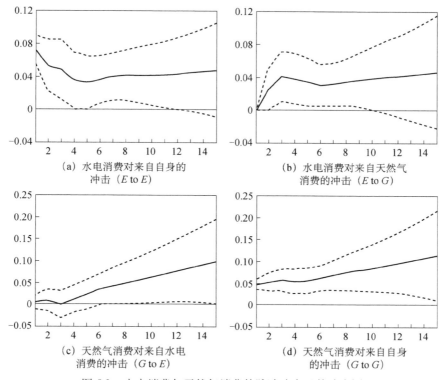

图 5.3　水电消费与天然气消费的脉冲响应函数冲击图

　　从图 5.3 可以看出,在考虑水电消费与天然气消费之间的脉冲响应函数冲击效应情况,水电消费、天然气消费对来自自身的冲击,以及水电消费对来自天然气消费的冲击与天然气消费对来自水电消费的冲击,始终呈现显著的正响应。水电消费自身冲击的响应曲线呈现 U 形,当期达到最大值,在第 5 期达到最小值之前一直下降,随后呈现平稳增长趋势。天然气消费自身冲击的曲线呈现平稳增长的趋势。水电消费对来自天然气消费的冲击反应,期初具有较大波动,在第 3 期前快速上升,随后到第 6 期有个缓慢的下降,第 6 期过后呈现稳定上升趋势。而天然气消费对来自水电消费的冲击反应,在第 3 期小幅下降至 0 后,随后逐期呈现显著的正响应,且作用越来越明显。这表明,水电消费与天然气消费呈现互相促进的作用。

　　综上所述,水电消费与天然气消费互相促进,水电消费拉动天然气的消费,同样天然气的消费拉动水电的消费。而水电消费与煤炭消费之间、水电消费与石油消费之间具有互相替代作用,其中水电的消费对煤炭消费长期保持负向拉动作用,表明水电对煤炭具有长期的替代作用。

5.3.2 多变量 VAR 模型的脉冲响应函数分析

前面讨论了水电消费与其他能源消费每两个变量之间的互相冲击反应，现在把水电消费、煤炭消费、石油消费与天然气消费纳入分析，顺序为水电消费（E）、煤炭消费（L）、石油消费（P）、天然气消费（G）。其分析结果见表 5.5，响应函数冲击图如图 5.4～图 5.10 所示。图中实线表示脉冲响应函数曲线，虚线表示正负两倍标准离差偏离带。

表 5.5　水电消费、煤炭消费、石油消费与天然气消费的脉冲响应函数结果

	$E\,(-1)$	$E\,(-2)$	$E\,(-3)$	$L\,(-1)$	$L\,(-2)$	$L\,(-3)$	C
	1.170 527	−0.095 137	−0.509 579	5.820 962	−2.400 595	−6.290 527	15.105 01
E	0.947 73	1.492 89	1.001 6	9.210 18	14.648 5	10.483 2	35.546 3
	1.235 08	−0.063 73	−0.508 77	0.632 01	−0.163 88	−0.600 06	0.424 94
	−0.047 298	0.130 614	−0.084 899	0.086 893	1.912 891	−1.096 919	0.366 012
L	0.180 11	0.283 71	0.190 34	1.750 31	2.783 82	1.992 24	6.755 26
	−0.262 61	0.460 38	−0.446 03	0.049 64	0.687 15	−0.550 6	0.054 18
	0.156 582	−0.413 525	0.256 555	1.889 311	−6.253 718	4.191 489	1.464 331
P	0.439 29	0.691 97	0.464 25	4.269 04	6.789 78	4.859 11	16.476 2
	0.356 45	−0.597 6	0.552 62	0.442 56	−0.921 05	0.862 61	0.088 88
	0.508 856	−0.919 303	1.222 494	4.455 756	−6.965 271	10.296 78	−41.208 54
G	0.630 98	0.993 94	0.666 84	6.131 95	9.752 69	6.979 51	23.666
	0.806 45	−0.924 91	1.833 25	0.726 65	−0.714 19	1.475 29	−1.741 26

	$P\,(-1)$	$P\,(-2)$	$P\,(-3)$	$G\,(-1)$	$G\,(-2)$	$G\,(-3)$	
	1.763 214	−0.390 322	−2.049 211	0.820 599	−0.244 94	−0.593 169	
E	2.581 87	4.070 09	2.864 08	0.435 45	0.704 77	0.526 87	
	0.682 92	−0.095 9	−0.715 49	1.884 5	−0.347 55	−1.125 84	
	−0.289 975	0.488 744	−0.179 243	−0.056 535	0.033 832	0.014 154	
L	0.490 66	0.773 48	0.544 29	0.082 75	0.133 93	0.100 13	
	−0.590 99	0.631 87	−0.329 31	−0.683 18	0.252 6	0.141 36	
	1.597 112	−1.742 882	0.913 188	−0.079 721	−0.020 761	0.044 386	
P	1.196 73	1.886 54	1.327 54	0.201 84	0.326 67	0.244 21	
	1.334 56	−0.923 85	0.687 88	−0.394 98	−0.063 55	0.181 75	
	1.409 857	−1.941 686	2.610 13	1.189 571	−0.173 153	0.369 413	
G	1.718 96	2.709 78	1.906 85	0.289 91	0.469 22	0.350 78	
	0.820 18	−0.716 55	1.368 82	4.103 22	−0.369 02	1.053 13	

调整后的 R^2=0.977 015，AIC=−18.460 17，SC=−16.125 73

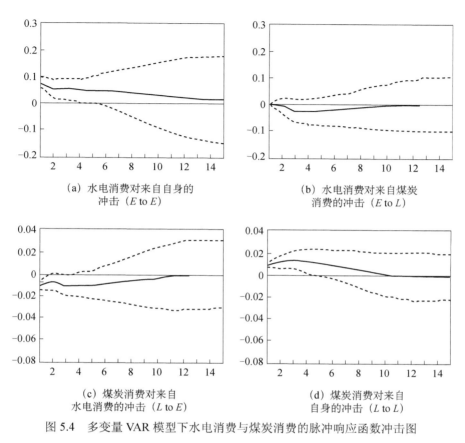

（a）水电消费对来自自身的
冲击（E to E）

（b）水电消费对来自煤炭
消费的冲击（E to L）

（c）煤炭消费对来自
水电消费的冲击（L to E）

（d）煤炭消费对来自
自身的冲击（L to L）

图 5.4　多变量 VAR 模型下水电消费与煤炭消费的脉冲响应函数冲击图

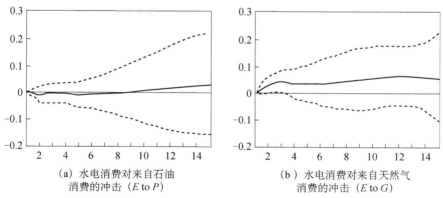

（a）水电消费对来自石油
消费的冲击（E to P）

（b）水电消费对来自天然气
消费的冲击（E to G）

图 5.5　水电消费与石油消费和天然气消费的脉冲响应函数冲击图

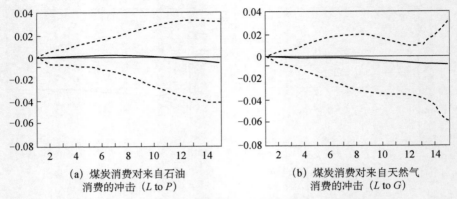

(a) 煤炭消费对来自石油　　　　　　　(b) 煤炭消费对来自天然气
　　消费的冲击（L to P）　　　　　　　　消费的冲击（L to G）

图 5.6　煤炭消费与石油消费和天然气消费的脉冲响应函数冲击图

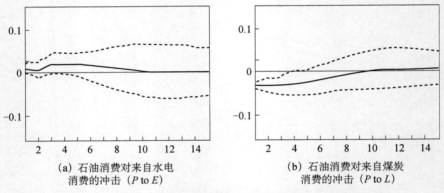

(a) 石油消费对来自水电　　　　　　　(b) 石油消费对来自煤炭
　　消费的冲击（P to E）　　　　　　　　消费的冲击（P to L）

图 5.7　石油消费与水电消费和煤炭消费的脉冲响应函数冲击图

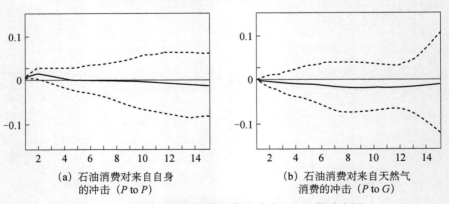

(a) 石油消费对来自自身　　　　　　　(b) 石油消费对来自天然气
　　的冲击（P to P）　　　　　　　　　消费的冲击（P to G）

图 5.8　石油消费与天然气消费的脉冲响应函数冲击图

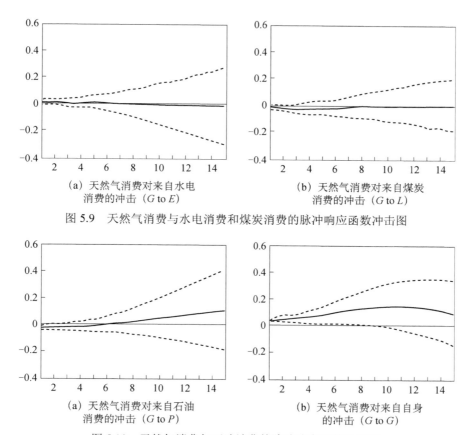

(a) 天然气消费对来自水电
消费的冲击（G to E）

(b) 天然气消费对来自煤炭
消费的冲击（G to L）

图 5.9　天然气消费与水电消费和煤炭消费的脉冲响应函数冲击图

(a) 天然气消费对来自石油
消费的冲击（G to P）

(b) 天然气消费对来自自身
的冲击（G to G）

图 5.10　天然气消费与石油消费的脉冲响应函数冲击图

　　从图 5.4～图 5.10 可知，水电消费同其他三种能源消费之间的相互脉冲响应趋势，与单独考虑水电消费同其他三种能源消费两两之间的相互脉冲响应趋势大致相同，只是水电消费与天然气消费之间并没有呈现显著的相互促进作用。在同时考虑四个变量时，水电消费对来自天然气消费的冲击，始终为正响应，但响应曲线呈现平稳趋势；天然气消费对来自水电消费的冲击，并没有什么显著的反应，响应曲线仅呈现正负微小的波动。

　　煤炭消费对来自石油消费的冲击，在前 12 期前基本没什么反应，随后呈现向下的负的拉动趋势，但作用并不明显；石油消费对来自煤炭消费的冲击，当期为负响应，随后逐渐呈现增长趋势，并在第 10 期升至 0，同时拉动作用也消失，响应曲线趋于平稳。这表明煤炭消费对来自石油消费的冲击，与石油消费对来自煤炭消费的冲击相比较，反应期明显滞后。在短期内，煤炭对石油的冲击具有较强的替代作用,而在长期内,石油对煤炭的冲击则更有替代性。

煤炭消费对来自天然气消费的冲击,在前 6 期基本没什么反应,但随后呈现向下的负的拉动趋势,并且在 13 期以前有加大的趋势,随后趋于平稳;天然气消费对来自煤炭消费的冲击,在第 7 期前有略微负响应,随后基本没有任何反应。这表明加大煤炭的消费并不会对天然气的消费造成任何影响,相反增加天然气的消费,在短期对煤炭的消费不会产生响应,但在第 6 期以后就有明显的负响应,产生替代作用,并在长期都会具有替代性。

石油消费对来自天然气消费的冲击,始终呈现负响应,在前 2 期没有任何反应,随后平稳下降,在第 7 期达到最小值,并持续到第 12 期,又平稳上升,在第 14 期后达到稳定;天然气消费对来自石油消费的冲击,在第 5 前呈现微弱的负响应,第 5~第 8 期的冲击曲线具有微弱波动性,随后呈逐期增长趋势。这表明石油消费对来自天然气消费的冲击,增加天然气的消费会明显地减少石油的消费;而石油消费对天然气的冲击,在短期内具有一定的替代作用,但在长期中具有促进作用。

5.4 本章小结

从分析可知,水电消费与煤炭消费之间具有很强的替代性,水电消费对石油消费也具有替代性,且水电的消费对煤炭消费具有明显的负向拉动作用,表明水电对煤炭的替代作用强于对石油的替代性;而水电消费与天然气消费之间也具有相互促进作用,且水电的消费对天然气消费的正向拉动作用十分显著;煤炭对石油的冲击在短期内具有较强的替代作用,而石油对煤炭的冲击则在长期内更有替代性;而石油消费对天然气的冲击,在短期内具有一定的替代作用,但在长期中具有促进作用。本书基于水电对其他能源的替代效应分析,同时也是针对三种能源的替代分析。

本章研究区域大渡河年开发量按 985.78 亿 kW·h 计算,折合标准煤就是1280.5 万 t 标准煤(《中国能源统计年鉴 2005》:1kW·h 电力当量=0.1299kg 标准煤;燃料油 1.4286kg 标准煤/kg;天然气 1.33kg 标准煤/m^3。),而这 1280.5 万 t 标准煤,燃烧后可向大气释放 34.96 万 t 的 SO_2 气体(煤炭、石油、天然气燃烧后生成 SO_2 的参数见表 5.6),可以替代燃料油 848.03 万 t,替代 7.725 亿 m^3 的天然气。这不仅有助于环境空气质量的提高，还可以改变我国能源消费结构，降低我国石油对外依存度。而替换的煤炭可以进行一系列的深加工，如煤制油、制造水煤浆、煤焦化、煤与气制氢等。这是我国经济、社会与环境可持续发展与能源可持续供给的必然选择。使能源发展对生态环境的改变在生态环境的承载限度内，协调改善能源、生态环境和经济增长的关系，建立稳定、经济、清洁、可靠、安全的能源保障体系的必经之路。

表 5.6　煤炭、石油、天然气燃烧后生成 SO_2 的参数

项目	煤炭	石油	天然气
平均含硫量/%	1.2	0.15	0.13
燃烧后 SO_2 排放率/%	81.3	93	93
SO_2 排放系数	0.027 299t/t 标准煤	0.001 4t/t 标准煤	0.000 18t/t 标准煤

资料来源：周凤起和张健民，2004

6 长江上游水电开发与生态环境的进化博弈分析

6.1 引　言

　　关于水电开发者与生态环境的博弈分析，国内外研究文献较少，只查阅到国内关于流域的上下游之间的博弈研究。彭扬（2008）基于"流域心理"的分析与探索，以上游与中下游为博弈主体，构建了流域生态环境保护的"囚徒困境"博弈模型，探讨了如何保护生态环境的问题。李镜等（2008）建立了岷江上游农民与政府之间关于退耕还林生态补偿的"囚徒困境"博弈模型。徐健等（2009）建立了上游保护者与下游受益者之间的"囚徒困境"博弈模型，认为在国家调控政策的影响下，双方会做出合理的理性选择——考虑合作。即在考虑自身利益的同时，也要考虑整个系统的利益，使经济朝着可持续发展的方向进行。然而，与前面几位学者观点不同的是，中国水力发电工程学会的水博（2008）认为河流梯级开发的科学性不能否定，水资源和水能利用开发程度越高越好，字里行间透露出水电开发与河流生态之间不存在博弈之说，水电的大力开发是当前经济发展的需要。

　　从上面文献分析来看，研究者主要是运用简单的"囚徒困境"博弈模型，研究流域的上下游之间的博弈问题。本书拟用进化博弈模型研究水电开发者与生态环境之间的博弈，寻求水电开发者与生态环境之间的协调，达到经济与环境的和谐与可持续发展。

纵观博弈理论演化史，国内外对博弈的研究主要分为传统博弈（经典博弈）和进化博弈两个阶段，经典博弈建立在博弈主体完全理性（即充分占有相关信息并理性决策）的假设前提下，而进化博弈则以有限理性作为假设条件。

国外对进化博弈的研究主要经历了三个阶段：第一个阶段是一些生物学家 [R. C. Lewontin（莱旺顿）、W. D. Hamilton（汉密尔顿）] 为了构建其研究领域中诸如动物竞争、动物群中的性别分配、植物的生长等生物进化现象模型，于是便从经济学家使用的博弈论中借用了一些概念。第二个阶段是这些生物学家 [S. J. Maynard（梅纳德）、G. R. Price（普赖斯）] 为了自身目的修正了博弈论中相关的定义和内容，进化稳定策略（ESS）和复制动态（RD）等概念的提出都是这一阶段的成果。第三个阶段是经济学家 [J. Gilboa（吉勒博阿）、A. Matsui（松井）、R. T. Boyland（博伊兰）、P. Young（杨）] 反过来吸收生物学家的上述创新，更新和扩大了对博弈论基本概念的理解（如对纳什均衡的稳定性和弱占优战略的不合理等概念的修订），这就给经济竞争模型带来了新的思路。因此，进化博弈理论真正出现在经济领域是在 20 世纪 90 年代的初期。

在进化博弈中，参与人都按照预先确定的程式选择特定的策略，即参与人都在从过程学习。根据不同人的学习模型，可以划分为以下三种。

（1）路径学习（routine learning）。路径学习指的是参与人根据他们最近关于成功或失败的经验或教训调整他们的选择概率的过程。它并不要求经验丰富的行为。参与人仅被假设为按如下规则行为："过去有用的在将来也有用"，这些参与人只注重自身的选择与支付而不考虑其他人的选择与支付。

（2）模仿（imitation）。这种学习过程与路径学习并没有太大的区别，然而在模仿的情形下，是其他人的成功影响着参与人的选择的概率。

（3）信念学习（belief learning）。这种学习的大致思想是，参与人能够利用关于其他参与人过去的选择与支付情况的信息来更新当前博弈阶段他们对其他参与人的选择的信念。

在进化博弈中，核心的概念是进化稳定策略（ESS）和复制动态（RD）。ESS 表示一个种群抵抗变异策略进入的一种稳定状态，其定义条件式为：每个博弈参与者都有 $(1-\varepsilon)$ 的概率遇到选择策略 x 的参与者，同时，他还有 ε 的概率遇到入侵者。从而：

$$u\big[x,(1-\varepsilon)x+\varepsilon x'\big] > u\big[x',(1-\varepsilon)x+\varepsilon x'\big] \tag{6.1}$$

式中，ε 为一个极小的正数 $0 < \varepsilon < \overline{\varepsilon}$。

复制动态方程实际上是描述一个特定策略在一个种群中被采用的频数或频

度的微分方程。其基本思想是：如果策略x的结果优于平均水平，那么选择该策略的那些群体在整个种群中的比例就会上升。其定义式一般如下：

$$\frac{\mathrm{d}x_k}{\mathrm{d}t} = x_k \left[u(k,s) - \overline{u}(s,s) \right], k = 1, \cdots, n \qquad (6.2)$$

式中，x_k为一个种群中采用策略x的比例；$u(k,s)$为采用策略k时的适应度；$\overline{u}(s,s)$为平均适应度。

6.2 水电开发者与生态环境的关系分析

在水电开发过程中，如果水电开发引起了流域的水质恶化、沉淀物的传输特性发生改变、下游水文特征发生变化和环境用水量得不到保障、稀缺和濒危物种受到威胁、鱼类迁移通道受阻、水库中的有害动植物群增加等生态环境恶化问题，这必将给水电开发者及当地居民带来一定的伤害。这也可以看出是当水电开发对环境产生破坏以后，反过来经过一定的时间以后环境就会给人类带来惩罚，而这种情况的出现是大家不愿在水电开发过程中所看到的。因此，寻求水电开发与生态环境之间的和谐与协调是水电开发所必需的。

在水电开发过程中，如对水电开发带来的生态环境的破坏进行一定的补偿或改善，那么环境给人类带来的破坏性就会随之降低，反之，破坏性就会加大。这在水电开发的直接受益者水电开发者与生态环境之间形成了一种博弈关系，水电开发者在进行水电开发时，总是希望获得多的收益而对生态环境付出较低的补偿，同样，生态环境可以根据对它破坏性补偿的程度做出相应的反应，而要求水电开发者做出补偿或者相关的措施是通过生态环境的利益相关者，如政府、居民等。因此，当对生态环境进行相应的补偿以后，使其生态环境发挥其正的效应，水电开发者与生态环境之间就会达到某一个均衡稳定点，二者才能协调发展，这样才能奠定水电开发顺利实施的环境基础。本书运用进化博弈模型对水电开发者与生态环境之间的协调关系进行研究，得到其稳定点。

6.3 前 提 假 定

水电开发者（包括水电开发商和政府）能否合理开发水电资源，可以看作是水电开发者与生态环境博弈的结果。本书认为，由于信息的不完全和水电开发者的有限理性，水电开发者在做出决策时很难确认他们的选择是否最大化自己的利益。由此，我们对模型做如下前提假定。

（1）参与主体。水电开发者主体是指水电开发商和政府，这一主体在博弈中具有优势地位。金纬亘（2008）提出了"对弈的自然"即与自然博弈（nature of playing chess or playing chess with nature）概念，从而更好地体现人类与自然和谐的核心伦理诉求，他从生态伦理学的角度，认为如果人们把自然当作一个主体，人们便可以规范自己的行动。因此，这里可以把生态环境作为另一博弈的主体，虽然这一主体不是有意识的博弈方，但它会对水电开发者主体做出的决策以一种客观的现实发生进行回应（当然环境的影响会有一个时滞，这里假定暂不考虑时滞问题），如气候与水文条件的改变、自然灾害等，而迫使水电开发者做出相应的补偿或者相关的措施是生态环境的利益相关者，进而影响水电开发者主体的决策。同时假定环境做出两种决策，惩罚与不惩罚，惩罚表示环境恶化，不惩罚表示环境不变或者改善。

（2）主体行动。在博弈过程中，每个群体都将面临两种不同策略选择。在本书模型的策略选择中，水电开发者可以选择的方案是：进行开发和放弃开发；生态环境可以采取的方案为：环境恶化和环境良好。

（3）作为水电开发者，无论是进行开发还是放弃开发都有调研成本。在开发水电资源前，首先要对水电资源进行调研分析，这种调研不但不能给水电开发者带来额外收益，反而会增加一笔调研分析成本。因而本书对水电开发者进行假定：当水电开发者能从水电资源开发中获得利益时，水电开发者才会选择进行开发；水电开发者获得收益越大，其开发动力也将越大。当然，水电开发者选择不开发，水电开发者的调研分析成本仍然是存在的。

6.4　模型的构建

根据以上假定，在借鉴以往文献的基础上，对水电开发者与生态环境主体不同策略下的成本、收益做如下假设：设水电开发者的调研分析成本为 $S(c)$，无论是进行开发还是放弃开发，这个成本都是存在的。当水电开发者实施"进行开发"时，这时水电开发者获得的收益为 ρ，但若导致生态环境主体"环境恶化"时就会对水电开发者产生负效用 $-\mu$（包括生态恶化对人们生存环境的消极影响及人们对水电开发者的负面谴责等，它表示带来环境恶化的负效应因素函数与带来正效应因素函数之差），而生态环境主体的收益为 θ，其表现在人文景观的完好无损、稀有濒危物种的适宜生存、森林植被的良性循环等所带来的综合收益；如果生态环境主体"环境良好"时，则将会产生一个额外的正效用 δ（水电资源产生的正的社会效益等）。当水电开发者"放弃开发"时，则意味着通过调研分析，发现开发不会带来正的效益。水电开发者的这种选择，会为开发者节省时间成本，去投资于其他方面，产生的收益相当于节省下来的时间的价值 χ；此时生态环境主体"环境良好"，则会有一个正常的正效用 θ（包括生态环境对人们生存环境的积极影响等）；若此时生态环境主体"环境恶化"，同样会对社会产生不好的影响，同时还损失了水电资源开发所能带来的正效用 Δ（水电资源开发时对生态环境的补偿），最终的结果是生态环境主体损失 $-\Delta$。双方博弈的收益矩阵见表 6.1：

表 6.1 水电开发者与生态环境主体的博弈支付收益矩阵

博弈主体与策略		生态环境	
		不惩罚	惩罚
水电开发者	放弃开发	$\chi - S(c)$，θ	$\chi - S(c)$，$-\Delta$
	进行开发	$\rho - S(c)$，$\theta + \delta$	$\rho - S(c) - \mu$，$\Delta - \mu$

6.5 模型分析

6.5.1 模型的适应度分析

在博弈的初始阶段，我们可以假设水电开发者群体（1方）采用"进行开发"策略的比例为 x，那么采用"放弃开发"策略的比例为 $1-x$；生态环境群体（2方）出现"环境良好"情况的概率为 y，则出现"环境恶化"情况的概率为 $1-y$。

根据以上假定，水电开发者采取"进行开发"策略的适应度为
$$\Phi_1 = y[\rho - S(c)] + (1-y)[\rho - S(c) - \mu]$$
$$= \rho + y\mu - S(c) - \mu$$

水电开发者采取"放弃开发"策略的适应度为

$$\Phi_{12} = y[\chi - S(c)] + (1-y)[\chi - S(c)]$$
$$= \chi - S(c)$$

水电开发者的平均适应度为

$$\bar{\Phi}_1 = x\Phi_{11} + (1-x)\Phi_{12}$$
$$= x[\rho + y\mu - S(c) - \mu] + (1-x)[\chi - S(c)]$$

根据复制动态微分方程的定义，按照生物进化复制动态的思想，采用收益较低策略的博弈方会改变自己的策略，模仿有较高收益的策略，因此群体中采用不同策略成员的比例就会发生变化，特定策略比例的变化速度与该比例和该策略的得益超过平均得益的大小成正比。因此，可以得到水电开发者采用该策略的复制动态微分方程为

$$\frac{dx(t)}{dt} = x[\Phi_{11} - \bar{\Phi}_1] \qquad (6.3)$$
$$= x(1-x)[y\mu + \rho - \mu - \chi]$$

同理，生态环境主体出现"环境良好"情况策略的适应度为

$$\Phi_{21} = x(\theta + \delta) + (1-x)\theta$$
$$= x\delta + \theta$$

生态环境主体出现"环境恶化"情况策略的适应度为

$$\Phi_{22} = x(\Delta - \mu) + (1-x)(-\Delta)$$

生态环境主体的平均适应度为

$$\bar{\Phi}_2 = y\Phi_{21} + (1-y)\Phi_{22}$$
$$= y[x(\theta + \delta) + (1-x)\theta] + (1-y)[x(\Delta - \mu) + (1-x)(-\Delta)]$$

同理，也可以得到生态环境主体采用该策略的复制动态微分方程：

$$\frac{dy(t)}{dt} = y[\Phi_{21} - \bar{\Phi}_2] = y(1-y)[x(1+\delta) + \theta - \Delta] \qquad (6.4)$$

根据动态方程式（6.3），令 $F(x) = \dfrac{dp(x)}{dt} = 0$，则可得到两个可能的平衡点，

$x = 0$，$x = 1$ 及 $y^* = \dfrac{\mu + \chi - \rho}{\mu}$。但这两个点并不都是进化稳定策略（ESS），进化博弈中的进化稳定策略是指一个稳定状态必须具有抗扰动的功能。也就是说，作为进化稳定策略的点 y^*，除了本身必须是稳定均衡状态以外，还必须具有这样的性质，那就是如果 y 偏离了 y^*，复制动态仍然会使 y 回复到 y^*。其数学含义就是当 $y < y^*$ 时，$\dfrac{dx(t)}{dt} > 0$；当 $y > y^*$ 时，$\dfrac{dx(t)}{dt} < 0$，也就是在稳定点 $F(x)$ 的

倒数小于0,或者说 $F(x)$ 与水平轴相交处的切线斜率为负值,即满足:$F(y^*)=0$,且 $F'(y^*)<0$。

由 $F'(x)=(1-2x)(y\mu+\rho-\mu-\chi)$,可以得出水电开发者的进化稳定策略（ESS）。

如果 $y^*=\dfrac{\mu+\chi-\rho}{\mu}$,$F'(x)=0$,则意味着所有 X 轴上的点都是稳定状态;

如果 $y^*\neq\dfrac{\mu+\chi-\rho}{\mu}$,可得到两个可能的平衡点:$x=0$,$x=1$,此时有两种情况:

$y>y^*$ 时,$F'(0)>0$,$F'(1)<0$,则 $x=1$ 是进化稳定策略（ESS）;

$y<y^*$ 时,$F'(0)<0$,$F'(1)>0$,则 $x=0$ 是进化稳定策略（ESS）。

同理根据动态方程（6.4）,令 $F(y)=\dfrac{\mathrm{d}y(t)}{\mathrm{d}t}=0$,则可得到两个可能的平衡点,$y=0$,$y=1$ 及 $x^*=\dfrac{\Delta-\theta}{1+\delta}$。

由 $F'(y)=(1-2y)[x(1+\delta)+\theta-\Delta]$,可以得出水电开发者的进化稳定策略（ESS）。

如果 $x^*=\dfrac{\Delta-\theta}{1+\delta}$,$F'(y)=0$,这意味着所有 Y 轴上的点都是稳定状态;

如果 $x^*\neq\dfrac{\Delta-\theta}{1+\delta}$,可得到两个可能的平衡点:$y=0$,$y=1$,此时有两种情况:

$x^*>\dfrac{\Delta-\theta}{1+\delta}$ 时,$F'(0)>0$,$F'(1)<0$,则 $y=1$ 是进化稳定策略（ESS）;

$x^*<\dfrac{\Delta-\theta}{1+\delta}$ 时,$F'(0)<0$,$F'(1)>0$,$y=0$ 是进化稳定策略（ESS）。

通过对进化博弈模型的稳定性分析,可以看到两博弈群体的博弈策略情形是对等的,用图 6.1～图 6.3 表示两者的复制动态:

$$y^*=\frac{\mu+\chi-\rho}{\mu}\quad 或\quad x^*=\frac{\Delta-\theta}{1+\delta}$$

图 6.1　复制动态相位图

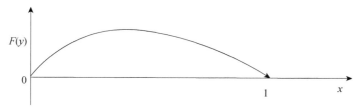

图 6.2　复制动态相位图

$$y^* > \frac{\mu + \chi - \rho}{\mu} \quad 或 \quad x^* > \frac{\Delta - \theta}{1 + \delta}$$

图 6.3　复制动态相位图

$$y^* < \frac{\mu + \chi - \rho}{\mu} \quad 或 \quad x^* < \frac{\Delta - \theta}{1 + \delta}$$

6.5.2　模型的稳定性分析

对系统均衡点的稳定性的分析研究，可以根据 Friedman（1991）提出的局部稳定性分析方法，系统均衡点的稳定性可由该系统的雅可比行列式的局部稳定性分析得到。该系统的两个复制动态方程如式（6.5）所示，该微分方程系统描述了水电开发者群体的演化动态，博弈演化过程也由该微分方程系统来描述。

$$\begin{cases} \dfrac{\mathrm{d}x(t)}{\mathrm{d}t} = x(1-x)(y\mu + \rho - \mu - \chi) \\ \dfrac{\mathrm{d}y(t)}{\mathrm{d}t} = y(1-y)[x(1+\delta) + \theta - \Delta] \end{cases} \quad （6.5）$$

通过对式（6.5）的两个方程依次求关于 x，y 的偏导数，可得到雅可比矩阵为

$$\boldsymbol{J} = \begin{vmatrix} (1-2x)(y\mu + \rho - \mu - \chi) & \mu x(1-x) \\ (1+\delta)y(1-y) & (1-2y)[x(1+\delta) + \theta - \Delta] \end{vmatrix}$$

由雅可比矩阵可知，矩阵 $\boldsymbol{J}$ 的行列式为

$$\det \boldsymbol{J} = (1-2x)(y\mu + \rho - \mu - \chi)(1-2y)[x(1+\delta) + \theta - \Delta] - \mu x(1-x)(1+\delta)y(1-y)$$

矩阵 *J* 的迹为

$$\text{tr}J = (1-2x)(y\mu + \rho - \mu - \chi) + (1-2y)[x(1+\delta) + \theta - \Delta]$$

基于水电开发者本位利益界定的假设，可以引申出博弈双方存在两种博弈情形，下面将讨论两种情形下水电开发者的策略行为取向及其稳定点。

1）水电开发者高成本，生态环境修复高成本的情形

由方程（6.5）可知，当 $\rho > \mu + \chi$ 且 $\theta > \Delta$ 时，复制动态方程有四个平衡点，即（0，0），（0，1），（1，0），（1，1），各点的行列式值与迹见表 6.2。

表 6.2　水电开发者高成本，生态环境修复高成本的情形

平衡点	det *J* 及符号		tr *J* 及符号		局部稳定性
（0，0）	$(\rho-\mu-\chi)(\theta-\Delta)$	+	$\mu+\chi+\Delta-\rho-\theta$	−	ESS
（0，1）	$(\rho-\chi)(\Delta-\theta)$	−	$\rho+\theta-\chi-\Delta$	+	鞍点
（1，0）	$(\mu+\chi-\rho)(1+\delta+\theta-\Delta)$	+	$1+\rho+\theta+\mu+\chi-\Delta-\delta$	+	不稳定
（1，1）	$(\rho-\chi)(1+\delta+\theta-\Delta)$	+	$1+\chi+\delta+\theta-\rho-\Delta$	+	不稳定

由雅可比行列式的分析可知，水电开发者高成本，生态环境修复高成本的情形的稳定点为（0，0）。相图的现实含义是：水电开发者经过调查分析，发现开发这片区域水电资源的成本较高，未来收回成本的周期较长，再加之对生态环境的破坏力度较大，对生态环境的补偿和修复也是一笔很大的投入，此种情形下则导致水电开发者选择放弃开发这一进化稳定策略（ESS），最终博弈的结果会出现稳定点（0，0）。这种情形会出现在一些水电资源不是特别丰富，而且周围的生态环境较脆弱的河流区域。

2）水电开发者低成本，生态环境修复低成本的情形

由方程（6.5）可知，当 $\rho < \chi$ 且 $1+\delta+\theta < \Delta$ 时，复制动态方程有四个平衡点，即（0，0），（0，1），（1，0），（1，1），各点的行列式值与迹见表 6.3。

表 6.3　水电开发者低成本，生态环境修复低成本的情形

平衡点	det *J* 及符号		tr *J* 及符号		局部稳定性
（0，0）	$(\rho-\mu-\chi)(\theta-\Delta)$	+	$\mu+\chi+\Delta-\rho-\theta$	−	不稳定
（0，1）	$(\rho-\chi)(\Delta-\theta)$	−	$\rho+\theta-\chi-\Delta$	+	鞍点
（1，0）	$(\mu+\chi-\rho)(1+\delta+\theta-\Delta)$	+	$1+\rho+\theta+\mu+\chi-\Delta-\delta$	+	不稳定
（1，1）	$(\rho-\chi)(1+\delta+\theta-\Delta)$	+	$1+\chi+\delta+\theta-\rho-\Delta$	−	ESS

由雅可比行列式的分析可知，水电开发者高成本，生态环境修复高成本的情形的稳定点为（1，1）。相图的现实含义是：水电开发者如果发现开发这片区域水电资源的成本不高，就会考虑对生态环境的破坏力度，如果对生态环境破坏较严重，政府部门就会加以干涉，以防止出现外部不经济。如果这次开发对生态环境造成的影响不是很大，补偿与修复的成本也在可接受的范围内，水电开发者就会选择进行开发这一进化稳定策略（ESS），这种情形会出现在水电资源丰富，且水电资源周围的植被较好的河流区域。

从以上的分析可知，水电开发者与生态环境进化博弈的结果，最佳稳定点或者理想状态是水电开发者低成本生态环境修复低成本，然而在现实中并非如此，往往在水电开发过程中伴有高成本的情形。总之，对生态环境来说修复无论是低成本还是高成本，水电开发者都应对其进行补偿，使其保持生态环境的平衡发展，以达到生态环境与水电开发的可持续发展。下面就对水电开发过程中的生态环境补偿进行研究。

6.6 长江上游水电开发的生态环境补偿

工业革命以来，尤其是第二次世界大战以后，许多国家以工业化、城市化为主要内容的经济增长取得了巨大的成绩。但与此同时，环境污染和生态破坏问题也日益突出，其中许多问题突破了区域和国家的疆界演变为全球性的问题（邓家荣等，2001）。

水力发电过程不排放污染物，而且水力资源可以因降水而得到补给，水电资源通常被认为是一种清洁的可再生能源。同时，水电资源的开发兼顾防洪、航运、供水、灌溉等多种作用，具有较好的生态效益。然而，水电开发在对社会经济发展起积极作用的同时，也对流域的生态环境产生了许多不良影响，如水库淤积、冲刷下游河道、河流水文条件改变、水生生物栖息环境恶化、生物多样性消失，以及森林、土地的淹没等。因此，水电开发必须对此进行补偿，为了叙述的方便，这里就把生态环境补偿称为"生态补偿"。

6.6.1 生态补偿的概念

"补偿"一词在现代汉语词典中的解释是：抵消（损失、消耗）；补足（缺乏、差额）。即补偿就其字义来讲，就是抵消损失或补足差额。从词义上可以看出，凡是补偿必然在逻辑上存在"受补"和"施补"两方面，是一种不同主体之间的相互关联和相互作用。

生态补偿（ecological compensation）最早源于德国 1976 年实施的 *Engriffs Regelung* 政策，美国 1986 年开始实施的湿地保护 *No-Net-Loss* 政策，生态补偿对促进生态环境的保护起到了良好的作用。生态补偿的定义不少，但没有一个统一的定义。什么是生态补偿？由于这一概念是多学科研究共同关注的问题，存在着生态学、经济学及法律意义上的不同表述。

6.6.1.1　生态学意义上的生态补偿

《环境科学大辞典》上认为，生态补偿是指自然生物有机体、种群、群落或生态系统受到干扰时，所表现出来的缓和干扰、调节自身状态，使生存得以维持的能力，或者可以看作生态负荷的还原能力，或者是自然生态系统对由于人类社会、经济活动造成的生态破坏所起的缓冲和补偿作用。生态学意义上的效益补偿告诉我们，自然环境系统对人类的生产和生活活动所排放出来的废物具有容纳和消纳能力。但是，这个自然状态的消纳自净容量是有限的，过程也是缓慢的。为了稳定和保持人类赖以生存的生命保障系统，必定要对生态系统实施人为的补偿活动。人类的补偿活动并不是生产环境容量或者重建生态系统，而是通过资金和技术投入，建设生态保护的设施和生产符合维持生态平衡要求的产品，控制环境污染和生态破坏的活动。

6.6.1.2　经济学意义上的生态补偿

经济学意义上的生态补偿是通过一定的政策、法律手段实行生态保护外部性的内部化，让生态产品的消费者支付相应费用，生态产品的生产、提供者获得相应报酬；通过制度设计解决生态产品消费中的"搭便车"现象，激励公共产品的足额提供；通过制度创新解决好生态投资者的合理回报，激励人们从事生态环境保护投资并使生态资本增值（沈满洪和杨天，2004）。生态补偿就是生态效益的补偿，是通过制度设计来实现对生态产品（服务）提供者所付成本、丧失的机会予以补偿。由于生态产品（服务）的公共性、生产该产品具有外部性，因而其补偿途径为国家补偿与受益者付费两种途径。

6.6.1.3　法律意义上的生态补偿

所谓的生态补偿，是指为了保存和恢复生态系统的生态功能或生态价值，在一定的生态功能区，针对特定的生态环境服务功能所进行的补偿，包括对生态环境的恢复和综合治理的直接投入，以及该生态功能区区域内的居民由于生态环境保护政策丧失发展机会而给予的资金、技术、实物上的补偿和政策上的扶植（李爱年和彭丽娟，2005）。关于生态补偿的概念有多种认识和表述，有的区分直接补偿与间接补偿，有的则将其分为狭义补偿与广义补偿，有的则兼顾损害与保护、收费与补偿几个方面，从而给出的概念之内涵与外延各不相同，莫衷一是（杜万平，2001）。其中，王丰年（2006）从外延上对生态补偿概念作了广义和狭义的划分。他认为，广义的生态补偿包括污染环境的补偿和生态功能的补偿，即包括对损害资源环境的行为进行收费或对保护资源环境的行为进行补偿，以提高该行为的成本或收益，达到保护环境的目的。狭义的生态补偿是指生态功能的补偿，即通过制度创新实行生态保护外部性的内部化，让生态保护成果的受益者支付相应的费用；通过制度设计解决生态产品这一特殊公共产品消费中的"搭便车"问题，激励公共产品的足额供应；为生态投资者提供合理回报，激励人们从事生态保护投资并使生态资本增值的一种经济制度。

现阶段学术界公认的生态补偿的定义为，通过对损害（或保护）生态环境的行为进行收费（或补偿），提高该行为的成本（或收益），从而激励损害（或保护）行为的主体减少（或增加）因其行为带来的外部不经济性（或外部经济性），达到保护生态环境的目的。其实质是通过一定的政策手段实行生态保护外部性的内部化，让生态保护成果的"受益者"支付相应的费用，使生态建设者和保护者得到相应的补偿，通过制度创新为生态投资者提供合理回报，激励人们从事生态保护投资并使生态资本增值（庚莉萍，2008）。

综合以上观点，对生态补偿的含义应当从两方面加以理解：一是生态学意义上的生态补偿，二是经济（法律）意义上的生态补偿。即生态补偿是一个具有自然和社会双重属性的概念。从自然属性角度，生态补偿也可称为自然生态补偿（natural ecological compensation），其内涵被界定为生物有机体、种群、群落或生态系统受到干扰时所表现出来的缓和干扰、调节自身状态使生存得以维持的能力，或者可以看作生态负荷的还原能力。可以看到，自然生态补偿的概念具有"调节、还原和维持系统平衡"之意，是一种自然生态系统内在的"压力-状态-响应"机制，它是自然界的自我修复、缓和、还原与补偿。对于社会属性的生态补偿概念，或者称为人为补偿，尽管国内有多种被学者或决策者在一定程度上接受或认可的表述，但还没有一个较为明确或统一的关于生态补偿概念的定义。学者们对生态补偿概念理解上的差异取决于对实践中政策的导向和选择的不同，因此，理清对概念的认识和理解有利于在实践中准确地把握政策方向及更好地确定具体政策制度的设计和选择。关于社会属性的生态补偿，核心是对生态产品提供者、因保护生态而付出代价者（如权利受限、发展机会丧失、投入成本等）给予补偿，以达到保护生态的目的。以国家设立自然资源保护区和实行退耕还林还草为例可以说明。在自然保护区，国家对生活在其中的居民的采摘、砍伐、放牧、渔猎等传统谋生和发展的生活生产方式予以禁止和限制，对其因此而遭受的损失予以适当补偿。国家为了保护生态环境而实施的退耕还林还草制度中，经济补偿一方面是对退耕农民予以钱粮补助的方式，解决其因退耕还林而造成的生活困难；另一方面是对农民投入生态林草业建设而付出成本的经济补偿。前者是"退耕"而给予的"生活性补偿"，后者是对其"还林还草"而给予的"报酬性补偿"。当然，我国现行的生态补偿（经济补偿）无论哪一方面性质的补偿都还不够。

生态补偿应该是以保护和可持续利用生态系统服务为目的，以经济手段为主调节相关者利益关系的制度安排。更详细地说，生态补偿是以保护生态环境，促进人与自然和谐发展为目的，根据生态系统服务价值、生态保护成本、发展机会成本，运用政府和市场手段，调节生态保护利益相关者之间的利益关系。它主要包括对生态系统本身保护，恢复破坏的成本进行补偿，通过经济手段将经济效益的外部性内部化，对个人或区域保护生态系统和环境的投入或放弃发展机会的损失的经济补偿，对具有重大生态价值的区域或对象进行保护性投入。

本书的研究是针对水电开发，而水电开发又是以流域为载体，因此，本章所提出的生态补偿是关于流域的生态补偿。本章生态补偿定义为：水电开发商或者政府就水电开发对该流域所带来的生态环境变坏而给予的补偿，或者对该流域的自然生态环境的自我调节、自我恢复与保护进行补偿。其中水电开发包括蓄水筑坝、修渠修路与修建厂房等，生态环境的变坏包括水库淤积、冲刷下游河道、河流水文条件改变、水生生物栖息环境恶化、生物多样性消失、森林淹没与植被的改变等，补偿方式为自然补偿与人为补偿，补偿的主体为自然与开发商或者政府。

6.6.2　生态补偿的理论基础

6.6.2.1　外部性理论

1910 年著名经济学家马歇尔在《经济学原理》中首次提出外部性问题。1920

年英国经济学家庇古在《福利经济学原理》中发展了这一理论，首次提出市场机制无法解决在经济运行中产生的环境污染和生态破坏。庇古区分了外部经济和外部不经济，"此问题的本质是，个人 A 在对个人 B 提供某项支付代价的劳动过程中，附带地，亦对其他人提供劳务（并非同样的劳务）或损害，而不能从受益的一方取得支付，亦不能对受害的一方施以补偿。"庇古认为，外部性产生的原因在于市场失灵，必须通过政府干预来解决。经济学家对外部性给出的定义有所差异。归结起来不外乎两类定义：一类是从外部性的产生主体角度来定义；另一类是从外部性的接受主体来定义。前者如萨缪尔森和诺德豪斯的定义："外部性是指那些生产或消费对其他团体强征了不可补偿的成本或给予了无需补偿的收益的情形。"后者如兰德尔的定义："外部性是用来表示，当一个行动的某些效益或成本不在决策者的考虑范围内时所产生的一些低效率现象，也就是某些效益被给予，或某些成本被强加给没有参加这一决策的人。"上述两种不同的定义，本质上是一致的，即外部性是某个经济主体对另一个经济主体产生一种外部影响，而这种外部影响又不能通过市场价格进行买卖。

简言之，外部性就是在生产或消费中对他人产生额外的成本或效益，然而施加这种影响的人却没有为此而付出代价或得到好处。根据外部性影响效果不同，可分为负的外部性和正的外部性。负的外部性说明存在边际外部成本，私人成本大于社会成本；正的外部性说明存在边际外部收益，私人收益小于社会收益。社会边际成本收益与私人边际成本收益背离时，不能靠在合约中规定补偿办法予以解决，即出现市场失灵，这就必须依靠外部力量，即政府干预加以解决。

6.6.2.2　公共产品理论

公共物品（public goods）是与私人物品（private goods）相对而言的。公共物品是指那种不论个人是否愿意购买，都能使整个社会的每一个成员获益的物品。一个人对公共物品的消费（或享受）并不会减少其他人对这种物品的消费，因而其具有非竞争性（nonrivalrous）；同时，公共物品还具有非排他性（nonexcludable）——要排除任何人消费一种公共物品的利益要花费非常大的成本。严格地讲，只有同时具备非竞争性和非排他性特征的物品才能称为纯公共物品。但是，在现实生活中同时满足这两个条件的物品并不多，大多数物品只具有两种特征之一，具有有限的非竞争性和非排他性，称其为准公共物品。私人市场对公共物品的供给不足，而政府则在解决公共物品产生的问题方面有着重要的优势。

6.6.2.3 生态资本理论

生态环境作为一种生产要素是有价值的，其价值的载体称为生态资本。生态资本主要包括以下几个方面：一是能直接进入当前社会生产与再生产过程的自然资源，即自然资源总量（可更新的和不可更新的）和环境消耗并转化废物的能力（环境的自净能力）；二是自然资源及环境的质量变化和再生量变化，即生态潜力；三是生态环境质量，这里是指生态系统的水环境质量和大气等各种生态因子组成的为人类生命和社会生产消费所必需的环境资源。而整个生态系统就是通过各环境要素对人类社会生存及发展的效用总和来体现其整体价值的。生态资本论的基本原理为生态保护区域的利益补偿提供了理论基石。

生态资本理论认为，生态系统提供的生态产品、服务应被视为一种资源，一种基本的生产要素具有生态效益价值，这种生态产品、服务或者说生态效益价值就是生态资本。学界在论证生态效益价值时，大体形成了四种不同的观点。

（1）效用价值论。价值的本质是效用，其大小由稀缺和供求状况决定。生态资源本身具有稀缺性，生态产品无论是自然提供还是人类"加工"自然而提供都具有稀缺性，供给有限。

（2）劳动价值论。该观点认为现在地球上的生态系统已不再是"天然的自然"而是"人工的自然"了，生态环境是人类创造财富的要素之一。这是因为人类为生态资源的保护和发展所付出的劳动，构成了森林生态系统的价值实体。按照马克思劳动价值论，生态产品与服务具有价值。

（3）将劳动价值论与效用价值论相结合形成的综合价值论。认为生态效益价值以劳动价值论为基础，以稀缺理论为补充。也有人认为，生态效益价值首先决定于它对人类的有用性，其价值大小决定于它的稀缺性和开发利用条件。

（4）总经济价值理论。总经济价值由两部分组成：使用价值和非使用价值，其中非使用价值又包括选择价值和存在价值。整个生态系统通过各环境要素对人类社会生存及发展的效用总和体现它的整体价值。不管是土地、矿藏，还是森林、水体，作为资源它们现在都可以通过级差地租或者影子价格来反映其经济价值，从而实现生态资源资本化（郭升选，2006）。

6.6.2.4 环境经济学理论

从环境经济的角度来看，环境容量也是一种资源，阳光、空气、水、土地、矿产等自然资源，环境容量和生态承载力等，都是有价值的商品。对环境容量利用不足或不利用，是资源配置的低效率或无效率。但是，环境容量是有限的，对环境容量利用过度其至损害环境容量，同样是资源配置的低效率或无效率。

6.6.2.5 生态伦理学理论

生态伦理学是一门以"生态伦理"或"生态道德"为研究对象的应用伦理学。它从伦理学的视角审视和研究人与自然的关系。"生态伦理"不仅要求人类将其道德关怀从社会延伸到非人的自然存在物或自然环境，而且呼吁人类把人与自然的关系确立为一种道德关系。根据生态伦理的要求，人类应放弃算计、盘剥和掠夺自然的传统价值观，转而追求与自然同生共荣、协同进步的可持续发展价值观。生态伦理学对伦理学理论建设的贡献，主要在于它打破了仅仅关注如何协调人际利益关系的人类道德文化传统，使人与自然的关系被赋予了真正的道德意义和道德价值。

6.6.3 生态补偿的政策建议

水电开发的生态补偿属于流域生态补偿问题。从外部性原理来看，水电开发者对河流进行水电开发，有可能会产生外部负效应，诸如水库淤积、河流水文条件的改变、生物多样性的消失等生态环境的变坏，作为这一事件的主要受益者——水电开发者，就应该对其外部负效应进行补偿。而自然环境并非一个自然人，要想自然环境因其水电开发带来的损坏补偿达到实现，这必须通过政府才能得以解决。因此，让生态补偿走向有法可依、有章可循，建立流域生态补偿机制是必然的选择。

从公共产品理论来看，作为江河流域属于自然环境，理当属于国民所有，具有典型的公共产品特性，即具有非竞争性和非排他性。因此，当受到水电开发的影响，流域原有的环境招致破坏，政府要充当对其补偿的执行者。鉴于此，同样，政府要使其流域生态补偿有法可依、有章可循，必将建立流域生态补偿机制。

根据生态资本理论、环境经济学理论及生态伦理学理论，同样可以得出，要想流域环境破坏的补偿得以实现，需政府建立流域生态补偿机制，使其生态补偿有法可依、有章可循。

通过上述分析，我们可以理解流域生态补偿应包括三个层次的含义，一是对流域内因保护流域生态环境而遭受损失、投入保护成本及丧失发展机会的地方和人们给予经济、政策等方面的补偿；二是对因流域水污染而造成损害的地方和人们给予赔偿；三是对因流域内及跨流域调水、取水的水源所在地的人们为保护和提供水源所做出的牺牲给予补偿。为了解决流域生态补偿中的一些问题，给出以下几点建议。

6.6.3.1 尽快建立生态补偿机制

建立和完善生态补偿机制是一项复杂但意义深远的系统工程，要从推进和谐社会建设的高度，提高对建立生态补偿机制的认识。生态补偿机制其实就是这样一种制度，通过一定的政策手段实行生态保护外部性的内部化，让生态保护成果的"受益者"支付相应的费用，并让"受损者"得到一定补偿，通过制度设计解决好生态产品这一特殊公共产品消费中的"搭便车"现象，激励公共产品的足额提供，通过制度创新解决好生态投资者的合理回报，激励人们从事生态保护投资并使生态资本增值。只有尽快建立这种制度，制定相应的政策，并付诸实施，才能促进我国生态环境保护事业和经济建设事业的协调发展。要做好这项工作，拟从以下几个方面进行。

第一，确定流域生态补偿的原则。

一是将"十一五"规划中提出的"谁受益谁补偿，谁污染谁治理，谁保护谁受益"作为基本原则。其中，"谁受益谁补偿"，这是针对生态环境改善的收益群体所采取的一条重要原则。按照"谁受益谁付费"的市场经济原则，上游周边和下游受益地区或得利部门在享受流域生态环境改善所带来的好处的同时，如若不给予付出努力的保护方一定的补偿，显然是有失公允的。收取资源维护费不仅理论上能成立，实际操作上也是可行的；"谁污染，谁治理"，这是将生态环境损害方所产生的负外部效应内部化的一条基本原则。通过对流域内所有的污染行为主体征收费用，将其带给社会的负的外部成本内部化，使环境污染的私人成本接近政府治理污染的社会成本，刺激生产者减少污染或转移到污染的生产上来。"污染者支付原则"是经济合作与发展组织理事会于 1972 年决定采用的环境政策基本规则，之后被广泛应用于各种污染的控制；"谁保护谁受益"，这是针对生态环境保护者所采取的一条重要原则。众所周知，生态保护行为是具有较高正的外部效应，如果不对包括流域在内的生态保护区及保护者给予一定的补偿，那么，就会导致社会上"搭便车"行为的普遍存在，同时也会大大削弱保护人的积极性，从而不利于生态环境的保护和建设。流域生态的保护尤为如此。上游水源和河道的良好维护和保护，不仅改善和提高了下游地区的水质，降低了洪涝灾害的发生，还增强了流域内的景观价值，促进生态旅游事业蓬勃发展。因而，付出努力的生态环境保护者应当得到一定的补偿、政策优惠或税收减免的激励，将正的外部效应内部化。

二是区域协调发展原则。统筹区域协调发展是科学发展观的基本要求。由于种种原因我国区域发展极不平衡，在一个流域范围内，通常上游的江河源区是水源涵养区，经济发展相对滞后，迫切要求加快发展，往往导致水资源的污染甚至破坏；中下游地区则通常是主要用水区，经济实力较强，迫切希望上游地区能够持续不断地提供优质水源。这种区际矛盾严重制约了上下游的协调及持续发展。因此，生态补偿机制首先必须遵循区域协调发展的原则。推动流域生态保护的市场化和产业化发展，构建基于生态产业的产业结构特征，促进地方健康流域的能力建设。

三是公平性原则。流域补偿即减小环境外部不经济性内部化的手段，实现财富的第二次分配和转移，核心问题是解决上下游流域的财富分配的公平性问题。在补偿政策的制定方面要考虑公平性问题。一般地，生态补偿的公平性原则包括代内公平原则、代际公平原则与自然公平原则。代内公平原则是要协调好国家、生态区域内的地方政府、企业和个人之间的生态利益；代际公平原则是要兼顾当代人与后代人生态利益，即可持续发展；自然公平原则体现在对各种生态类型补偿后的生态恢复上。对流域来说，生态补偿是解决生态环境外部性内部化的有效手段，其核心是解决上下游流域保护的财富分配的公平性问题。

四是政府主导、市场推进原则。基于市场失灵、政府失灵两个导致环境问题的基本原因，对被破坏的生态环境进行补偿，对污染的环境进行治理，必须从政府与市场两个方面同时实施。鉴于环境效益具有公益性及我国国情，中央政府和各级政府在生态补偿中要发挥主导作用，如制定生态补偿政策、提供补偿资金、加强对生态补偿政策的监督管理等。但政府补偿自身所特有的巨大的管理成本、低效率性、产权界定的不规范性等问题，也决定了市场参与的必要性，只有市场的参与才能调和政府补偿的刚性，发挥经济主体自身的积极性和主动性，最终实现补偿的高效性。因此，生态补偿机制只有明确了政府补偿和市场补偿相结合的原则，并贯彻其中，才能真正有效地实现生态补偿所期望达到的目的。

五是灵活、有效性原则。这里的灵活性是指补偿手段的采取要灵活，多种方式相结合。生态补偿涉及多个行为主体，关系错综复杂，没有公认的补偿标准和方法，而补偿方式也多种多样。各生态区域的特征不尽相同，所以在补偿手段或方式的选择上不应采取"一刀切"，而应该根据自身特点，结合当地的发展状况，因地制宜地实施补偿。此外，一些生态补偿规划之所以没有被采纳，是因为操作成本过高，从长期来看，甚至影响社会和经济的发展。因此，生态补偿机制要将长期效应和短期效应结合起来，保证生态补偿的有效性。

六是广泛参与原则。这是针对生态补偿过程中所有利益相关者和广大群众所应当采取的一条重要原则。只有争取相关利益方的广泛参与和发言权，以及公众的舆论和监督，才能让补偿机制的管理和运行更加有效率、民主化、透明化。另外，参与式发展不仅有利于保护和提高参与者的利益，同时也有助于提高他们对环境保护的意识和积极性。

第二，明确流域生态补偿机制的主要三个要素构成。

一是生态补偿的主体。流域水资源生态补偿制度应根据具体情况确定补偿主体。流域水资源的开发利用者、水资源输入地区、水环境污染者在追求自身利益最大化的过程中往往导致外部不经济性，因此，作为受益于流域水资源的生态补偿社会主体，应当承担相应的生态补偿责任和义务。从长远看，流域生态建设地区的生态建设活动会改善当地的水资源环境，成为水资源生态建设的最终受益者。流域水资源生态补偿制度应确立受补偿地区是自我补偿的主体。

二是生态补偿的对象。流域水资源生态保护是一种具有很强外部经济效应的活动，如果对保护者不给予必要的补偿，就会导致普遍的"搭便车"行为，出现供给的严重不足。"在市场经济条件下，生态保护必须有经济上的补偿才能持续。"流域水资源生态补偿制度应确立两种补偿对象：一种是水资源生态环境的建设者。流域水资源生态建设者进行水资源生态建设和保护，投入了大量精力和代价，甚至牺牲了当地经济发展的机会，为保护流域水资源做出了贡献。另一种是水资源污染和水生态破坏的受害者。

三是生态补偿的方式。①政策补偿。指上级政府对下级政府的权力和机会补偿。受补偿者在授权的权限内，利用制定流域水资源政策的优先权和优惠待遇，制定一系列创新性政策，促进流域水资源的合理开发、利用和保护。②资金补偿。指以直接或间接的方式向受补偿区提供资金支持。③实物补偿。指补偿者运用物质、劳力和土地等进行补偿，解决受补偿区和受补偿者的部分生产和生活要素问题，改善受补偿者的生活状况，增强水资源保护和建设的能力。④智力补偿。指由水资源的生态补偿者开展智力服务，向受补偿者提供无偿技术咨询和指导，培养受补偿地区或群体的技术人才和管理人才，输送各类专业人才，提高受补偿者技能、技术含量和组织管理水平。

6.6.3.2　生态补偿法制化

目前中国没有一个明确的法律框架支持流域生态补偿机制，因此，有待建立相应的生态补偿法律制度。生态补偿法律制度是依法律法规建立起来的、调整与生态补偿有关的各种社会关系的规范制度的总和。它是指为了维持、增进生态环境容量，抑制、延缓自然资源的消耗和破坏，对生态环境进行恢复和治理，对生态建设贡献者和利益损失者给予补偿及政策优惠，以维护生态环境自我调节和生态效益持续发生的法律制度。虽然我国目前在生态补偿管理方面仍没有一套具体的法律规定，但工作已经起步。政府可以通过借鉴国外成功经验结合我国的具体情况，制定政策和法律，引导或规制有关环境的行为，将经济体把对自身经济利益的关心和对环境保护的关心统一起来，这是必要的同时也是切实可行的。

6.6.3.3　建立科学的生态补偿评价体系

为了生态补偿的可操作性，必须建立生态环境评估体系和生态环境补偿评价体系。由于一些生态指标选取和评价的困难性，当前没能有一个科学的生态补偿评价标准。例如，没有一个适合于实际可操作的、简便、科学的方法计算恢复森林植被减少、水土流失的泥沙量，从而证明生态服务购买者从中获取了多少利益。研究建立生态补偿的评估体系，进一步从定性评价向定量评价转变。运用经济学和现代数理分析方法，结合生态环境质量指标体系确定生态补偿的标准。

6.7　本 章 小 结

本章对水电开发者与生态环境之间的协调进行研究，运用进化博弈模型得出了两者之间的最佳稳定点，即水电开发低成本、生态环境修复低成本。然而无论是生态环境修复低成本还是高成本，皆应对生态环境造成的负面效应进行补偿，形成自然生态系统的可持续发展及人类与自然的协调发展。俞海和任勇（2008）认为生态补偿中的"生态"一词可以理解为生态要素或生态系统所产生或提供的生态效应或生态服务功能。生态效应是生态系统中某个生态因子对其他生态因子、各生态因子对整个生态系统及某个生态系统对其他生态系统产生的某种影响或作用。也正如 Buentorf（2000）认为，在流域生态系统内部，内外之间存在着物质、能量和信息的交流。生态效应可能是正面的，如森林调节气候、保持水土等；也可能是负面的，如温室效应等。那么为了生态系统的可持续性，我们必须让生态效应产生正的效应，使其生态系统内部与外部之间形成良好的循环。在国家可持续发展战略的实施过程中，只有保护与开发、环境与发展并重，大力推行生态补偿机制和循环经济模式，早日完善立法规范和政策保障，才能使环境与发展协调统一，国民经济才能走上良性循环的道路。

本章通过对生态环境补偿的研究，提出了几点政策建议：①建立生态补偿机制；②生态补偿法制化；③建立科学的生态补偿评价体系。这样便可实现水电开发者与生态环境的协调发展，即经济与环境的和谐发展，也为实现经济、环境与社会的可持续发展奠定环境基础。

7

长江上游水电开发与移民的
进化博弈分析

7.1 引 言

关于水电开发者与移民的博弈分析，国内外研究文献较少。施祖留和孙金华（2003）根据中央政府、业主和地方政府三方在水利工程移民管理中的相互关系，建立"囚徒困境"博弈模型，分析三者的行为和移民管理中出现的现象，提出完善移民管理体制的建议：提高对地方政府和业主的惩罚系数、改进监督质量、建立绩效评价制度、增加社会监督、形成专职移民管理。李松慈和李明（2004）以小浪底水利工程为例，定性分析了水库移民的可持续发展问题，主要观点有"水库建设要依法移民""必须树立以人为本的理念""要重视环境工作"等。范卉和刘玉峰（2004）定性分析了在水电开发快速发展时期，水电开发者与地方的利益博弈。苏茜（2006）定性分析了水电开发中的利益博弈参与者——地方政府、水电公司、库区移民、民间环保人士之间的利益关系。在移民安置过程中，王丽婷（2006）对政府、开发商、移民实施机构、移民户作为移民安置的行为主体之间进行了简单的数理分析，主要结论为正确处理各移民安置主体之间的权益经济关系；四者之间各司其职；按市场规律办事；确定补偿标准依据。曾建生（2008）定性分析了水库移民管理工作中业主（移民机构）、地方政府和移民三大主体之间的利益冲突与利益博弈，其认为只有通过行业主管部门实行专业化管理才能协调处理好三者之间的关系，最终使国家整体利益最大化。

从上面文献分析来看，研究者主要是运用简单的"囚徒困境"博弈模型，分析了中央政府、业主和地方政府三方在移民管理中的博弈问题，或者是定性分析了政府、水电公司、移民实施机构、移民之间的博弈关系。本书拟用进化博弈模型研究水电开发者与移民之间的博弈，寻求水电开发者与移民之间的协调，达到经济与社会的和谐与可持续发展。

7.2 水电开发者与移民的关系分析

生态系统的可持续性是整个社会经济的可持续发展的前提条件，同样，移民的安居乐业是整个社会和谐、稳定、发展的前提条件。在水电开发过程中，如果水电开发在蓄水、筑坝、修路、修渠等施工项目中占用了居民的房屋与土地，必将出现移民搬迁与补偿的问题。为了在水电开发项目中，实现水电开发与社会的和谐发展，最终实现水电开发与环境、社会的可持续发展，必将寻求水电开发与移民之间的和谐与协调。

水电开发项目能够顺利实施，其中项目所涉及的移民顺利迁出是关键。移民是否迁出，这就形成了水电开发者与移民之间的博弈关系。例如，移民要求迁出成本过高，将影响水电开发者开发与否的决策；如水电开发者对移民补偿过低，移民不愿迁出，这势必造成水电开发的社会问题，引起水电开发者与移民的不和谐。水电开发者在进行水电开发时，总是希望获得多的收益而对移民搬迁付出较低的补偿，同样，移民可以根据补偿的多少做出是搬迁还是不搬迁的选择。因此，为了社会的和谐，水电开发项目的顺利进行，必将对移民做出相应的补偿，使其移民支持水电开发而成为自愿移民，水电开发者与移民之间就会达到某一个均衡稳定点，两者才能协调发展，这样才能奠定水电开发顺利实施的社会基础。本书运用进化博弈模型对水电开发者与移民之间的协调关系进行研究，得到其稳定点。

7.3 前 提 假 定

针对水电开发者与移民的根本利益界定，对博弈群体做如下前提假定。

（1）参与者。在研究模型中水电开发者（水电开发商和政府）是一方主体，这一主体在博弈中具有优势地位；移民是另一方参与主体，假定双方都是有限理性的。

（2）主体行动。在这个模型的策略选择中，水电开发者可以选择的方案是：成功开发和未成功开发（并不是指放弃开发，而是开发中造成了恶劣的社会影响）；而移民可以采取的行动方案为：自愿搬迁和非自愿搬迁。

（3）信息情况。在模型中我们假定每一个参与者对另一参与者的行动策略不能准确地知道，即信息是不完全的，是要付出成本的。

（4）移民能从水电开发中获得利益 R，移民搬迁的成本（包括资产成本与时间成本）为 C，而水电开发者要按国家相应政策标准对移民支付成本 P。对移民的搬迁成本不妨设定条件：当移民能从搬迁中获得利益时，移民才会有动力去自愿搬迁，移民选择自愿搬迁，移民便存在了搬迁成本；移民从搬迁中获得的收益越大，其自愿搬迁的动力也将越大。当然，即使移民不能从搬迁中获利，移民的搬迁成本仍然是存在的。

模型的构建如下：

移民为了配合家国家经济发展需要，愿意承担进行搬迁的成本 C。因此，当水电开发者支付了 P 进行水电资源开发，移民自愿搬迁时其收益为 P；如果移民不愿意进行搬迁，其收益为节省的成本 C，此时如果水电开发者不能成功开发，则移民损失为 C_1。对此假定水电开发者成功开发能够获得收益为 r；再假设水电开发者不能成功开发的概率为 f；如果水电开发者不能成功开发，水电开发者的损失为 C_2；如果移民判断水电局开发者的开发是不合理性的，则可挽回损失（相当于获益）Q。支付矩阵见表 7.1。

表 7.1 水电开发者与移民博弈支付收益矩阵

博弈主体与策略		移民	
		自愿搬迁	非自愿搬迁
水电开发者	成功开发	$r-p$，p	$r-p$，C
	未成功开发	$r-f \cdot C_2 - Q$，Q	$r-f \cdot C_2$，$C-f \cdot C_1$

7.4 模型分析

7.4.1 模型的适应度分析

根据两个博弈主体的博弈支付矩阵，现对其适应度进行分析。假设水电开发者成功开发的概率为 x，则不能成功开发的概率为 $(1-x)$；移民选择自愿搬迁的概率为 y，则选择非自愿搬迁的概率为 $(1-y)$。

水电开发者成功开发时的适应度为

$$u_1 = y(r-p) + (1-y)(r-p)$$
$$= r-p$$

水电开发者不能成功开发时的适应度为

$$u_2 = y(r - f \cdot C_2 - Q) + (1-y)(r - f \cdot C_2)$$
$$= r - f \cdot C_2 - yQ$$

水电开发者的平均适应度为

$$\overline{u} = x(r-p) + (1-x)(r - f \cdot C_2 - Qy)$$
$$= (r - f \cdot C_2 - Qy) + x(Qy + f \cdot C_2 - p)$$

因此，水电开发者成功开发时复制动态方程如下：

$$u_t' = x(u_1 - \overline{u})$$
$$= x\{(r-p) - [(r - f \cdot C_2 - Qy) + x(Qy + f \cdot C_2 - p)]\} \qquad (7.1)$$
$$= x(1-x)(f \cdot C_2 + Qy - p)$$

同理，移民选择自愿搬迁时的适应度为

$$v_1 = xp + (1-x)Q$$

移民选择非自愿搬迁时的适应度为

$$v_2 = x \cdot C + (1-x)(C - f \cdot C_1)$$
$$= C - (1-x)f \cdot C_1$$

移民的平均适应度为

$$\overline{v} = yQ(1-x) + (1-y)\left[C - (1-x)f \cdot C_1\right]$$

因此，移民选择自愿搬迁时的复制动态方程如式（7.2）：

$$v'_t = y(v_1 - \overline{v})$$
$$= y(1-y)\big[(Q + f \cdot C_1 - C) - x(Q + f \cdot C_1)\big] \qquad (7.2)$$

式（7.1）和式（7.2）描述了这个演化系统的群体动态。该系统的两个复制动态方程为式（7.3）：

$$\begin{cases} u'_t = x(1-x)(f \cdot C_2 + Qy - p) \\ v'_t = y(1-y)\big[(Q + f \cdot C_1 - C) - x(Q + f \cdot C_1)\big] \end{cases} \qquad (7.3)$$

根据 Friedman（1991）提出的方法，其均衡点的稳定性可由该系统的雅可比行列式的局部稳定性分析得到。其雅可比矩阵如下式所示：

$$J = \begin{vmatrix} (1-2x)(f \cdot C_2 + Qy - p) & Qx(1-x) \\ -y(1-y)(Q + f \cdot C_1) & (1-2y)\big[(Q + f \cdot C_1 - C) - x(Q + f \cdot C_1)\big] \end{vmatrix}$$

矩阵 J 的行列式为

$$\det J = \big[(1-2x)(f \cdot C_2 + Qy - p)\big] + \cdots$$
$$\cdots (1-2y) \cdot \big[(Q + f \cdot C_1 - C) - x(Q + f \cdot C_1)\big]$$
$$+ \big[Qx(1-x)\big] \cdot \big[(Q + f \cdot C_1)y(1-y)\big]$$

矩阵 J 的迹为

$$\mathrm{tr}J = \big[(1-2x)(f \cdot C_2 + Qy - p)\big] + \cdots$$
$$\cdots (1-2y)\big[(Q + f \cdot C_1 - C) - x(Q + f \cdot C_1)\big]$$

7.4.2　模型的稳定性分析

上述假设和条件是基于演化稳定策略的原则，即水电开发者与移民之间不存在相互勾结或串谋的有限理性行为。这种情况与现实基本是吻合的，通过对水电开发者与移民的博弈过程分析，可以从中揭示出双方在排除勾结或串谋行为的前提下的规范行为取向及其稳定点。基于水电开发者与移民本位利益界定的假设，可以引申出博弈双方的下列四种情形。

7.4.2.1　双方高成本时的博弈行为

由方程（7.3）可知，当 $p > (f \cdot C_2 + Q)$ 且 $(Q + f \cdot C_1) < C$ 时，复制动态方程有四个平衡点，即 $(0,0)$，$(1,0)$，$(1,1)$，$(0,1)$，各平衡点的行列式值与迹见表 7.2。

表 7.2　双方高成本条件下的稳定点分析

平衡点		表达式	符号	局部稳定性
(0, 0)	det J	$(f \cdot C_2 - p)(Q + f \cdot C_1 - C)$	>0	ESS
	tr$J$	$(f \cdot C_2 - p) + (A + f \cdot C_1 - C)$	<0	
(1, 0)	det J	$(f \cdot C_2 - p) \cdot C$	<0	鞍点
	tr$J$	$-(f \cdot C_2 - p) - C$		
(1, 1)	det J	$-(f \cdot C_2 + Q - p) \cdot C$	>0	不稳定点
	tr$J$	$-(f \cdot C_2 + Q - p) + C$	>0	
(0, 1)	det J	$-(f \cdot C_2 + Q - p)(Q + f \cdot C_1 - C)$	<0	鞍点
	tr$J$	$(f \cdot C_2 + Q - p) - (Q + f \cdot C_1 - C)$		

由雅可比行列式的分析可知，双方高成本情形下的稳定点为(0,0)。说明当水电开发者进行水电资源开发的成本大于其以后将要获得的利润与社会影响之和时，水电开发者宁可选择不开发；而移民则在其搬迁成本大于其补偿所得时宁可选择不搬迁，如果说是国家政策要求，移民也会出现上访、阻挠开发等影响社会治安的情况。

7.4.2.2　水电开发者低成本移民搬迁高成本时的博弈行为

当 $p < f \cdot C_2$ 且 $(Q + f \cdot C_1) < C$ 时，复制动态方程有四个平衡点，即(0,0)，(1,0)，(1,1)，(0,1)，各平衡点的行列式值与迹见表 7.3。

表 7.3　水电开发者低成本移民搬迁高成本下的稳定点分析

平衡点		表达式	符号	局部稳定性
(0, 0)	det J	$(f \cdot C_2 - p)(Q + f \cdot C_1 - C)$	<0	鞍点
	tr$J$	$(f \cdot C_2 - p) + (A + f \cdot C_1 - C)$		
(1, 0)	det J	$(f \cdot C_2 - p) \cdot C$	>0	ESS
	tr$J$	$-(f \cdot C_2 - p) - C$	<0	
(1, 1)	det J	$-(f \cdot C_2 + Q - p) \cdot C$	<0	鞍点
	tr$J$	$-(f \cdot C_2 + Q - p) + C$		

续表

平衡点		表达式	符号	局部稳定性
(0, 1)	det **J**	$-(f \cdot C_2 + Q - p)(Q + f \cdot C_1 - C)$	>0	不稳定点
	tr**J**	$(f \cdot C_2 + Q - p) - (Q + f \cdot C_1 - C)$	>0	

由雅可比行列式的分析可知，水电开发者低成本移民搬迁高成本情形下的稳定点为 $(1,0)$。该现实意义为：当水电开发者的开发成本小于其期望利润时，水电开发者选择进行水电开发，而移民则在因为自己得到补偿费小于其搬迁成本时，出现非自愿搬迁现象，就会造成社会治安不稳定的情况。

7.4.2.3 水电开发者高成本移民搬迁低成本时的博弈行为

当 $p > f \cdot C_2 + Q$ 且 $(Q + f \cdot C_1) > C$ 时，复制动态方程有四个平衡点，即 $(0,0)$，$(1,0)$，$(1,1)$，$(0,1)$，各平衡点的行列式值与迹见表 7.4。

表 7.4 水电开发者高成本移民搬迁低成本下的稳定点分析

平衡点		表达式	符号	局部稳定性
(0, 0)	det **J**	$(f \cdot C_2 - p)(Q + f \cdot C_1 - C)$	<0	鞍点
	tr**J**	$(f \cdot C_2 - p) + (A + f \cdot C_1 - C)$		
(1, 0)	det **J**	$(f \cdot C_2 - p) \cdot C$	<0	鞍点
	tr**J**	$-(f \cdot C_2 - p) - C$		
(1, 1)	det **J**	$-(f \cdot C_2 + Q - p) \cdot C$	>0	不稳定点
	tr**J**	$-(f \cdot C_2 + Q - p) + C$	>0	
(0, 1)	det **J**	$-(f \cdot C_2 + Q - p)(Q + f \cdot C_1 - C)$	>0	ESS
	tr**J**	$(f \cdot C_2 + Q - p) - (Q + f \cdot C_1 - C)$	<0	

由雅可比行列式的分析可知，水电开发者高成本移民搬迁低成本情形下的稳定点为 $(0,1)$。该现实意义为：当水电开发者的开发成本大于其期望利润时，水电开发者选择不进行水电开发，而移民会因为自己得到补偿费远大于其搬迁成本自愿搬迁。

7.4.2.4 双方低成本时的博弈行为

当 $f \cdot C_2 + Q < p$ 且 $C + p < f \cdot C_2 + Q$ 时，复制动态方程有四个平衡点，即

$(0,0)$，$(1,0)$，$(1,1)$，$(0,1)$，各平衡点的行列式值与迹见表 7.5。

表 7.5　双方低成本条件下的稳定点分析

平衡点		表达式	符号	局部稳定性
$(0, 0)$	det J	$(f \cdot C_2 - p)(Q + f \cdot C_1 - C)$	>0	不稳定点
	tr$J$	$(f \cdot C_2 - p) + (A + f \cdot C_1 - C)$	<0	
$(1, 0)$	det J	$(f \cdot C_2 - p) \cdot C$	<0	鞍点
	tr$J$	$-(f \cdot C_2 - p) - C$		
$(1, 1)$	det J	$-(f \cdot C_2 + Q - p) \cdot C$	>0	ESS
	tr$J$	$-(f \cdot C_2 + Q - p) + C$	<0	
$(0, 1)$	det J	$-(f \cdot C_2 + Q - p)(Q + f \cdot C_1 - C)$	<0	鞍点
	tr$J$	$(f \cdot C_2 + Q - p) - (Q + f \cdot C_1 - C)$		

由雅可比行列式的分析可知，水电开发者高成本移民搬迁低成本情形下的稳定点为（1，1）。该现实意义为：当水电开发者的开发成本小于其期望利润时，水电开发者选择进行水电开发，而移民也会因为自己得到补偿费远大于其搬迁成本，而出现自愿搬迁现象，这是最理想的情形。

从以上的分析可知，水电开发者与移民进化博弈的结果，最佳稳定点或者理想状态是水电开发者低成本移民搬迁低成本，在实际的水电开发过程中，也有可能存在其他的几种情况。然而，对移民搬迁来说无论是低成本还是高成本，水电开发者都应对其进行补偿，以保证移民生活水平的稳步提高，促进社会的和谐发展，从而达到社会与水电开发的可持续发展。下面就对水电开发过程中的移民补偿进行研究。

7.5　长江上游水电开发移民补偿

生态系统的可持续性是整个社会经济的可持续发展的前提条件，同样，移民的安居乐业是整个社会和谐、稳定、发展的前提条件。而要在水电开发中，实现移民的安居乐业，必须要对他们的损失进行补偿，使他们和我国其他地区的人民得到同步发展，生活水平达到同一层次，同样能享受到我国改革开放 30 多年来所取得的成果。

7.5.1 移民补偿的概念

《辞海》中对"移民"一词的释义是：①迁往国外某一地区永久定居的人；②较大数量、有组织的人口迁移。与这两种释义相对应的英文词语分别为"immigration""resettlement"。本书的研究基于后者。移民是人类社会发展的必然结果，移民与社会进步和发展紧密相连。在对移民的研究上，皮特森（Petersen，1958）按迁移的力量对移民进行了分类，确立了强迫、自愿两极对立的基调，并至今仍为人们广泛引用，即将移民划分为自愿、非自愿（强迫）型对立的两类。自愿移民是指流动者出于自愿，权衡流出地和流入地社会经济利益后自主做出的流动；非自愿移民是指不由流动者本身意愿所决定的，而是由外部力量推动而形成的流动。一般情况下，以社会经济开发为目的的工程建设而造成的人口流动是非自愿移民的最主要原因。工程建设所引起的非自愿移民通常可称为工程移民，包括水利、电力、铁路、公路、机场、城建、工业、环保等工程的移民。本书研究的移民是因水电站、水库、河道、堤防、水闸、泵站等水电工程建设征地、拆迁而导致迁移人口，它往往涉及整村、整乡、整县人口的大规模搬迁移民。

国外众多学者对移民补偿的含义进行了研究，其中英国环境经济学家Pearce（1999）认为移民补偿应包括对移民的财产损失以重置成本进行补偿的投资，在移民搬迁过渡期对其收入下降的损失进行补偿的投资和用于促进安置区发展所需要的投资，以及其他任何与迁移移民有关的成本，包括行政管理费和交易费，这些投资都应该计入工程成本。美国学者Downing（1996）认为由于工程的兴建而给移民所带来的所有的有形和无形成本，都应计入移民成本。国内学者施国庆（1996）认为，补偿是对水库库区财产所有者因水库淹没造成的损失，国家或地方依据其财产损失的货币价值支付给财产所有者一定数额的资金，用以补偿其财产所受到的损失。他指出，对受损财产的赔偿，并不等于原物赔偿，而一般是赔偿类似其原物而又有与原物类似的使用价值和使用效果的财产，即恢复原功能、原有效果，通常可以用货币形式来表示。傅秀堂（2001）认为，按移民安置规划计算的投资包括两部分，由补偿投资和发展投资两部分组成。两者的性质是不一样的，其经费的来源也不相同，补偿投资由移民经费来承担，主要是用来补偿移民所遭受的直接经济损失；发展投资由地方政府和部门或个人来承担，用于满足地方发展经济、提高人们生活水平的需要。

我国学者与国外学者对移民补偿的定义，主要的差异有以下几点：一是对移民补偿范围的界定不同。根据国外学者的定义，为达到恢复和提高移民生活水平所进行的投资都应由工程来承担。而按照我国学者的理解，按"原规模、原标准、恢复原功能"所进行的投资列入补偿范围，计入工程成本；属于发展性质的投资不应由工程来承担，应由地方政府和移民来承担。在这里，我国学者很注重补偿投资和发展投资的区别，而国外学者注重的是补偿投资必须满足恢复和改善移民的生活水平的需要。二是我国学者对移民进行补偿是以移民直接的、有形的财产损失为基础，十分注重移民的实物淹没损失的调查，而对那些难以计量的间接的、无形的社会损失考虑不多。而国外学者注重移民社会经济系统的综合损失，即移民的损失包括经济损失、社会损失和环境损失。注重从系统的角度对移民损失进行综合评价，对所有的直接损失和间接损失进行补偿，恢复移民社会经济系统的自我发展能力，实现移民安置区的可持续发展。

综上所述，移民补偿的核心问题是工程建设中的受损者与受益者利益分配问题，这种利益分配涉及分配机制、分配标准、分配方式，要通过一定的方式加以规范。这种分配应建立在市场经济公平、公正和公开的基础上，在国家所制定的移民补偿政策框架的基础上，充分发挥市场机制的作用，通过受益者与受损者之间的协商来进行（段跃芳，2004）。对移民补偿应该从恢复和重建移民社会经济系统、恢复和提高移民的生活水平的目标出发，合理的利益分配应保证移民的真实损失能得到合理的补偿，移民应合理地分享工程建设中所产生的巨大经济与社会效益，移民的生活水平在恢复原来的生活水平的基础上逐步达到当地居民的平均生活水平，促进移民安置区与受益区经济社会的均衡发展。

7.5.2 移民补偿的政策建议

7.5.2.1 现行移民政策的问题

从上述我国水电工程移民的现状来看，我国的移民政策始终处在一个动态变化的逐步完善的过程中。但是，在新的历史时期和新的形势下，这种完善变化的速度已经落后于政治、经济、法律的进步，急需改革与发展。其中，1986年以来，我国水库移民安置普遍实行"前期补偿、后期扶持"的政策，在解决水库移民遗留问题方面起到了极其重要的作用。可以说，没有这项政策，就没有20多年水库移民工作的发展与进步。随着社会经济的发展，其弊端也日益凸现，具体表现如下。

第一，政府承担的处理移民遗留问题任务越来越繁重。一直以来，实行"前期补偿、后期扶持"政策虽然对解决移民遗留问题起到很大的作用，但是由于我国移民人数众多、各种矛盾突出等诸多因素的影响，尤其是一次性补偿的"前期补偿"费用有限，能用于安置移民的土地严重不足，移民遗留问题处理缺乏力度等问题的存在，使得单纯依赖该政策无法从根本上解决移民遗留问题，往往是老问题还未解决，新问题又冒了出来，而且暴露出来的问题越来越严重。在现行的移民安置体制中，作为处理移民遗留问题主体的政府责任愈来愈艰巨，任务越来越繁重。

第二，水利水电工程业主前期资金投入的压力越来越大。进行水利水电工程建设，都要淹没和征用大量土地。依据国家相关法律法规，水利水电工程业主要对征用和淹没的土地进行补偿，其补偿标准的主要依据是：①《土地管理法》（1986 年版）的第四章第二十七条、第二十八条、第二十九条；②《土地管理法》（1999 修订版）的第五章第四十七条、第五十一条；③《大中型水利水电工程建设征地补偿和移民安置条例》（1991 年版）第二章第五条、第六条、第七条、第八条、第九条。按照"前期补偿、后期扶持"的政策，水利水电工程业主在建设前期就要向移民一次性支付数额巨大的补偿费，而且随着水利水电工程建设征地补偿标准的一再调高，补偿费用也相应上涨，水利水电工程业主的前期资金投入压力愈来愈大，财务负担和融资任务越来越沉重。

第三，前期补偿费有限，不足以保障移民的生产生活。土地补偿费和安置补助费的标准在不断调整，两项补偿费用总和 1986 年为土地产出的 5～20 倍，1999 年为 10～30 倍，虽然补偿标准逐渐提高，但不超过土地被征用前三年平均年产值的 30 倍。得到数倍收入，也许能使移民短时期内的生活得到一定改善，但长期而言，却不能从根本上解决移民的生产生活困难。移民收入与国民收入差距拉大，并有逐年加大的趋势。据统计，移民每年的人均收入只是全国农民人均收入的一半，有时甚至还不到一半。

第四，重新征地安置，加大了人地矛盾。我国农业人口众多，人均土地少，而绝大部分水库移民安置属于依土安置，重新征地安置移民无法避免人地矛盾的加大。截至 2000 年年底，中央直属 65 座水库移民人均占有耕地在 0.5 亩以下的有 156 万人，其中人均 0.3 亩以下的有 60 多万人。而且水库移民安置地的土地瘠薄、水利设施差、粮食产量低、移民温饱问题难以解决。

由此可见，现行的"前期补偿、后期扶持"政策，已经不能很好地适应新时期的水库移民安置需要，实现不了政府、水利水电开发者、移民的"三满意"。

7.5.2.2 移民补偿政策建议

第一，为了社会的和谐与稳定，应该尽量将非自愿移民转变为自愿移民。其非自愿移民向自愿移民转变的过程如图 7.1 所示。

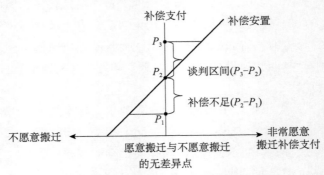

图 7.1　移民补偿水平和自愿搬迁

从图 7.1 中看出，应在高于补偿支付 P_2 的水平与移民进行补偿价格的协商。在 P_2 点，移民在原来的居住地与迁到其他地方是无差异的。在 P_1 点，移民将不会迁移，因为这一点对移民的补偿是不足够的，P_3 点对于移民来说产生了搬迁的动力。为鼓励移民自愿地搬迁，补偿水平应该在无差异点 P_2 之上，但应低于 P_3（也就是在 P_3-P_2 的区域内进行移民补偿价格的协商和谈判）。这与移民个人希望自己的景况变得更好的愿望是一致的。但这些点取决于搬迁对象的平均价值。对于不同的移民来讲，无差异点是不同的。以上的分析只是通过对移民的选择以货币的形式表现出来，提高补偿支付，解决移民资金困难，可将非自愿移民转向自愿移民，但移民考虑的有些因素是无法用货币来计量的，所以要想真正将非自愿移民转变为自愿移民，还必须有其他的配套政策。

第二，建立动态的移民保障系统，通过提取一定比例的发电收入建立长期的移民社会保障基金。制定移民享受社会保障金的动态机制，当移民收入水平处于基本保障标准以下时，即可长期享受基本保证金，若通过自身努力，其收入水平超过了基本保障标准，便退出基本社会保障金的享受，可进可退。或者采取入股方式，长期共享发电带来的效益，正如杨文健等（2006）认为，应该将"前期补偿、后期扶持"政策改为"长期补偿，后期扶持"。以对电站建设所征用和淹没的土地进行长期补偿为主要内容，以征用和淹没土地的平均年产值的长期补偿为核心，以建设单位和征地移民之间共同协商并自觉、自愿签订利益关系协议（合同）为依据，以政府监督为保证，走出了一条新型的符合社会主义新农村建设要求的水库移民开发安置的新路子。"长期补偿，后期扶持"符合可持续发展理论的要求，使政府、水利水电开发者、移民三方满意。

第三，完善政府负责制，提高移民参与程度。必须在政府负责的基础上建立良好畅通的移民诉求渠道，让移民全过程地了解、参与前期规划、研究、设计、审查和实施阶段的问题处理。

第四，完善移民补偿监理机制。以强制性条文的形式明确移民前期工作必须保证合理的工作周期，杜绝一切片面追求工程建设速度的行为，确保移民补偿投资的足额到位。

总之，水电开发建设对全国人民来说是造福，而对库区移民来说却是一场"灾难"，安土重迁的移民为支援国家建设，离开了世代居住的故居，造成了生活方面的暂时困难，需要社会各界的大力扶助，需要政府及时制订相应的补偿政策，促进他们在新环境下顺利安定，并得到更好发展。因此，现行的移民补偿政策在实际过程中，需要根据实际情况的变化和移民的实际困难加以不断完善，不断适应移民发展新的需要，以使国家补偿能够发挥更加积极的作用，促进社会更加安定团结，国家更加繁荣富强，最终实现和谐社会的构建。

7.5.3 案例分析

长河坝水电站位于甘孜藏族自治州康定县境内，坝址在金汤河河口下游约4.8km 处，是大渡河干流水电开发规划的梯级电站之一。水库达到正常蓄水位1690m 时，大坝壅水高220m，正常蓄水位以下库容 10.15 亿 m^3，调节库容 4.2亿 m^3，具有季调节能力。水电站初拟装机260万kW，水库干流库区全长约36.4km，为一河道型水库；支流金汤河库区全长约 5.1km。长河坝水电站工程主要特性见表 7.6。

表 7.6 长河坝水电站工程主要特性表

项目	数量
正常蓄水位/m	1690
水库面积/km²	12.54
装机容量/MW	2600
水库容积/亿 m³	10.15
水库回水长度/km	36.4

资料来源：《四川省大渡河长河坝水电站环境影响报告书》

长河坝水电站枢纽工程建设的施工总进度计划以 2005 年为筹建期，2007
年 11 月上旬进行河道截流，围堰挡水上游水位 1528.3m，2011 年 6 月坝体挡水
度汛，上游水位为 1542.4m，2012 年 11 月上旬，初期导流洞下闸封堵，上游水
位为 1594.5m，2013 年 5 月上半年开始实施水库蓄水计划，2013 年 7 月初枢纽
所有挡水及泄水建筑物完建，库水位逐步蓄至正常蓄水位 1690m。

7.5.3.1 淹没情况

长河坝水电站建设征地涉及康定县的舍联、麦崩、金汤、三合和孔玉 5 个
乡。水库淹没的陆地面积大部分位于舍联乡、孔玉乡境内。以水库正常蓄水位
加安全超高与各频率洪水的回水位组成的外包线作为各类淹没实物指标的调查
范围。其中林地和未利用土地调查范围不考虑安全超高值。水库淹没调查采用
水位详见附表 1 和附表 2。根据地质勘察成果，长河坝水电站水库蓄水后，存在
两处因水库蓄水和运行导致的库岸失稳区，详见附表 3。

大渡河长河坝水电站建设征地涉及康定县的 5 个乡、16 个村。建设征地共
涉及土地总面积 18.0km^2，其中陆地面积 14.5km^2，其中耕地面积 4.9 亩，园地
面积 3587.2 亩，林地面积 14 440.3 亩，水域面积 3.5km^2；人口 1741 人，其中
农村移民人口 1498 人，农村企事业单位人口 24 人，工矿企业职工 219 人；涉
及各类结构房屋面积 13.2 万 m^2，其中农村房屋面积 12.4 万 m^2；涉及工矿企业
16 家，三级公路（省道 S211）37.2km，四级公路 5.1km，通信光缆 139 杆 km
（含联通、电信、移动），基站 15 座，10kV 输电线 40.2 杆 km（主要是小水电站
和工矿企业所有），35kV 输电线路 1.1 杆 km（主要为甘孜藏族自治州康定电力
公司所有）。长河坝水电站建设征地主要实物指标汇总详见附表 4。水库淹没涉
及的行政单位详见附表 5。

长河坝水电站水库淹没区涉及总人口 476 人，其中农村人口 323 人（农业
人口 317 人，非农业人口 6 人），企事业单位人口 153 人；水库淹没各类耕（园）
地 993.8 亩；林地 10 298 亩，其中有林地 90.1 亩，灌木林地 10 207.9 亩；各类
结构房屋面积 24 561m^2，其中农村房屋面积 17 760m^2；B 级装修的面积为
120.2m^2，C 级装修的面积为 270m^2，各类零星林木 4833 株。

水库淹没三级公路 32.7km，四级公路 5.1km，水电站 3 座，输变电设施
30.7km，通信光缆 120.2 杆 km，基站 4 座，机房 2 座，直放站 1 个，机耕道 3.6km，
人行便道 12.6km，索桥 1 座。水库淹没涉及农村企事业单位 3 家；工矿企业 13
家；涉及小水电站 3 家，装机容量共 1713kW；涉及三级公路 32.7km，四级公

路 5.1km，通信光缆 120.2 杆 km，10kV 输电线路 30.7km，以及其他专业项目。水库淹没区实物指标汇总详见附表 6。

7.5.3.2 移民情况

长河坝水电站建设征地基准年搬迁总人口为 1498 人，其中水库淹没区 323 人，枢纽工程建设区 1175 人；至搬迁年搬迁总人口为 1629 人，其中水库淹没区 351 人，枢纽工程建设区 1278 人。各区域搬迁人口详见附表 7。

水库淹没区基准年水库搬迁总人口为 323 人，其中农业人口 317 人，非农业人口 6 人，无扩迁人口。规划水平年搬迁总人口为 351 人，其中农业人口 344 人，非农业人口 7 人，无扩迁人口。水库淹没区搬迁人口分村情况详见附表 8。

枢纽工程建设区搬迁人口主要涉及舍联乡的干沟村、野坝村、江咀村、牛棚子村和金汤乡的汤坝村、新联上村、新联下村和河坝村。以村为单位经分析计算，规划水平年枢纽工程永久占地区需搬迁人口为 85 人，其中农业人口 76 人，非农业人口 9 人，见附表 9；临时用地区搬迁年需搬迁人口为 1193 人，其中农业人口 1127 人，非农业人口 66 人，详见附表 10。

7.5.3.3 补偿情况

1）安置方式

本着"以人为本"的原则，对移民高度负责，为积极稳妥地安置移民，尽可能尊重少数民族原有的生产、生活方式和风俗习惯的原则，确保移民"搬得出、稳得住、逐步能致富"，对安置方式、移民意愿、居民点建设与专项复建的衔接、移民生产生活水平、资金投入等方面进行比选，考虑到移民的长远的发展和社会的稳定，结合地方政府对移民安置去向的意见，按附表 11 方案实施，该方案主要考虑在河谷地带垫高防护的方式集中安置移民。

集中安置点生产安置移民 148 人、分散安置点生产安置移民 178 人，其他生产安置方式安置移民 96 人。集中安置点搬迁安置移民 1253 人，分散安置点搬迁安置移民 352 人，其他安置方式搬迁安置移民 24 人，具体情况见附表 11。

2）补偿方式

针对移民补偿，采取的是"前期补偿、补助与后期扶持"相结合的办法。前期补偿或补助，就是选取人均年纯收入、人均种植业收入、人均耕地 3 个指标作为移民安置参考的主要指标，并根据历史数据，采用趋势外推法和时间序列预测法相结合的方法，预测至 2013 年 3 个指标的数据，来确定补偿的数额。后期扶持的范围为长河坝水电站建设征地涉及的农村移民，转为非农业户口的农村移民不再纳入后期扶持范围。后期扶持方式应以"直补到农村移民个人"的方式为主，以"实行项目扶持"的方式为辅，并根据具体情况确定扶持方式。采取直接发放给移民个人方式的，应在移民安置完成后核实农村移民人数、并进行登记造册建卡；采取项目扶持方式的，经绝大多数移民同意后确定扶持项目，并进行具体规划设计。对纳入扶持范围的移民，从其完成搬迁之日起扶持 20 年。后期扶持标准，对纳入扶持范围的移民每人每年补助 600 元。

7.5.3.4　案例小结

上述案例虽然实行"前期补偿、补助与后期扶持"，但前期补偿是动态的，就是以前期收入的历史数据作为基础，进行预测未来一个时段的收入，从而作为进行补偿的依据，而不是像以往按搬迁年进行固定计算。另外在后期扶持上，采取的是按照移民的意愿，进行直接现金补偿为主，同时伴有项目扶持，这为移民未来安居乐业奠定了坚实的基础。从后期调查的情况看，采取这种安置办法，还是比较能让移民满意，这就给水电开发奠定了和谐的社会基础。这也表明，水电开发过程中，寻求水电开发者与移民之间博弈的稳定点，从而水电开发者与移民的和谐发展，双方共赢的局面是可以实现的。

7.6　本章小结

本章对水电开发者与移民之间的协调进行研究，运用进化博弈模型得出了两者之间的最佳稳定点，即水电开发低成本、移民搬迁低成本。在水电开发过程中，只要有移民，必将对其搬迁与补偿，进而对移民补偿进行了分析，并给出相应的政策建议：一是要通过提高补偿金额将非自愿移民转变为自愿移民；二是建立动态的移民保障系统，通过提取一定比例的发电收入建立长期的移民社会保障基金；三是完善政府负责制，提高移民参与程度；四是完善移民补偿监理机制。本章也通过两个案例分析，寻求水电开发者与移民之间的博弈稳定点，即达到双方共赢的局面是可以实现的，实现水电开发与社会的可持续发展，从而奠定水电开发可持续发展的社会基础。

本章连同第 6 章，通过对水电开发协调系统的 3 个主体要素——水电开发者、生态环境与移民三者之间的博弈行为研究，得出其最佳稳定点为：水电开发低成本、生态环境修复低成本与水电开发低成本、移民搬迁低成本。这表明，为了实现系统内的演进目标——经济、环境与社会的可持续发展，我们在进行水电开发时，对环境修复高成本与移民搬迁高成本的水电开发项目要慎重。否则，会造成水电开发者、生态环境与移民之间的关系失调，破坏其稳定性，最终导致环境的恶化，社会的不稳定，经济也无法发展。我们通过对水电开发协调机制的研究，同时也表明，对生态环境与移民进行了相应的补偿，便可克服水电开发对环境产生的负效应，使其发挥正效应，移民可以安居乐业，水电开发项目可以投入使用，这样就实现了水电开发过程中经济、环境与社会的可持续发展。

8

水电开发的三方进化博弈分析

本章将在前两章长江上游水电开发与生态环境/移民的进化博弈分析的基础上，进一步将水电开发者与生态环境、移民三者之间联系起来，通过构建水电开发的三方进化博弈模型，由此进一步分析在水电开发的过程中，水电开发者和生态环境、移民之间的关系。通过模型的构建我们发现这三者之间存在一定的矛盾，因此为了解决在水电开发过程中的矛盾，本章利用可持续发展理论，对水电开发过程中存在的矛盾提供可行的解决方案和相关政策建议。

8.1 水电协调关系分析

本节将介绍在水电开发过程中各方的利益结构，以及各方利益主体的利益需求。通过对水电开发利益主体的分析，可以初步得出水电开发过程中存在的矛盾，为后续三方博弈模型的构建提供理论和现实基础。

8.1.1 水电开发利益结构分析

能够满足人类不同需求的多种功能和多重价值是水资源的重要价值，与此相对应的是各种水资源方式的利用，根据不同的水资源运用因而对应不同的利益关系群体。归纳而言水资源有四类价值：水资源的第一类价值在于水资源的存在是人类生存发展所不可缺少的必须资源之一；水资源的第二类价值具体表现在峡谷和河流，以及水资源流域奇特的自然景观、多样性丰富的生物系统，同时水资源的存在对于相关的生态系统具有十分重要的作用，水资源的这一类价值是无法被其他资源所替代的，第二类水资源价值又可以被称为水资源的非经济价值，这类非经济价值在一定条件下可以转化为水资源所在地区潜在的经济价值，即水资源的非经济价值与经济价值在一定条件下是可以相互转换的；水资源的第三类价值就是水资源传统意义上的经济价值，如利用水资源进行渔牧业养殖等，该类经济价值不具有非常严格的排他性；水资源的第四类价值是人为开发带来的扩展的经济价值，具体指人类通过对水资源及其相关的自然系统的开发与改变而获得的经济价值，此类开发最为常见的如区域河流的截流发电，这类通过人为改造而获得的经济价值具有较强的排他性。

由于各个地区的价值与生态环境结构的不同，与此相对应的水资源的开发与利用也会对应着不同的组合和开发方式，因此同时具有各种利益结构是水资源重要特点之一。与环境保护团体的利益相对应的是水资源的第一类价值，环境保护团体实际上代表了全体社会成员及人类子孙后代的根本利益，水资源的第一类价值同样也表明了其具有公共物品方面的属性。而与社区和地域性的利益群体相对应的是水资源的第二类与第三类价值，该类经济价值的体现需要对水资源进行相应的利用与开发，并通过利用与开发来实现水资源潜在的经济利益，从而达到水资源的非经济价值向经济价值的转变。水资源的第二类和第三类经济利益是由拥有水资源的区域获得，而并不是全体社会成员都能够进行分享的，如拥有水资源的地区可以通过旅游业的开发与发展带动当地的经济，以此增加该地区的经济收入，提高地区人民生活水平。商业性机构利益团体对应着水资源的第四类价值，如水电开发企业通过对水电站的投资与开发获得经济利益。

尽管上述内容已经针对水资源的价值及相关的利益团体进过简化，但是实际上上述存在的关系可能是相当复杂的。这是因为不同的利益主体之间既存在一致性又存在着相应的冲突性，在某些方面相互重合，然而在另一些方面又彼此冲突。由此可见水资源的潜在用途之间不仅存在融合而且具有矛盾，这一特点就要求人们使用自己的组织能力，抑制个人和小集体的贪心和自私，这既是为了人类的眼前利益，更是为了人类的长远利益理智地分配资源。按照当前的水电开发模式，水电企业主导整个开发进程，具体来说水电企业可以无偿或低价取得水资源使用权，并以此获取经济利益；中央和地方政府获取税收收入；

移民获得少量移民款，其目标是使其基本能够维持原有经济状况（这主要是针对移民原土地使用权的补偿，如果移民款拨付过程出现一些问题，则移民的生活质量还有可能比原先状况绝对下降）。从水资源的价值利益结构及国家有关法律法规角度来看，这种水电开发模式存在很多的问题。首先，水电企业无偿或低价取得水资源的使用权，很有可能据此获取超额垄断收益，但从水资源的价值利益结构角度看，这相当于在以当地社区和全社会的利益对水电企业进行补贴。这种补贴的被动性和无意识性，极有可能会扭曲水电工程的成本效益状况，并导致水电资源的过度开发；其次，这种补贴从当前实际情况看，是在用当地社区和全社会的利益对水电企业进行强制性利益转移。这种类似的局面如果继续蔓延下去，会导致比较严重的经济、社会、生态、环境问题，不利于水电资源的合理和有序开发；此外，有些地方政府出于或迫于任期政绩考虑，将属于社区的利益尤其是其潜在的经济权益，过于廉价地出让给水电企业，使得后者在牺牲自然资源和当地社区利益的基础上实现利益最大化。

水电开发作为对水资源利用的一种经济活动必然对生态和社会环境造成巨大的影响。如何协调经济利益与环境和社会利益的关系，怎样将水电开发所获取的经济利益在不同利益主体之间进行分配，从而保证水电资源得到适度、有序开发就成为法律的重要任务。而衡量法律规定是否合理的标准就在于能否按照公认的利益分配原则使各种利益复归本位，能够使法律制度符合利益矛盾运行的一般规律，能够使法律按照公平的要求达到自然法的要求，能够以最低的成本获得人们的心理认同并赢得人们的遵守，同时能够使社会秩序符合既定的目标。因此，我国必须从制度建设上确保恰如其分地尊重水资源利用中每一种价值及其对应的利益，确保利益在不同利益主体之间进行公正和公平的分配。这需要合理调节水电开发者、生态环境和移民三个利益主体之间的关系。

8.1.2 水电开发的利益分类

水资源具有满足人类多样和多层次需求的功能，使其具有包括经济利益、环境利益、社会利益和生存利益在内的诸多利益形式。环境公益和社会利益不为私有者独享具有外部性，同时具有公益的诸多特性；动植物作为人类的劳动对象，其生存利益受到忽视。就此意义而言，环境利益、社会利益、生存利益相对于经济利益在现实中成为弱势利益更易受损，为了保证利益平衡的公平，法律需要对环境、经济社会和生存利益的受损救济与增进做出适当倾斜。

8.1.2.1 环境利益

环境利益是指在满足大多数人需要的同时保护和优化生态系统，保持生态生产力可持续运行能力，以满足全人类整体和长远需要的效益。环境利益分为环境公益和环境私益。环境利益具有私益性的一面，如风景名胜、良好的生态环境对于审美和人类个体身心健康就具有重要价值。环境公益具有公共性和普惠性，满足环境公益要求可以满足环境私益，满足环境私益要求也在一定程度上可以增进环境公益。环境公益的普惠性说明增进环境公益行为一定促进环境私益的满足，环境公益是环境私益实现的必要途径，环境私益与环境公益的利益诉求具有趋同性，它们之间表现为依存共生关系。环境公益在不同时空表现形式各异，可分为时间型环境公益、功能型环境公益和空间型环境公益。时间型环境公益主要涉及环境利益代际公平问题；功能性环境公益主要涉及同种资源的多重功能竞合问题；空间型环境公益主要涉及行政区之间、流域之间、流域不同区段间环境利益问题。

水电开发对生态环境既有负面影响，也有正面影响。水电开发对环境利益的负面影响，主要表现在以下几个方面。

（1）水电工程修建时大量土石方开挖使地表植被遭破坏，施工裸地面积增加，水土流失加剧，增加河道淤积，影响河道行洪。同时导致土壤有机质流失，土壤结构遭到破坏，植被恢复和土地复垦工作难度增加，造成项目区生态环境恶化。

（2）河流水文情势发生变化，影响流域生态环境。水电大多数是引水式或拦水式开发，一些水电站在规划建设中，未考虑下泄生态流量，缺乏相应的泄水建筑和调度方案，导致坝下河槽裸露、河床干涸、山区河流生态系统受到毁灭性破坏。

（3）水电工程对地质环境产生不利影响。水电工程尤其是大型水电工程，在施工过程中大坝、电厂、引水隧道、道路、料场、弃渣场等在内的工程系统的修建，会使地表的地形地貌发生巨大改变。而对山体的大规模开挖，往往使山坡的自然休止角发生改变，山坡前缘出现高陡临空面，造成边坡失稳，另外，大坝的构筑及大量弃渣的堆放，也会因人工加载引起地基变形。这些都极易诱发崩塌、滑坡、泥石流等灾害。在水电站运行过程中，由于水库巨大体积的蓄水增加的水压，以及在这种水压下岩石裂隙和断裂面产生润滑，使岩层和地壳内原有的地应力平衡状态被改变从而诱发地震等地质灾害。

（4）水电工程使许多大江大河失去奔腾气势，呈现受人工割裂的破碎情景，对自然景观产生严重影响。

水电开发对环境利益的正面影响表现在：水电的发展使电价大幅度降低，促进了能源结构的改善，大大降低了森林砍伐量、煤的消耗量，减少了二氧化碳和其他有害气体的排放，有效遏制了森林和植被的破坏。

要正视水电工程对环境利益造成的负面影响，工程的设计理念、设计准则和设计方法都要充分考虑生态和环境的要求，在设计、施工、运行和管理方面积极探索新的方法、新的理念，争取将环境损失降至最低。在强调环境利益的公共性和普惠性时，不应掩盖环境利益的区域性，不同的地理区域和不同的社会群体得到的环境利益是不同的。

8.1.2.2　经济利益

经济利益是对经济关系、经济活动及其成果-产品的占有、享有和消费，或者是对一定收入（最普遍的形式是工资，以及利润、利息等）的需要的满足，反映社会利益的一种社会经济关系的形式。经济利益是水电开发中利益冲突的最主要表现形式。从经济学的角度看，水电开发中的相关各方，无论政府、企业和居民，各方都有自己的经济利益，都会想尽办法使自己的利益达到最大化，也就是效用最高。经济利益分为经济私益和经济公益。经济公益分为群体经济公益和区域经济公益，水电开发中经济公益主要涉及区域经济公益，地方政府为区域经济公益的利益主体。

经济利益存在于水电开发的全过程中。而且在很多情况下决定了水电资源开发利用的成效。水电开发所带来的正面经济利益表现在：①水电为第一、第二、第三产业提供电力，使这些产业得到发展，国民生产总值提高；②使水电企业所在地的经济总量提高，为国家和地方培育了新的财政收入来源；③促进当地居民增收。一方面，居民从直接参与电站工程建设中获得了一定的劳务收入；另一方面，电站建成后，吸收一定数量人口就业增加了居民的收入。

水电开发对经济利益的负面影响表现在：水电工程蓄水会淹没一些基础设施、土地、森林、移民的房屋等，移民安置、生态环境的修复等需要大量的资金和耗费大量的人力。

8.1.2.3　社会利益

社会利益是指包含在文明社会中并基于这种生活的地位而提出的各种要求、需要或愿望。社会利益是一个繁杂而抽象的问题，对于其内容，可概括为：①公共秩序的和平与安全；②经济秩序的健康、安全及效率化；③社会资源与机会的合理保存与利用；④社会弱者利益（如市场竞争社会中的消费者利益、劳动者利益等）；⑤公共道德的维护；⑥人类朝文明社会发展的条件（如公共教育、卫生事业的发展）等方面。社会利益是区别于个人利益、国家利益的独立的利益形式，随着利益冲突的不断加剧，加大对社会利益的保护力度成为各国政府的一项重要任务。法律作为利益调整的最主要的工具，是社会利益保护的有效屏障。不同的法律部门对社会利益保护的侧重点和方式也有所不同。以社会利益保护为本位的社会法，通过社会基准法、团体契约、个人契约的多层调整模式，实现了对于以弱势群体利益为主要内容的社会利益的维护。环境资源法对环境和自然资源进行保护，使社会得以可持续发展，实现了对社会利益的保障。

水电开发对社会利益的正面影响表现在以下方面：①水电工程具有防洪、灌溉、供水等社会效益，对社会安全、发展和稳定具有积极作用；②水电开发为企业和居民提供了稳定和廉价的电力，对国民经济的健康发展、居民生活水平和综合国力的提高具有积极作用；③水电开发为社会提供了大量的工作岗位，对减少贫困、促进民族团结和边疆稳定具有积极作用。

水电开发对社会利益的负面影响表现在：①水电开发会破坏许多人文历史景观、破坏许多少数民族群众的生存环境、危及许多世界遗产；②水电开发淹没大量的土地和山林，对库区移民、安置区的原住居民和下游地区受影响的居民的生产和生活产生较大影响，如处理不当，容易引发群体性事件，影响社会的稳定。水电资源开发的终极目的是通过开发充分发挥水资源的效益，既应该包括资源开发的经济效益，同时也应该包括资源开发的生态与社会效益。合理地开发水电能减少贫困、促进民族团结和边疆稳定。水电开发企业应该切实负起企业的社会责任，修建水电项目所在地的交通设施，保护当地独特的自然景观价值、民族文化、生物资源库、世界自然遗产，增进民族团结和促进区域和谐。

8.1.2.4 生存利益

生存利益指居民（民族）和其他物种利用水资源来保证生活或生存发展的需要。生存私益关注的不仅是人的生存，还应包括动植物的生存。水电开发危及居民和其他物种的生存利益表现为以下几种情况：①水电站建设致使上游大量的耕地和林地被淹没，下游的农业、渔业和旅游业受到重创，使当地居民的主要收入来源丧失，导致其陷入贫困的境地；②水电开发导致的地震、山体滑坡、水土流失和断流等次生环境问题危及当地居民的生存；③水电开发致使当地的交通设施、生活设施被破坏，给当地居民的出行和生活带来极大的不便，严重危及当地居民的人身和财产安全；④水电开发导致的河流断流、水体富营养化、水温分层、气候改变等致使许多动物和植物赖以生存的栖息地被破坏，导致或加快了这些物种的灭绝；⑤水电开发导致某些少数民族被迫搬迁，而这些少数民族的生活习性养成、文化特征形成是与其居住的独特地域密不可分的，这些改变使这些少数民族面临消亡的境地；⑥水库蓄水改变水环境分布状况，为许多病菌提供了滋生的有利场所，使水库边的人群和动植物的生存受到威胁。

8.1.3 水电开发中的利益主体

利益主体指享受利益的群体，包括个人、团体。利益是一定主体的利益，主体是利益的享受者和实现者，任何利益都是主体的利益，没有主体就不存在利益。水电开发中利益主体的确认取决于哪些个人、团体会从不同角度直接或间接地受到水电开发的影响；哪些个人、团体会有助于或阻碍水电资源的开发利用。根据利益相关者理论，可将水电开发的利益群体分为核心利益者、次核心利益者和边缘利益者。核心利益者是生存和发展直接受到水电开发影响的群体，如移民、企业和水电工程所在地政府，他们直接影响或切身利益受到水电开发的影响，同时也直接决定了水电开发政策执行的程度和效果；次核心利益者是水电开发对其生存和发展没有造成直接影响，但也与其密切相关的群体，主要是流域上下游地方政府和居民；边缘利益者包括环保等非政府组织，它们没有直接的利益关系，但起宏观调控和宣传的作用。综上所述，水电开发的利益主体应包括企业和居民。

8.1.3.1 企业

水电工程虽有程度不等的公益性质，但是水电企业的本质是营利性公司。一些水电企业无偿或低价取得水资源使用权，获得超过一般投资回收率的超额收益，这些超额收益不是因其经营良好所取得的利润，而是资源性资产的溢价收入（资源租金）。这部分溢价收入，如果不按照中央、地方各级权力机构的利益诉求由各地分享，而成为这些水电企业比其他行业和其他企业高得多的奖金和福利，从法律和经济角度上都是说不过去的；有些水电企业将优质资产上市，实际是将本不属于它们的国家自然资源租金上市，这意味着国有资源性资产的流失之可能。正是这些超额收益导致我国许多水电集团到各大流域"跑马圈水"，大肆进行水电的无序开发，从而导致了许多环境问题。

8.1.3.2 居民

水电开发中的居民是指受水电工程影响较大的上游和下游的群众,移民是受影响最大的居民群体。在现实生活中,拥有资源先天禀赋的当地居民,总是相应地享受资源带来的福祉,生活在土地肥沃、气候温暖、降水适宜的地区的居民,相应地在农耕活动中获得好的收益;生活在海边或河流边上的居民主要从渔业活动中获得收益;而生活在水电富集区的居民应从水电开发中获得收益。这实际上是天赋资源的差别所造成的影响,体现了人类生存对自然资源存在及开发的自然依赖,体现出"靠山吃山、靠水吃水"的自然生存法则。由此引申可以证明,在水资源开发利用的权益结构安排上,存在一种空间的权利秩序,即存在当地居民在自然资源及其开发中的优先受惠权。确认当地居民对水电资源及其开发的优先受惠权,对明晰资源开发的权益关系乃至促进资源开发与生态环境维护的协调是十分必要的。尽管在某些实践过程中已蕴含这种优先受惠权,但仍缺乏明确的法律认定,权利主体也只是定位在水电资源所在地的政府,而不是具体明确为当地居民。当地居民如果不被界定为水电开发的利益主体,便可能对自然资源的存在及开发产生消极的影响。在我国的水资源管理体制中,水电资源开发主要是外部力量(相对于当地居民而言)发动推进的。因为水电资源的产权被界定为国有,其开发利用顺理成章必然由国家委托有关机构进行决策和实施;水电资源利益实现与分配的安排主要由外部给出,当地居民的权益实现处于被动状态;水电资源存在及开发蕴含的权益颠倒,外在权益挤压内在权益,导致当地居民与外部的投资主体的利益冲突。只有确认当地居民为水电开发的利益主体,才可能真正调动当地居民对水电资源开发的认可和保护,促进水电开发的顺利进行。

当地居民对水电资源存在及开发的优先受惠权主要包括:水电资源开发利用对当地居民直接物质利益的保障权、当地居民对水电资源开发利用的动议权和对住地生态环境的维护权。例如,在水电资源开发过程的劳务安排和利益的初次分配中确保当地居民的正当经济利益;水电资源的开发应当尊重当地居民的根本利益和意愿,不因水电资源开发而导致生态环境恶化,不得导致当地居民可持续生存质量的下降;水电开发对当地居民造成的损失,都应当由水电企业和水电开发的受惠者对当地居民给予充分的利益补偿。那些生存环境及家园因水电工程而受到损害的居民必须参与损失补偿及开发协议的谈判。其中,移民是受水电开发影响最大的居民群体。从某种意义上讲,水电工程效益的获得是牺牲工程建设区和水库淹没区广大群众的现实利益换来的。因此,如何解决这一现实存在的问题，本书利用三方进化博弈的方法，初步解释水电开发者和移民、生态环境之间的博弈关系，利用可持续发展的概念解决这一矛盾。

8.2　水电开发三方进化博弈模型的假设前提

本节将具体构建水电开发过程中水电开发者和生态环境、移民之间的博弈关系，通过构建三方进化博弈模型，得出三方在博弈过程中的进化稳定均衡策略。进而通过对三方进化稳定均衡策略的研究，得出水电开发过程各方的利益需求结果。

8.2.1　三方博弈的参与主体

水电开发者作为主体是指水电开发商和政府，生态环境作为另一博弈的主体，虽然这一主体不是有意识的博弈方，但它会对水电开发者主体做出的决策以一种客观的现实发生进行回应（当然环境的影响会有一个时滞，这里假定暂不考虑时滞问题）。水电开发项目能够顺利实施，其中项目所涉及的移民顺利迁出是关键。例如，移民要求的迁出成本过高，这将影响水电开发者是否开发的决策；再如，水电开发者对移民的补偿过低，移民不愿迁出，这势必造成水电开发的社会问题，引起水电开发者与移民的不和谐。而从水电开发者的角度看，其在进行水电开发时，总是希望获得多的收益而对移民搬迁付出较低的补偿。因此，为了社会的和谐，水电开发项目的顺利进行，必须对移民做出相应的补偿。

8.2.2　各方博弈主体的行动策略

在三方博弈的过程中，每个群体都将面临两种不同的策略选择。在本书模型的策略选择中，水电开发者可以选择的方案是：成功开发和未成功开发（未成功开发并不是指放弃水电开发，而是在开发中造成了恶劣的社会问题和社会影响）。移民可以采取的方案为：自愿搬迁和非自愿搬迁。生态环境可以采取的方案（尽管是被动的）：环境恶化和环境良好。

根据如上分析，图 8.1 中具体展现了三方博弈的过程。

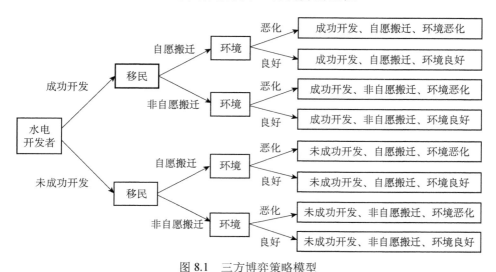

图 8.1　三方博弈策略模型

根据图 8.1，可将水电开发者、移民和生态环境之间的博弈结果分为 8 个策略结果，用 S_t（t=1，2，3，…，8）表示策略结果，有如下策略结果：

S_1=（成功开发，自愿搬迁，环境恶化）；

S_2=（成功开发，自愿搬迁，环境良好）；

S_3=（成功开发，非自愿搬迁，环境恶化）；

S_4=（成功开发，非自愿搬迁，环境良好）；

S_5=（未成功开发，自愿搬迁，环境恶化）；

S_6=（未成功开发，自愿搬迁，环境良好）；

S_7=（未成功开发，非自愿搬迁，环境恶化）；

S_8=（未成功开发，非自愿搬迁，环境良好）。

上述 8 种博弈策略中，S_1 表示水电开发者成功开发水电项目，移民愿意承担搬迁成本自愿搬迁，生态环境的被动反应为环境恶化；S_2 表示水电开发者成功开发水电项目，移民愿意承担搬迁成本自愿搬迁，生态环境的被动反应为环境良好；S_3 表示水电开发者成功开发水电项目，移民不愿意承担搬迁成本非自愿搬迁，生态环境的被动反应为环境恶化；S_4 表示水电开发者成功开发水电项目，移民不愿意承担搬迁成本非自愿搬迁，生态环境的被动反应为环境良好；S_5 表示水电开发者未成功开发水电项目，移民愿意承担搬迁成本自愿搬迁，生态环境的被动反应为环境恶化；S_6 表示水电开发者未成功开发水电项目，移民愿意承担搬迁成本自愿搬迁，生态环境的被动反应为环境良好；S_7 表示水电开发者未成功开发水电项目，移民不愿意承担搬迁成本非自愿搬迁，生态环境的被动反应为环境恶化；S_8 表示水电开发者未成功开发水电项目，移民不愿意承担搬迁成本非自愿搬迁，生态环境的被动反应为环境良好。

8.3 水电开发三方进化博弈模型的构建

8.3.1 三方博弈模型的变量设定

模型假定水电开发者成功开发的概率为 x，其表征了水电项目开发的可行性，x 越大则项目成功的概率越高，水电开发者放弃开发的概率为 $1-x$；移民选择自愿搬迁的概率为 y，移民非自愿搬迁的概率为 $1-y$；生态环境恶化的概率为 z，z 值表征了生态环境的脆弱性，即生态环境越脆弱，z 值越大，则环境恶化的概率越高，环境良好的概率为 $1-z$。

水电开发者开发成功的收益为 A，移民从水电开发项目中获得补偿为 B，该补偿来自水电开发者。当移民自愿搬迁时需承担的成本为 C，当移民非自愿搬迁时此成本转嫁给水电开发者，且移民搬迁后将损失原居住环境带来的经济效益 D。水电项目开发成功但环境恶化时，水电开发者要承担 E 成本的环境维护费用，环境则受到 F 的伤害，若此时环境良好，环境受到的伤害为 0，且水电开发者也无须对其承担责任。若水电开发者放弃开发，会为开发者节省下来时间成本，去投资于其他方面，产生的收益相当于节省下来的时间价值 G，若环境良好水电开发者也无须支付环境额外成本，且由于水资源未被开发，环境获得 H 的收益。若环境变恶化则水电开发者需支付环境的维护成本为 I，环境受到的损失为 J。移民与生态环境的博弈为，若移民自愿搬迁，且生态环境良好，则移民会获得生态环境带来的正效益 K，且生态环境由于受到移民自愿搬迁的善待获得 L 的正补偿；当生态环境恶化时，移民将不会得到生态环境带来的正效益，且生态环境也无法获得移民带来的生态补偿 L。当移民非自愿搬迁时，移民将不会获得环境带来的正效益，且当环境恶化时依然受到 J 的损害。

8.3.2 三方博弈的收益矩阵与期望效用分析

根据上述参数设定与假设，可得到三方博弈的支付矩阵，见表 8.1。

表 8.1 水电开发者、移民和生态环境三方支付矩阵

策略组合	水电开发者	移民	生态环境
x, y, z	$A-B-E$	$B-C-D$	$-F$
x, y, $1-z$	$A-B$	$B-C-D+K$	L
x, $1-y$, z	$A-B-C-E$	$B-D$	$-F$
x, $1-y$, $1-z$	$A-B-C$	$B-D$	0
$1-x$, y, z	$G-B-I$	$B-C-D$	$-J$
$1-x$, y, $1-z$	$G-B$	$B-C-D+K$	$H+L$
$1-x$, $1-y$, z	$G-B-C-I$	$B-D$	$-J$
$1-x$, $1-y$, $1-z$	$G-B-C$	$B-D$	H

对于水电开发者，其开发成功的期望收益函数为 U_{11}，其放弃开发的期望收益函数为 U_{12}，则水电开发的平均期望收益为 $\overline{U_1}$。根据上述支付矩阵可得

$$U_{11} = yz(A-B-E) + y(1-z)(A-B) + z(1-y) \tag{8.1}$$
$$(A-B-C-E) + (1-y)(1-z)(A-B-C)$$

$$U_{12} = yz(G-B-I) + y(1-z)(G-B) + z(1-y) \tag{8.2}$$
$$(G-B-C-I) + (1-y)(1-z)(G-B-C)$$

$$\overline{U_1} = xU_{11} + (1-x)U_{12} \tag{8.3}$$

对于移民，其自愿搬迁的期望收益函数为 U_{21}，其非自愿搬迁的期望收益函数为 U_{22}，则移民的平均期望收益为 $\overline{U_2}$。根据上述支付矩阵可得

$$U_{21} = xz(B-C-D) + x(1-z)(B-C-D+K) + z(1-x)(B-C-D) \tag{8.4}$$
$$+ (1-x)(1-z)(B-C-D+K)$$

$$U_{22} = xz(B-D) + x(1-z)(B-D) + z(1-x)(B-D) + (1-x)(1-z)(B-D) \tag{8.5}$$

$$\overline{U_2} = yU_{21} + (1-y)U_{22} \tag{8.6}$$

对于生态环境，环境恶化的期望收益函数为 U_{31}，生态环境良好的期望收益函数为 U_{32}，则移民的平均期望收益为 $\overline{U_3}$。根据上述支付矩阵可得

$$U_{31} = xy(-F) + x(1-y)(-F) + y(1-x)(-J) + (1-x)(1-y)(-J) \tag{8.7}$$

$$U_{32} = xy \cdot L + x(1-y) \cdot 0 + y(1-x) \cdot (H+L) + (1-x)(1-y) \cdot H \tag{8.8}$$

$$\overline{U_3} = zU_{31} + (1-z)U_{32} \tag{8.9}$$

8.3.3 三方博弈的复制动态与稳定性分析

水电开发者选择成功开发的复制动态方程为

$$F(x) = \frac{dx}{dt} = x(U_{11} - \overline{U_1}) = x(1-x)\big[A - G + z(I - E)\big] \qquad (8.10)$$

由式（8.10），当 $z = \dfrac{G - A}{I - E}$ 时，$F(x) = \dfrac{dx}{dt} = 0$，这时所有的 x 都是稳定状态。

当 $z \neq \dfrac{G - A}{I - E}$ 时，令 $F(x) = \dfrac{dx}{dt} = 0$，得到两个可能的平衡点 $x = 0$，$x = 1$。进化稳定策略（ESS）要求 $F(x)$ 在稳定点处的倒数为负，现对 $F(x)$ 求导，可得

$$\frac{dF(x)}{dx} = (1 - 2x)\big[A - G + z(I - E)\big] \qquad (8.11)$$

由式（8.11），当 $\big[A - G + z(I - E)\big] > 0$，即 $z < \dfrac{G - A}{I - E}$（由于 E 表征了水电项目开发对环境的破坏程度，会大于水电项目未开发对环境的破坏程度 I，因此 $I - E < 0$）时，$F'(0) > 0$，$F'(1) < 0$，则 $x = 1$ 是进化稳定策略（ESS）；当 $\big[A - G + z(I - E)\big] < 0$，即 $z > \dfrac{G - A}{I - E}$ 时，$F'(0) < 0$，$F'(1) > 0$，则 $x = 0$ 是进化稳定策略（ESS）。

由于 $\dfrac{G - A}{I - E}$ 的取值范围会对进化稳定策略的结果造成影响，因此还需进一步分析 $\dfrac{G - A}{I - E}$ 的取值范围对结论的影响。当 $0 < \dfrac{G - A}{I - E} < 1$ 时，对上述结论不会产生影响；当 $\dfrac{G - A}{I - E} < 0$ 时，由于 $z \geq 0$，因此在这种情况下只有 $x = 0$ 是进化稳定策略（ESS）；当 $\dfrac{G - A}{I - E} > 1$ 时，由于 $z \leq 1$，因此在这种情况下只有 $x = 1$ 是进化稳定策略（ESS）。

由此根据上述分析可得水电开发者在 z 与 $\dfrac{G - A}{I - E}$ 不同取值时的动态趋势和稳定性相位如图 8.2～图 8.4 所示。

移民选择自愿搬迁的复制动态方程为

$$F(y) = \frac{dy}{dt} = y(U_{21} - \overline{U_2}) = y(1-y)\big[(1-z)K - C\big] \qquad (8.12)$$

由式（8.12），当 $z = 1 - \dfrac{C}{K}$ 时，$F(y) = \dfrac{dy}{dt} = 0$，这时所有的 y 都是稳定状态。

当 $z \neq 1 - \dfrac{C}{K}$ 时，令 $F(y) = \dfrac{dy}{dt} = 0$，得到两个可能的平衡点 $y = 0$，$y = 1$。进化

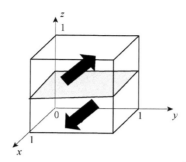

图 8.2　水电开发者动态趋势相位图（当 $0 < \dfrac{G-A}{I-E} < 1$ ）

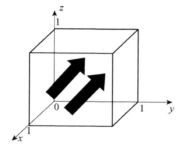

图 8.3　水电开发者动态趋势相位图（当 $\dfrac{G-A}{I-E} < 0$ ）

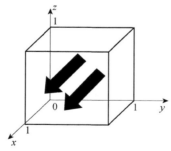

图 8.4　水电开发者动态趋势相位图（当 $\dfrac{G-A}{I-E} > 1$ ）

稳定策略（ESS）要求 $F(y)$ 在稳定点处的倒数为负，现对 $F(y)$ 求导，可得

$$\frac{\mathrm{d}F(y)}{\mathrm{d}x} = (1-2y)\big[(1-z)K - C\big] \tag{8.13}$$

由式（8.13），当 $\big[(1-z)K - C\big] > 0$ ，即 $z < 1 - \dfrac{C}{K}$ 时，$F'(0) > 0$ ，$F'(1) < 0$ ，

则 $y = 1$ 是进化稳定策略（ESS）；当 $\big[(1-z)K - C\big] < 0$ ，即 $z > 1 - \dfrac{C}{K}$ 时，$F'(0) < 0$ ，

$F'(1) > 0$，则 $y = 0$ 是进化稳定策略（ESS）。

由于 $1 - \dfrac{C}{K}$ 的取值同样会对进化稳定策略的结果造成影响，因此需要分析 $1 - \dfrac{C}{K}$ 的取值对结论的影响。当 $0 < 1 - \dfrac{C}{K} < 1$ 时，上述结论不会发生变化；当 $1 - \dfrac{C}{K} < 0$ 时，由于 $z \geq 0$，因此 $y = 0$ 是进化稳定策略（ESS）；当 $1 - \dfrac{C}{K} > 1$ 时，由于 $z \leq 1$，因此 $y = 1$ 是进化稳定策略（ESS）。

根据上述分析可得移民的动态趋势和稳定性相位如图 8.5～图 8.7 所示。

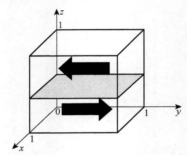

图 8.5　移民动态趋势相位图（当 $0 < 1 - \dfrac{C}{K} < 1$）

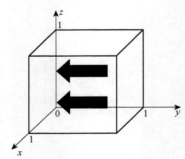

图 8.6　移民动态趋势相位图（当 $1 - \dfrac{C}{K} < 0$）

生态环境恶化的复制动态方程为

$$F(z) = \frac{\mathrm{d}z}{\mathrm{d}t} = z(U_{31} - \overline{U_3}) = z(1-z)\big[(x-1)(J+H) - xF\big] \qquad (8.14)$$

由式（8.14）可得，当 $\big[(x-1)(J+H) - xF\big] = 0$ 时，$F(z) = 0$，这时所有的 z 都是稳定状态。当 $\big[(x-1)(J+H) - xF\big] \neq 0$ 时，得到两个可能的平衡点 $z = 0$，$z = 1$。现对 $F(z)$ 求导，可得

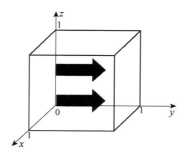

图 8.7　移民动态趋势相位图（当 $1-\dfrac{C}{K}>1$ ）

$$\frac{\mathrm{d}F(z)}{\mathrm{d}x}=(1-2z)\big[(x-1)(J+H)-xF\big] \tag{8.15}$$

由式（8.15），当 $\big[(x-1)(J+H)-xF\big]>0$ 时，即 $x>\dfrac{J+H}{J+H-F}$，$F'(0)>0$，$F'(1)<0$，则 $z=1$ 是进化稳定策略（ESS）；当 $\big[(x-1)(J+H)-xF\big]<0$ 时，即 $x<\dfrac{J+H}{J+H-F}$，$F'(0)<0$，$F'(1)>0$，则 $z=0$ 是进化稳定策略（ESS）。

由于 $\dfrac{J+H}{J+H-F}$ 的取值同样会对进化稳定策略的结果造成影响，因此需要分析 $\dfrac{J+H}{J+H-F}$ 的取值对结论的影响。当 $0<\dfrac{J+H}{J+H-F}<1$ 时，上述结论不会发生变化；当 $\dfrac{J+H}{J+H-F}<0$ 时，由于 $x\geqslant0$，因此 $z=1$ 是进化稳定策略（ESS）；当 $\dfrac{J+H}{J+H-F}>1$ 时，由于 $x\leqslant1$，因此 $z=0$ 是进化稳定策略（ESS）。

根据上述分析可得生态环境在 x 以及 $\dfrac{J+H}{J+H-F}$ 不同取值范围内的动态趋势和稳定性相位如图 8.8～图 8.10 所示。

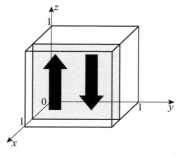

图 8.8　生态环境动态趋势相位图（当 $0<\dfrac{J+H}{J+H-F}<1$ ）

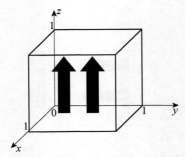

图 8.9　生态环境动态趋势相位图（当 $\dfrac{J+H}{J+H-F}<0$）

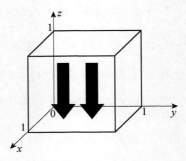

图 8.10　生态环境动态趋势相位图（当 $\dfrac{J+H}{J+H-F}>1$）

　　在分别讨论了水电开发者、移民和生态环境的复制动态方程之后，分析整个系统的博弈均衡状态。根据参数初始状态的不同，水电开发者、移民和生态环境的进化博弈系统策略比例变化的复制动态趋势和稳定性如图 8.11 所示。

　　根据图 8.11 分析该三方进化博弈系统，当三个箭头指向同一点时，三方博弈系统达到均衡稳定状态。由此可以得到 3 种均衡状态下的进化稳定策略（ESS）：当 $\dfrac{G-A}{I-E}<1$，$1-\dfrac{C}{K}<1$ 且 $\dfrac{J+H}{J+H-F}<0$ 时，即 $A-G<E-I$，表明水电开发企业开发项目的超额收益不足以弥补水电开发过程中对环境恶化的补偿，这时水电开发企业会放弃开发该水电项目；$K>0$ 且 $K<C$，表明移民自愿搬迁可以获得环境的补偿，但环境的补偿不足以弥补移民搬迁的成本，这时移民对于搬迁的态度是非自愿搬迁；$J+H<F$，表明环境得到的综合收益不足以弥补环境因水电开发受到的破坏，环境会因此受到破坏而恶化。因此（0，0，1）是该进化博弈系统的进化稳定策略（ESS），运动轨迹如图 8.11 的（a）、图 8.11（c）所示，即（放弃开发，非自愿搬迁，环境恶化）是水电开发者、移民和生态

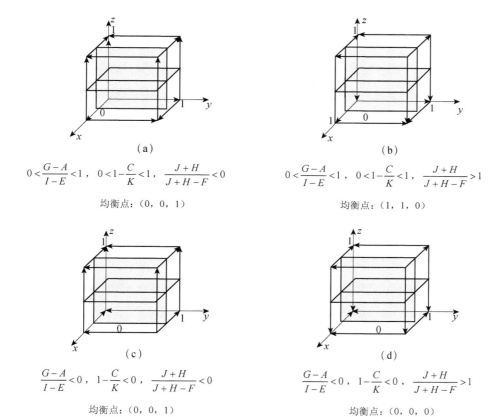

$$0<\frac{G-A}{I-E}<1 , 0<1-\frac{C}{K}<1 , \frac{J+H}{J+H-F}<0$$

均衡点：（0，0，1）

$$0<\frac{G-A}{I-E}<1 , 0<1-\frac{C}{K}<1 , \frac{J+H}{J+H-F}>1$$

均衡点：（1，1，0）

$$\frac{G-A}{I-E}<0 , 1-\frac{C}{K}<0 , \frac{J+H}{J+H-F}<0$$

均衡点：（0，0，1）

$$\frac{G-A}{I-E}<0 , 1-\frac{C}{K}<0 , \frac{J+H}{J+H-F}>1$$

均衡点：（0，0，0）

图 8.11 三方博弈群体复制动态趋势相位图

环境博弈群体中所有参与者的最终选择。

当 $0<\dfrac{G-A}{I-E}<1$，$0<1-\dfrac{C}{K}<1$ 且 $\dfrac{J+H}{J+H-F}>1$ 时，即 $A>G$，表明水电开发企业会因为水电开发项目而获得超额的收益，因此水电开发企业会选择开发该水电项目；$K>C$，表明移民自愿搬迁获得的环境补偿大于自愿搬迁所付出的成本，因此移民对于搬迁的态度为自愿搬迁；$J+H>F$，表明生态环境得到的综合收益可以弥补生态环境受到的破坏，由于水电开发企业可以弥补环境造成的破坏，生态环境会保持良好。因此（1，1，0）是该进化博弈系统的进化稳定策略（ESS），运动轨迹如图 8.11（b）所示，即（成功开发，自愿搬迁，环境良好）是水电开发者、移民和生态环境博弈群体中所有参与者的最终选择。

当 $\dfrac{G-A}{I-E}<0$，$1-\dfrac{C}{K}<0$ 且 $\dfrac{J+H}{J+H-F}>1$ 时，即 $G>A$，表明水电开发企业

开发该项目的机会成本高于开发水电项目的收益，水电开发企业会因开发该项目而受到损失，因此水电开发者不会进行该水电项目的开发；$C > K$，表明移民自愿搬迁获得的环境补偿大于移民搬迁的成本，因此移民对于搬迁的态度为非自愿搬迁；$J + H > F$，表明环境得到的综合收益大于环境受到的破坏，因此生态环境将会保持良好。（0，0，0）是该进化博弈系统的进化稳定策略（ESS），运动轨迹如图 8.11（d）所示，即（放弃开发，非自愿搬迁，环境良好）是水电开发者、移民和生态环境博弈群体中所有参与者的最终选择。

8.3.4　三方博弈的结论分析

通过水电开发者、移民和生态环境在水电开发过程中的进化博弈模型结果，可以得出如下结论。

（1）水电开发企业决定是否开发水电项目，一方面取决于该水电项目能否带来超额的收益，即投入水电项目资金的收益大于资金的机会成本；另一方面，水电开发企业是否开发水电项目也取决于补偿环境的成本，即使存在超额收益，如果该收益不足以覆盖对环境的补偿，那么水电开发者仍然不会选择开发该项目。

（2）对于移民而言，由于移民自愿搬迁需要自行承担搬迁成本，因此若没有环境的补偿，移民不会选择自愿搬迁。环境对移民的补偿一方面来自移民新搬迁的环境经济效益优于原居住地的环境经济效益，会给移民带来环境正的经济效益；另一方面由于移民的搬迁保护了当地的生态环境，移民因此可以从以后的生活中获得到良好环境带来正的效应。

（3）生态环境是否会恶化，取决于环境变坏的大小能否由水电开发企业对其补偿，当企业对环境的补偿大于其受到的破坏时，生态环境将会保持良好；若水电开发企业对生态环境的补偿不足，则生态环境将会变恶化，从而影响水电项目的开发和下游居民的生活。

鉴于以上结论提出如下建议。

（1）加强水电站建设和运行过程中的生态环境监理。由于水电开发过程不可避免会对环境造成一定的负面影响，当对生态环境的破坏程度大于对其的补偿时，环境状况将会恶化。因此水电开发企业要降低水电开发对生态环境的破坏，而降低对环境的破坏就必须先对水电开发建设和运行过程进行监督，加强环境监督，当水电开发对环境造成影响时，及时进行项目改善和生态环境补偿，以稳定当地生态环境，最大限度地降低水电开发对环境造成的破坏。

（2）加强移民制度建设，提高移民地区就业服务，使移民在新的环境下获得超过原先居住地的经济效益。根据前面分析可知，移民对待搬迁的态度取决于环境的补偿与搬迁成本。当移民自愿搬迁时，需要移民自行承担搬迁成本，因此只有搬迁后移民会获得比原居住地区更高的经济效应，移民才会自愿搬迁，实现水电开发的社会和谐。为解决这一问题，在移民制度建设上要通过就业服务和能力再造等手段实现移民的再就业和生计重建，提高移民在搬迁后环境的补偿。

（3）选择适宜的流域水电开发模式。流域水电开发对生态环境的影响强弱不仅与地质环境条件、管理水平有关，而且与流域水电开发模式有一定的关联性。因此在流域水电开发模式方面，选择适宜的流域水电开发模式，可以减小工程对生态环境的负面影响，甚至可以促进流域生态环境的恢复和改善；若开发模式选择不当，容易产生恶性竞争，其结果可能是对生态环境产生大破坏作用。

8.4 从可持续发展角度分析三方博弈结果

根据上面三方进化博弈模型的分析结果可以得出，水电开发过程需要正确处理好生态开发者、移民和环境之间的关系，需要综合考虑水电项目开发的可行性大小，移民自愿搬迁意愿和生态环境的稳定性。要平衡三方的利益只有从可持续发展的角度着手，才有可能使水电开发变为对环境对移民有益的开发。下面将利用可持续发展概念研究三方博弈的均衡结果。首先可持续性概念可从生态可持续性、经济可持续性、社会可持续性 3 个方面表述，分别对应三方博弈当中的生态环境、水电开发者和移民。

1）生态可持续性

生态可持续性意味着保持生态系统的稳定，即尽量减少对生态系统的压力。生态可持续性应该包括以下含义：生态系统应该保持一种稳定状态，可持续的生态系统是一个可以无限地保持永恒存在的状态，保持生态系统资源能力和潜力。

2）经济可持性

经济可持性包括两层含义：一是经济系统运行状态良好，二是这种状态能长久持续。经济可持续性首先必须有经济上的增长，它不仅重视增长数量，而且要求不断地改善质量。要保证经济发展的可持续性，就必须优化资源配置，节约资源，降低消耗，提高效率，改变传统的生产消费方式，建立经济与资源、环境、人口、社会相协调的、可持续的发展模式。在可持续发展理论看来，可持续的经济是建立在生态可持续性基础上的、良好发展的经济。经济的持续性是指不超越资源和环境的承载力的可以延续的经济增长过程，是实现可持续发展的主导。

3）社会可持续性

过去人们一般认为持续性在很大程度上是一种自然的状态或过程。事实上，人类关于可持续发展的思考也的确是从自然资源的使用极限等问题开始的。但是人类经过深刻的反思之后，认识到不可持续往往是社会行为的结果。这样，可持续发展就不再是一个单纯的自然资源利用的问题，而是一个必须从社会可持续性的角度加以考虑的问题。社会可持续性是使社会形成正确的发展理论，促进知识和技术效率的增进、提高生活质量从而实现人的全面发展的能力，是可持续发展的动力和目标。

8.4.1 可持续发展的概念

根据可持续能力的高低，可持续性一般分为强可持续性和弱可持续性。

1）强可持续性

经验和事实证明，自然资本和其他资本之间是不可能完全替代的。例如，在自然资源耗尽的时候，人造资本、人力资本再多，也是无法发展的。要实现真正的可持续发展，自然资源（尤其是关键性的自然资源）的存量必须保持在一定的极限水平上，否则就是不可持续的发展路径。强可持续性的发展路径不仅要求在代与代之间保持总资本的存量水平，而且还必须在代与代之间维持自然资本的存量水平，即要求不减少环境资本存量，个别极端的甚至排除自然资本和人造资本之间的替代，要求同时保持自然资本和人造资本的存量水平。由于某些自然资源与其他资源之间不存在替代性，人类还必须对某些重要的自然资源进行特别的维持，对他们的使用不能超越他们的替代极限及再生能力。

2）弱可持续性

判断弱可持续性的标准是：当代人转移给后代人的资本存量不少于现有存量。资本总存量是生产资本（人造资本）存量、自然资本（环境资本）存量和人力资本存量三者之和。只要后代人所能利用的资本总存量不少于当代，就意味着发展是可持续的，而前提条件是自然资本与其他资本之间是可以完全替代的。

可持续性伦理道德基础——环境伦理是人类与自然环境之间的道德关系。环境伦理的产生，源于工业化造成的严峻的生态环境危机的深刻反思。西方环境伦理流派概括起来。主要有两大学派，一是人类中心主义学派，该学派以伦理学为依据，从人的社会性出发，考察人与自然的关系。其基本观点为：人类是万物的主宰，所有价值的来源和万物的尺度。人之所以关心自然生态环境，主要是由于它涉及人类生存、社会发展和子孙后代的利益。人类保护自然生态环境，归根结底是为了保护人类自己。人类不仅对自然有开发和利用的权利，而且对自然有管理和维护的责任和义务。二是自然中心主义学派，该学派以生态学为依据，从人的自然性出发，考察人与自然的关系。其基本的观点是：把伦理学的视野从人扩大到一切生命和自然界，认为生命和自然不仅具有外在价值，而且具有内在价值，包括人在内的生物物质之间的合作关系是一种权利与义务的关系，人类在生物圈中仅仅是普通的一员，人类基于人类生存和生态系统的动态平衡原则，主动适应、支配补偿和改造自然界。

可持续发展伦理观的核心是公平与和谐。只有公平才能实现和谐，其最终目标是实现社会、生态与经济持续。可持续发展的环境伦理整合了诸多环境伦理观点，吸取了人类中心主义与非人类中心主义的理论的合理成分，避免其理论的缺陷超越了二者。以人与自然和谐统一的整体价值观为理论基础，以与之相适应的社会道德原则为基本内容，以关注人类的可持续发展为目的，从而在不同层面上指导人类对环境的保护，达到生态、经济与社会的可持续发展。环境伦理反对以牺牲环境来获取人类的利益，而代之以对自然的尊重，而生态价值正是环境伦理的核心。

环境伦理的价值取向与基本原则。价值取向和基本原则包括：①对自然索取最小化，达到资源化的最大利用，从而大大减少了人类对自然资源的索取与资源争夺过程中的相互冲突，有利于社会和谐发展；②环境污染最小化，即对自然伤害最小化，体现了尊重自然的原则与生态补偿原则；③生态价值的增值与生态安全，这是它最根本的伦理原则。环境伦理道德规范要求当代无论是穷人与富人、穷国与富国都享有平等的发展权和自然环境受益权。要求人类对自然资源的利用要遵循节制与适度原则，同时要合理生产与消费。

可持续性的两个极端，一是可持续不发展。环境主义者对自然的看法是非人类中心主义的，其理论依据是生态学。他们认为生物界的物种之间具有相互依赖性，任何环节的变化或缺损都会造成生态系统的剧烈变动，严重时甚至导致生态系统的崩溃。人类作为一个物种链条上的一个普遍环节，其完全依赖于自然界而存在。因此，人类只有将自然界当作目的并维护自然界存在的利益，才能实现自己生存的利益。非人类中心由注重个体的生物中心主义发展为注重整体性、系统性的生态中心主义就是其理论的一大进步。为了保护资源，保护环境，环保主义者认为对生态环境资源就不能多开发，开发多了必然破坏资源，危及人类赖以生存和发展的生物圈层。主张宁可降低经济发展速度，也要控制资源开发。这种方式虽然保护了环境，但与经济增长完全割离，对社会生活质量的提高没有促进作用，也就失去了保护的意义。

二是发展但不可持续。传统的发展观是指经济的增长，而经济增长是以牺牲资源环境为代价的，经济的增长超过了资源环境的承载力，导致生态环境的不可持续。这种有增长无发展的经济发展模式，是人类中心主义的集中表现。人类中心主义的理论基础是达尔文的生物进化论，物竞天择、适者生存。即每个物种和任何动植物个体都必然将自己或自己的类视为中心和目的，而将其他自然存在物看作是手段和工具。资源环境是社会经济发展的基础，经济发展超过资源环境的可承受能力达到其阈值，引起自然生态系统扰动，破坏其生态系统自净化和运行的机能，使其系统超负荷运转，最终导致整个生态系统失去平衡，那么这种经济的发展模式就违背了发展的原有之意。

8.4.2 可持续发展的理论基础

可持续发展认为，经济系统和生态系统是相互兼容的，经济发展和环境保护不是彼此对立的，人类在经济发展的同时应该保护生命的生态基础，协调物质生产与环境生产之间的关系，建设一个生态上可持续的经济系统。

统一基础——人的双重性理论，即人的自然属性和社会属性。第一，作为生态行为主体，人是生态系统中的消费者，处于生态食物链的顶端，主宰着生态系统的演替；第二，作为经济行为主体，人是经济系统中的生产者，他创造物质财富，主宰着经济系统的发展。人的双重主体地位决定了人在生态经济系统中具有生态和经济的双重协调统一功能，即通过自然资源与经济资源的有机组合和生态与经济的双重转换机制，把二者协调统一起来。

统一机制的机制之一是自然动力机制。自然动力是指直接参与生态经济系统运行或对生态经济系统构成影响的一切自然因素或自然条件所形成的促进生态经济协调发展的力量。自然动力是人类赖以生存的基本条件，是自然界的再生能力，是一种自我调节机制。自然动力机制的核心是自然生产力。自然生产力就是由自然形成的各种自然要素相互作用所产生的一种对人类经济活动的作用能力。自然生产力包括两层含意：一是各种自然因素及其相互关系本身就具有的对人类来说是有价值的生产能力；二是各种自然因素及其相互关系的运动所形成的对社会生产过程的助推器作用，是一种条件性的生产能力。自然生产力作为社会生产力的物质承担者，是维系生态系统和经济系统正常运转的原动力。

统一机制的机制之二是经济动力机制。谋求生存和发展是人类的生物进化本能，而人类生存发展的最基本条件是要有可供人类生存发展的以物质资料为主要内容的经济利益。这个常识表明，经济利益有其自然基础，追求经济利益是不以社会经济形态为转移的人类必然动机和行为，这种以人类自身需要为目的，对于经济利益的追求，构成生态经济持续协调发展的经济动力。

知识经济和现代科技为这种统一提供了新手段。知识经济的本质是以智力资源的占有和配置为主，而且人的智力或智力劳动对经济发展起着决定作用。知识经济为生态经济的可持续发展提供了现实途径，即它能够创造可持续发展的生产模式、消费方式、生活方式和相应的知识体系和技术。

统一模式之一为循环经济模式。循环经济是一种以解决环境恶化和经济发展之间的矛盾为目标的全新的经济发展模式，以生态学为指导，主张以最小的资源消耗和环境代价实现国民经济的持续增长，追求经济效益、生态效益和社会效益三者的统一。循环经济通过资源的有效利用和生存环境的改善来体现的。它所倡导的是一种建立在物质不断循环利用基础上的经济发展模式，它要求把经济活动按照自然生态系统的模式，组织成一个"资源—产品—再生资源"的物质反复循环流动的过程，使得在整个经济系统以及在生产和消费过程中基本上不产生或者只产生很少的废弃物。循环经济要求以"减量化、再使用、再循环"为社会经济活动的行为准则（3R 原则）。

统一模式之二为绿色经济模式。"绿色经济"一词来源于美国经济学家皮尔斯于 1989 年出版的《绿色经济蓝皮书》。皮尔斯主张从社会及生态条件出发，建立一种"可承受的经济"。经济发展必须是自然环境和人类自身可以承受的，不会因盲目追求生产增长而造成社会分裂和生态危机，不会因为自然资源耗竭而使经济无法持续发展。刘思华（2004）认为绿色经济就是以生态经济为基础，知识经济为主导的可持续发展的实现形态和形象体现，是环境保护和社会全面进步的物质基础，是可持续发展的代名词，其本质是以生态协调为核心的可持续性经济学。李向前和曾莺（2001）认为绿色经济就是充分利用现代科学技术、以实施生物资源开发创新工程为重点，大力开发具有比较优势的绿色资源，巩固提高有利于维护良好生态的少污染、无污染产业，在所有行业中加强环境保护，发展清洁生产，不断改善和优化生态环境，促使人与自然和谐发展，人口、资源和环境相互协调、相互促进、实现经济社会的可持续发展的经济模式。绿色经济以维护人类生存环境、合理保护资源与能源、有益于人体健康为特征的经济，是一种平衡式经济。

统一模式之三为低碳经济模式。2003 年，英国原首相布莱尔在《我们能源的未来：创建低碳经济》白皮书首次提出低碳经济概念以来，对低碳经济是一种经济形态还是一种发展模式，或二者兼而有之，学术界和决策者尚未有明确的认识。环境保护部周生贤认为低碳经济是以低耗能、低排放、低污染为基础的经济模式，庄贵阳（2005）认为低碳经济实质是高能源效率和清洁能源结构问题，核心是能源技术创新和制度创新。冯之梭（2004）和牛文元（2009）认为低碳经济是绿色生态经济，低碳产业、低碳技术、低碳生活和低碳发展等经济形态的总称，低碳经济的实质在于提升能源的高效利用、推行区域的清洁发展、促进产品的低碳开发和维持全球的生态平衡。方时姣（2009）认为低碳经济是经济发展的碳排放量、生态环境代价及社会经济成本最低的经济，是一种能够改善地球生态系统自我调节能力的可持续性很强的经济。本书认为低碳经济，指在可持续发展理念指导下，通过技术创新、制度创新、产业转型、新能源开发等多种手段，尽可能地减少煤炭、石油等高碳能源消耗，减少温室气体排放，达到经济发展与生态环境保护双赢的一种经济发展模式。发展低碳经济，一方面是积极承担环境保护责任，完成国家节能降耗指标的要求；另一方面是调整经济结构，提高能源利用效益，发展新兴工业，建设生态文明。这是摒弃以往先污染后治理、先低端后高端、先粗放后集约的发展模式的现实途径，是实现经济发展与资源环境保护双赢的必然选择。低碳发展，重点在低碳，目的在发展。

8.4.3　对可持续发展的政策建议

要想实现水电开发的可持续发展，同意水电开发者、生态环境和移民之间的利益关系，必须做到以下原则。

8.4.3.1　坚持"科学规划，持续开发，综合利用"的原则

水电开发规划应坚持"科学规划，持续开发，综合利用"的原则，要从中

国水能资源的状况、可开发的条件以及市场需求情况出发，科学规划水电开发的规模、速度及相关的配套设施，同时要与全国联网、水资源综合利用、生态环境保护有机结合起来。对有条件进行流域开发的江河，要抓紧做好能源、水利、环保、经济、社会等多重效益共赢发展的综合规划，要在国家综合部门主持下进行全面、客观、科学地评审，及早立项，加快开发，并按照长期、中期、短期的总体规划逐步分阶段实施，让水电开发的综合效益更好地服务经济社会的发展。对于流域开发对库区移民、环境生态、文物古迹、自然景观等不利影响较大的河流，要抓紧做好进一步勘测和论证，采取措施削减或补偿水电开发对生态环境的不利影响，制订有针对性的解决相应问题的办法，组织科学论证和社会经济文化等综合评估，在做好生态环境的前提进行合理的规划和开发。总之，规划要体现全面性、科学性，突出持续性和可操作性。

8.4.3.2 坚持水电开发与环境保护双赢的原则

水电开发所在地区如果生态环境脆弱，要处理好水电开发与环境保护的关系，坚持"在保护中开发，以开发促保护"的方针，高度重视并做好生态环境保护。一方面要通过科学规划、优化设计和有效的工程措施切实减少或避免对生态环境的不利影响，按照"三同步"的原则做好生态环境保护工作，将水电站建设成绿色工程，另一方面要充分利用水电开发对航运、防洪、灌溉、供水、旅游开发、水土保持等产生的有利影响，从而积极主动地与生态环境保持一致，实现人与自然、工程与环境的和谐统一，实现水电开发与环境保护的双赢。

8.4.3.3 坚持水电开发与移民利益保护双赢的原则

要认真实践"以人为本"的发展理念，将水电工程效益的逐步发挥同移民生活改善、建设社会主义新农村相结合，建立有效移民的长效机制，努力做到"建好一座电站，造福一批移民"。要按照经济社会发展和人口、资源、环境相协调的原则，综合考虑移民生存和长远发展的基本条件，因地制宜地编制科学合理的移民安置、后期扶持和遗留问题处理规划，走开发型移民之路。要以发展移民经济、维护社会稳定为主线，以移民"移得出、稳得住、逐步能致富"为目标，按照市场经济规律进行移民补偿，不断加强基础设施建设，大力实施"科教兴库"战略，合理调整产业结构，扶持移民发展生产，增强移民长期增收的能力，推进移民安置区经济社会全面、协调和可持续发展。要不断推进移民管理体制改革，建立和完善移民政策法规体系、多元化移民投资体系、移民社会化服务体系和水库移民理论体系，进一步完善"政府领导、部门负责、业主参与、分级管理、县为基础"的移民工作管理体制，为有效开展移民工作提供保障。要探索和实践市场经济条件下的移民工作新机制和移民分享工程效益的机制。

8.4.3.4　坚持水电开发与带动地方经济社会发展双赢的原则

中国水能资源主要集中在广大的西部地区，经济和社会发展相对比较落后，水电开发既是改善西部因气候恶劣或非理性开发而带来的环境破坏情况的有效措施，又是带动地方经济发展和人民脱贫致富的重要途径。因此，加快西部水电资源的开发，本身就是利国和惠民的有机统一。丰富的水能资源是西部地区最具开发条件和市场需求的优势资源，要充分发挥和利用好西部的资源优势和东部的市场优势，加快西部水电开发步伐，加大"西电东送"力度，尽快变西部地区资源优势为经济优势，带动当地经济和社会全面发展，促进地区间的协调发展。除了大型水电站应作为国家重点开发的枢纽性电源外，还应该积极开发区域性中小型水电站。中小型水电站的开发，既能满足当地经济发展对电力的需求，也能进一步带动当地经济的发展和人民生活水平的提高，还能够为当地提供大量的就业机会，也是利国惠民的有效途径。

8.4.3.5　坚持市场经济的原则

水电开发要适应社会主义市场经济体制的要求，建立起适应市场经济的、有中国特色的管理机制。加快水电开发，应当充分调动各方积极性，形成国家、企业、地方互动的态势。中央政府、地方政府、水电开发企业、电网公司各负其责，协调好中央、地方、企业之间的利益关系，在发展水电的过程中用发展的眼光解决面对的各种矛盾和问题，形成推动水电开发事业发展的合力。国家要对水电项目进行规划和指导，对水电开发进行必要的政策扶持，同时综合流域各方面的要求，依法审批，并加强管理建设运营中的监管力度。各级地方政府要积极支持水电开发项目，完善配套环境，做好移民工作。水电开发企业等有关单位要通过技术创新和管理创新，全方位提高设计、施工和建设管理水平，不断提高质量，降低成本，提高工程效益。电网公司要重视电网与电源协调建设问题，水电开发做到电源和电网统一规划、协调发展，以保证发电送出和供电的安全，同时要不断通过跨流域、跨区水电调度，加快推进"西电东送、南北互供、全国联网"的进程，促进水电资源的开发利用。

总之，在水电开发中必须全面贯彻落实科学发展观，坚持水电开发与环境保护双赢、水电开发与移民利益保护双赢、水电开发与带动地方经济社会发展双赢等原则，努力把水电工程建设成为生态工程和富民工程，促进人与自然的和谐发展、经济与社会的可持续发展。这既符合中国水能资源丰富的国情，符合以人为本的发展理念，也完全符合经济社会可持续发展的要求。

8.5　本　章　小　结

本章首先分析了水电开发过程中的各种利益关系，主要是水电开发者利益，生态环境的利益及当地居民（移民）的利益，通过分析表明水电开发项目对生态环境有其有利的一面，同时也会破坏生态环境；水电开发对移民而言，可能会导致移民的生活水平下降，改变移民的生活生产方式，会对移民带来一定的伤害，但是移民会从搬迁当中获得一定的补偿。根据上述分析，本章随后构建了以水电开发者、生态环境和移民三方为博弈主体的三方进化博弈模型，并具体分析了各方在博弈中的进化稳定策略。针对博弈的结果，本书提出了如下建议：①加强水电站建设和运行过程中的生态环境监理；②加强移民制度建设，提高移民地区就业服务，使移民在新的环境下获得超过原先居住地的经济效益；③选择适宜的流域水电开发模式。

为了调节三方的利益冲突，实现水电开发项目的可持续发展，本章利用可持续发展概念解决水电开发者和生态环境及移民之间的矛盾，指出要实现三方利益的协调和可持续发展必须坚持"科学规划，持续开发，综合利用"的原则；水电开发与环境保护双赢的原则；水电开发与移民利益保护双赢的原则；水电开发与带动地方经济社会发展双赢的原则；市场经济的原则。

9 流域水电开发典型案例

迄今水电是唯一可供较大规模经济开发的可再生性能源。在经济的发展对电力需求日益增长的过程中，世界各国都把水电资源的开发放在重要的位置。伴随着水电的开发，水电站的规模也随之扩大，从原来的大型发展到巨型。巨型水电站的建设是一项庞大而复杂的系统工程，从规划设计到施工建设都有各自的特点，它的建设还会影响社会经济的各个领域，对水电站所在地区乃至整个国家的社会发展、经济政策和产业布局起着巨大的甚至决定性的作用。本章将结合国外先进水电站建设经验，为我国水电站建设提供借鉴。

9.1 案例一 大古力水电站

9.1.1 基本概况

美国最大的水电站是大古力水电站（图 9.1），该水电站也是 20 世纪 80 年代中期以前世界上最大的水电站，其位于哥伦比亚河的干流之上。大古力水电站装机容量位列世界第四，有灌溉、发电、防洪等效益。控制流域面达 19.2 万 km^2。年径流量平均为 962 亿 m^3。基岩为花岗岩。混凝土制成的重力坝大坝最高可达 168m，坝的顶长是 1272m，是哥伦比亚河流域上最大的水坝。水库被称为罗斯福湖，水库总库容量是 118 亿 m^3。大坝建成后常规式发电厂房一共有

3 座，并在水坝上游左岸设有机组厂房和安装水泵，可一次性同时灌溉 40.5 万 hm² 农田。其发电总装机容量为 648 万 kW，并预留出区位，能供应 4 台共 240 万 kW 的发电机组。泄洪设施主要有中孔、深孔和溢流坝。自 1933 年开工，1941 年第一台机组正式投入运行，1978 年第三电厂顺利竣工。3 座常规电厂多年平均年发电量为 216 亿 kW·h。

图 9.1　大古力水电站

　　大古力水库的主要功能是发电和防洪，其中有效库容量为 64.5 亿 m³，其水量非常丰富，泥沙占有量很少，水库不涉及移民问题。电站大坝主体为混凝土制成的重力坝，坝的垂直高度为 168m，坝轴线是直线，其长度为 1272m。中间为防止溢流所做的坝段，长度为 503m，溢洪道有 11 个排放孔，每孔最大净宽为 41m，设计泄洪能力可达 28 300 m³/s。大坝主体在建设时设有通航设施，坝址以上的集水面积可达 19.2 万 km²，约占哥伦比亚河全河流域面积的 28.7%。坝址平均年径流量可达到 963 亿 m³。

　　电站初建期工程设有第一厂房和第二厂房，每个厂房各装有 9 台容量为 10.8 万 kW 的水轮发电机组，第一厂房内同时还配备有 3 台厂用机组，厂用机组每台为 1 万 kW。在电站的扩建工程中新建了第三厂房，厂房配备有 3 台 60 万 kW 机组和 3 台 70 万 kW 机组，总容量可达到 390 万 kW。初期设计安装的机组经过重新绕线圈后，提高出力水平达到 12.5 万 kW，18 台发电机共出力可达 225 万 kW。电站的平均年发电量共计可达到 202 亿 kW·h，电能使用 230kV 的高压输电线向外部输送用电。此外，大古力水电站还计划再装备 2 台 70 万 kW 常规水轮发电机组和 2 台 50 万 kW 的抽水蓄能机组，共出力可达 240 万 kW，总装机机组容量将达到 888 万 kW。超出一般力工况运行时，容量将达到 1023 万 kW。

9.1.2 扩建效益

1967 年大古力水电站进行了第三厂房的扩建，其主要原因有以下两点。

（1）加拿大与美国签订了关于哥伦比亚河流域的条约，加拿大按约定的条约在上游建立 3 座大型水库，美国同时也要在支流上建立几座大型水库，从而使哥伦比亚河的径流得到充分的调节利用，保证电站出力水平大为提高。

（2）大古力水电站所依托的邦纳维尔电力系统以水电开发为主，用超高压交直流输电线路与以火电为主的加利福尼亚电力系统相连，从而使大古力水电站由担负基荷转变成了担负峰荷。经过多种方案利弊的权衡比较，最终采用了在大坝右端去除一段水坝的主体，再与主坝呈约 60°交角接建前池坝和进水口，最后在前池坝下游建设第三厂房的方案。具体建设步骤是：首先在送电不受影响的情况下将拆迁移除原设在右岸坝端的开关站，再在轮廓线周围的右端水库修建围堰，目的是去除一段坝体，然后建立前池。最为困难的是要炸除 5 个 79.2m 长的混凝土重力坝段，需要炸掉混凝土的体积为 23 657m³。从安全角度考虑，先开挖制作隔离槽，使要炸除的坝段跟需要保留的坝体及坝肩接头处都严格隔离，再开挖出拟炸坝段下游处的基础坝段，这样爆炸时就会使整个坝段向下游倾倒，成功后再进行第二次爆破，将混凝土炸成小块，以方便清除碎块。在新基础石方和老坝段爆破成功后，都要保证原有未炸除工程的安全坚固。扩建完成的前池坝，坝高最大为 61m，长度为 356.6m，还加建有一段翼坝，长度为 56.7m。第三厂房长度为 344m、宽度为 65m、高度为 79m。扩建工程浇混凝土总量共 109 万 m³。第三厂房内安装各为 3 台单机容量达 70 万 kW 和 60 万 kW 机组，其设计 87m 的水头，单机最大出力水平分别可达 73 万 kW 和 82.7 万 kW，总装机容量可达到 390 万 kW。所使用 60 万 kW 和 70 万 kW 的大水轮机，设计水头均可达到 86.9m，其中最大额定水头可达 108.2m，转轮直径分别是 9.78m 和 9.9m，平均流量分别可达 930m³/s 和 815m³/s，转速分别为 72rad/min 和 85.7rad/min，最大保证率分别为 93%和 94%。每台机组由直径是 12.2m 的压力管道分别输水。压力管道最大输水能力可达到 7930m³/s。1975 年 8 月第一批 60 万 kW 的扩建机组正式投入使用，1978 年 4 月第 4 台（装机容量达 70 万 kW）扩建机组于并网投入发电，1980 年 5 月第 5 台和第 6 台机组全部建成正式投入发电。对原有的 18 台机组，在 20 世纪 70 年代重新绕线，每台容量增加到了 12.5 万 kW 左右。从而使抽水蓄能机组及第一、第二、第三厂房全部装机共达 649.4 万 kW。在前池坝下端还预留了 2 台 70 万 kW 常规水轮发电机组和 2 台 50 万

kW 的抽水蓄能机组的位置，进一步扩建完成后，计划总装机容量为 888 万 kW，利用超铭牌出力的机组，最大峰荷出力时可达到 1023 万 kW。扩建完成后，所发电力将改用 500kV 的超高压输送。

9.1.3　民生问题

电站的建设给居住在电站区域以外的农民造成了负面影响。原因是给予哥伦比亚流域电站区域农民的津贴使他们的灌溉费用降低了。然而由于有联邦灌溉的补贴，哥伦比亚电站流域农户农产品的成本较低，因此这些农户比未得到补贴的农民更有利。加拿大不列颠哥伦比亚省的农民也受到类似的负面影响。另外，上游居民也受到了哥伦比亚河条约的影响，按照条约修建的 3 座哥伦比亚大坝引起的对农民土地淹没、森林破坏和失业的损失。

在大古力大坝建设成立后，Spokane（斯波坎）部落和 Colville（科尔维尔）部落通过多方面努力争取获得损失补偿，并试图拿出一部分发电收入作为对部落的补偿。1978 年，两个部落获得了首次重大成功。按照 Colville 部落提出的要求，印第安索赔委员会给予 Colville 部落自 1949 年以来渔业损失的赔偿将达到 300 万美元。在 20 世纪 90 年代，美国政府就决定向 Colville 部落一共支付 5300 万美元的赔偿款，从而兑现了每年从发电收入中拿出一部分收入支付给部落的政府诺言。这其中包括了邦纳维尔电力局每年向部落支付大约为 1500 万美元的赔偿费用。尽管做出了赔偿，但许多部落仍然感到不满意。他们认为任何金钱赔偿都不能弥补电站建设对他们传统生活方式所造成的损害。关于赔偿的问题，加拿大部落比美国的部落的损失更大，因为他们不能得到向美国政府的赔偿支持。

9.1.4　启示意义

从大古力水电站我们得到的启示如下。

（1）工程建设注重环境保护和前期工作。美国水电工程建设十分重视前期勘测论证工作，对项目建设的不同方案进行认真科学的评选，严格按法律程序办事，大型水电工程均进行了长期的论证考究工作。大古力水坝用了近 13 年时间进行有效性论证，并对周围环境进行精密探测，确保环境不受到水电站威胁。

（2）重视工程技术不断更新改造。大古力建设于20世纪80年代初期，当时技术相对落后，但美国不断进行已有电站的改造创新。其特点是提高水电站的自动化管理水平，现在无论大小水电站均采用电脑集中监控管理，从水库来水到电网供需情况、发电流量、机组出力、水头、工作温度等均在屏幕上一目了然。工作工况随时可在电脑上调整保证机组获得最大的经济效益和处于最佳运行状态。

（3）工程实行"以电养水"。大古力水电站是美国大型水电工程之一，但其建设的主要目的不是用来发电。大古力水坝设计的主要意图是防洪和灌溉。发电是一种附属产品。而如今，电站却是工程管理和维护的主要资金来源，环境保护和旅游开发的资金也来自发电。联想我国的几座大型水电工程，其收入也应用于扶持所在流域的水资源利用和开发，这才能真正起到龙头模范的作用。

9.2 案例二 伊泰普水电站

9.2.1 基本概况

伊泰普水电站（图9.2），位于年径流量可达7250亿 m³ 的巴拉那河，该河是流经巴西与巴拉圭两国边境的河段。伊泰普水电站由巴拉圭与巴西共同修建，发电量和发电机组由两国平均分配。目前共有20台发电机组（每台70万kW），总装机容量可达到1400万kW，年平均发电量约为900亿kW·h，其中在2008年发电量约为948.6亿 kW·h。是当今世界范围内发电量第二大、装机容量第二大水电站，仅次于我国的三峡水电站。

图9.2 伊泰普水电站

巴拉那河流域全长为 5290km，总流域面积达 280 万 km^2，平均年径流量达到 7250 亿 m^3。伊泰普坝址以上的流域面积约为 82 万 km^2，平均年径流量达到 2860 亿 m^3，分别占全河流域总和的 28% 和 39%。伊泰普坝址以上的流域均在巴西境内，水量充沛、上下游落差也比较大。伊泰普水库总库容量可达 290 亿 m^3，有效库容量能达到 190 亿 m^3，相当于全年径流量总和的 6.6%。在电站上游还建设成立了 23 座水库，与伊泰普水库合计总库容量 2169 亿 m^3，其中有效库容量为 1265 亿 m^3，相当于年径流量的 44%，所以调节性能较为优越。1973 年巴拉圭、巴西两国政府签订协议，共同开发边界河流域长达 200km 的一段水力资源，耗时 16 年，投入资金达 170 多亿美元，1991 年 5 月建设成立了举世瞩目的伊泰普水电站，坝址控制流域面积可达 82 万 km^2，大坝全长为 7744m，高度达到 196m，将巴拉那河截成两段，形成水库面积为 1350km^2、库容达 290 亿 m^3 的人造湖。多年平均流量达 8500m^3/s。坝址处常水位时河宽约为 400m，枯水河槽宽为 250m，以坚硬完整的玄武岩为基岩。伊泰普水电站总库容达 290 亿 m^3，有效库容达到 190 亿 m^3。

9.2.2 经济效益

伊泰普水电站是用钢筋混凝土浇筑的巨型水电站，其工程量非常庞大，因此美国土木工程师协会于 1994 年将其列为当今世界上的七大奇迹之一。除通常的发电功能外，伊泰普水电站还同时具有渔业、防洪、旅游、航运及生态改善等综合经济效益，同时，水电站和大坝投入运营以来，也产生了一系列影响，具体如下。

（1）两国电力供应充沛，经济效益非常可观。1991 年 4 月水电站投入运营以来，伊泰普水电站的电力供给一直保持畅通状态，在巴拉圭和巴西的电能供应中发挥着不可或缺的作用。截至 2012 年 9 月，总发电量已突破 10 000 亿 kW·h，为巴西南部市场供应了约为 25% 的电力，为巴拉圭电力系统供应了约 95% 的电力。

（2）工程带来了良好的生态和社会效益，但也同时带来了一定的负面影响。总的来说，伊泰普水电站是一项与社会、环境和谐发展的工程，形成了对人类有益的社会和生态效益。伊泰普水电站建设从一开始就对环境保护相当重视，且将环境保护列为一项永久性的课题来研究。虽然在水电站的设计规划阶段巴拉圭和巴西两国政府均没有出台相关的环境保护法规，但是在 1973 年，伊泰普两国委员会就聘请国际专家组对坝址进行了调查勘测，制定出台了工程环境影响报告书，随后在 1975 年根据报告书开始了对环境保护进行规划。水库在蓄水前，伊泰普两国委员会审阅并通过了《环境保护基本规划》，开始保护将受水库和大坝施工影响的自然生态系统和社会文化。后来又制定出台了《伊泰普双边战略计划》《库区总体规划》。正是这些重要条例的出台才保障了伊泰普水电站在泥沙控制和水质保护、生态多样性的保护、工程多功能利用的协调等环境保护工作上的连续性和突破性。

任何事物都有利有弊，水电站在带来好处的同时也产生出一些较为消极的社会和生态的负面影响。水库在蓄水过程中，不仅吞没了方圆数千米的农村田野和雨林，还间接对天然奇观伊瓜苏大瀑布构成威胁。沿瀑布往下 170km 处便是闻名于世的伊瓜苏大瀑布。伊瓜苏大瀑布是迄今为止世界上最宽的瀑布，瀑布至今已有 100 多年的历史，位于阿根廷与巴西边界上巴拉那河与伊瓜苏河合流点上游 23km 处，呈马蹄形状，高为 82m。联合国教育、科学及文化组织在 1984 年将其列为世界自然遗产。伊瓜苏瀑布天然形成的壮观景象，深深地吸引了来自世界各地的游客。

审时度势调整协议内容，跨国利益纷争得到平息。巴拉那河是穿越巴拉圭、阿根廷和巴西三国的公共河流。大坝和水电站的建设和运营，涉及不同国家各自的利益，不可避免地会引发国家间的利益冲突。正是由于三国审时度势，通过国家间平等协商不断调整协商的内容，平衡各种风险和收益，才保障了国家间的长期合作。

9.2.3　民生问题

一座新的水电站开始投入运作，也意味着新的环保工作的开始。只有充分重视环保工作，将其视为水电发展的一项永久性配套工程，不断提升环境保护水平，并将其与当地经济、社会发展相结合起来，才是水电开发的未来发展方向。这是巴西在伊泰普水电站环保工作方面的真实写照。

跟世界上其他地方的水电项目一样，自 1975 年 10 月伊泰普大坝动土兴建以来也遭受了不少反对，如间接损害了曾经世界上流量最大的瀑布伊瓜苏、居民被迫搬迁，以及对动植物的影响等。但通过巴西人过去几十年的不懈努力，今天的伊泰普大坝不仅走出了争议，而且将自己打造成了巴西环保的风向标，赢得了国内广泛的民意支持。民调显示，当地高达 78%的居民表示支持这一项目的建成，其中还包括很多因建设水库而搬迁的当地居民。

伊泰普水电项目的确是一个成功的移民项目。例如，为居住在河道两岸的一些居民兴建了大约 10 万套房屋，并修建了与居民区相对应的配套设施，包括卫生系统、水电供应和道路。工程不仅妥善安置了移民，让移民安居乐业，还促进了工程周边城区居民的生活质量，对周边地区和移民可持续发展产生了积极深远的影响。上述对三峡工程建设的和谐移民和环境保护起到了积极借鉴作用。

9.2.4 启示意义

伊泰普水电站给我们的经验与启示如下。

（1）因水电站建设促使环境与开发电能和谐发展荣获了国际里程碑工程奖。伊泰普水电站被认为是现代土木工程的一个世界奇迹。2011 年 9 月 28 日，在"大坝技术及长效性能国际研讨会"上，经过推荐、初评和复评等一系列的程序，巴拉圭和巴西的伊泰普水电站与瑞士的大狄克逊梯级水电站，中国的三峡水电站、二滩水电站，美国的胡佛水坝共同荣获国际里程碑混凝土坝工程奖。该奖在国际性工程中是一项非常重要的大奖，由中国和美国大坝协会联合设立，设立初期就得到国际大坝委员会和有关国家大坝委员会的积极支持和热烈响应。参评工程要求各工程项目本身有创新点，注重生态和环境保护，在国际上具有一定影响力。

（2）审时度势，合作共赢，化矛盾为双方共同利益。伊泰普水电站可以说是巴拉圭和巴西在"工程外交"中的一个典范，是公用河流国家从冲突到合作，然后给双方都创造出丰厚利益的一个典型实例。两国在不断协商中订立了在边界河流上开发水能的合作协议，按照约定水电站共享共建共同管理。后来又审时度势不断调整两国在风险和利益上的相关责任，在两国合作与发展中，还兼顾了国际河流下游国家的利益，有力保障了各个国家间的长期合作和水电站的安全顺利运行。值得一提的是，在伊泰普两国电力公司的监督管理下，两国将有争议的领土作为一个两国生物的栖息地，用这种富有创新的思维解决了长期以来困扰两个国家的边界纠纷问题。

（3）水电站创新不断升级。伊泰普水电站在建设时满足了现代水文化的基本原则：满足现代居民对水文化的基本要求，反映当代居民与水的关系，体现现代科技的不断进步。在这些工程建设的过程中，逐渐形成了工程建设制度创新、管理理论创新、开发性移民制度创新，以及社会组合、区域经济重构、山河再造的诸多创新成果。

9.3　案例三　三峡水电站

三峡水电站（图 9.3），又称为长江三峡水利枢纽工程、三峡工程、三峡大坝，是于中国长江上游河段兴建的大型水利项目工程。坐落于重庆市到湖北省宜昌市的长江干流流域，大坝的具体位置在三峡西陵峡流域内的宜昌市夷陵区三斗坪，和下游处不远的葛洲坝水电站组合形成了梯级调度电站。它的建成使其成为目前世界上规模最大的巨型水电站。1992 年，三峡水利工程获得全国人民代表大会批准兴建，三峡枢纽工程于 1993 年 10 月 29 日获准实施。1994 年 12 月 14 日三峡水电站正式动工修建，在 2003 年开始蓄水发电，工程于 2009 年全部完工。三峡水电站从开始筹建的那一刻起，就引发移民搬迁、环境等许多问题，始终与争议相伴。

图 9.3　三峡水电站

9.3.1　基本概况

我国的三峡是由瞿塘峡、西陵峡和巫峡组成。而三峡水电站，坐落于中国直辖市重庆市到湖北省宜昌市之间的长江干流流域上。大坝主体位于宜昌市上游不远处的三斗坪，同葛洲坝水电站一起构成梯级电站。它是中国有史以来建设的最大型的水利工程项目。在建设初期就引发了移民搬迁、环境等许多问题，使它从开始筹建的那一刻起，便始终争议相伴。三峡水电站的基本功能有十多种，包括发电、种植、航运等。全国人民代表大会七届五次会议在 1992 年 4 月 3 日以 1767 票赞同、171 票反对、664 票弃权、25 人没有按表决器，在有近三分之一的人反对或者弃权的情况下，通过了《长江三峡工程决议案》，并于 1994 年正式动工兴建，在 2003 年开始蓄水发电，2009 年全部工程完工。

水电站大坝高度可达 185m，蓄水高度达 175m，水库长度约为 600 余千米，安装了单机容量为 70 万 kW 的 32 台的水电机组，是目前全世界装机容量最大的水力发电站。三峡水电站机组在 2010 年 7 月实现了电站 1820 万 kW 满出力 168h 运行试验的目标。按照数据日发电量突破 4.3 亿 kW·h，约占全国日发电量的 5%。三峡水电站初期的规划是 70 万 kW 的机组共 26 台，也就是年发电量为 847 亿 kW·h，装机容量为 1820 万 kW。后来又在右岸大坝白石尖山体内建设地下电站系统，建有 70 万 kW 共 6 台水轮发电机。再加上三峡水电站自身带有的两台 5 万 kW 的电源发电站。总装机容量能够达到 2250 万 kW，年平均发电量约为 1000 亿 kW·h，是大亚湾核电站的整整 5 倍，是葛洲坝水电站的整整 10 倍，三峡水电站年发电量约占全国年发电总量的 3%，占全国水力发电的 20%。建设水电站所用机组设备主要由德国伏伊特（VOITH）公司、美国通用电气（GE）公司、德国西门子（SIEMENS）公司组成的 VGS 联营体和瑞士 ABB 公司、法国阿尔斯通（ALSTOM）公司组成的 ALSTOM 联营体提供。中国长江三峡工程开发总公司在和他们签订供货协议时，他们都已履行承诺将相关设备技术无偿转让给中国国内的电机制造商。三峡水电站的输变电系统由中国国家电网公司负责管理和建设，预计总共安装 15 回 500kV 的高压输电线路以致能连接至各区域电网。

9.3.2 生态环境

三峡工程对生态和环境的影响非常巨大，其中对三峡库区的影响最为直接和明显，对长江流域也存在不可估计的影响，甚至还有人推测三峡工程将会使得海洋环境和全球的气候发生巨大变化。

水电站周围居民对三峡工程影响环境的最大忧虑来自于水库的污染。三峡两岸城镇居民和来此游玩的游客所排放的生活垃圾和污水，都没有经过处理直接排放到长江。在蓄水完成后，由于水流呈现静态化，污染物不能及时下放而积累在水库中，因此在不同程度上已经造成了水质恶化和垃圾漂浮，并可能引发传染疾病，部分城镇在其他水源采集生活用水。同时大批移民不断开垦荒地，也加快了水体污染，并产生水土流失等更严重的现象。对此，当地政府正在大力修建垃圾填埋场和污水处理厂以期解决污染问题，如果发现污染非常严重，也可能会采取大坝增加下排流量来实现水体更换。蓄水完成后，支流回水区及库湾多次出现水华现象，主要是由于回水区水流不断减缓，严重时只有 1.2cm/s，几乎不再向下流动，引起扩散能力严重减弱，使库湾水体及库区周围近岸水域纳污能力持续下降。重庆三峡库区污染问题中近七成是农民生活及农业生产对环境造成的污染，已经大大超过了工业污染所达到的水平。

按照葛洲坝水电站的运行经验，三峡工程将会对周边生态造成非常巨大的冲击。因为有大坝在其间阻隔，鱼类无法正常通过三峡水电站，它们的遗传和生活习性等会发生变异。三峡水电站完全蓄水后将淹没 560 多种陆生珍稀植物，但它们中除了荷叶铁线蕨和疏花水柏枝其余在淹没线以上也有广泛分布，现已将荷叶铁线蕨和疏花水柏枝迁植到别处。现三峡库区森林覆盖率已从 20 世纪 50年代的 20%降到了 10%。

根据研究报告显示，三峡工程水库的运作将会导致库区富营养化进程不断加快和库湾藻类、支流水华频繁发生。大坝清水下放引起长江干流河道遭受剧烈冲刷，使得坝下河道水文情势发生不可逆转变化，进而造成中游通江湖泊江湖关系发生改变，使得湿地生态与湖泊水情明显调整。长江特有四大家鱼和鱼类繁育、鱼类产卵场及珍稀水生动物生存等受到极为严重影响。

三峡工程完成蓄水后，水的蒸发量上升，水域面积扩大，因此会造成附近地区日夜温差差距缩小，加速改变了库区的气候环境。由于水势和含沙量的改变，三峡工程还可能会改变下游河段的冲积程度和河水流向，甚至可能会对东海水质产生一些影响，并进而改变全球的水质环境。但是综合考虑海洋的互流互通性，以及长江在三峡以下的 1000 多千米流域中还有湘江、赣江、汉江等多条重要支流的水量一并汇入，因此暂时估计不会对全球海洋和气候环境造成较大的负面影响。而且因为环境的变化是由多种可变因素交织组合形成的，所受影响极其复杂，所以也无法准确估计三峡工程对环境的确切影响程度。

同时三峡工程也会对环境产生有益的作用。水能作为一种清洁能源，三峡水电站的兴建，将会代替大批量的火电机组，使每年的煤炭消耗总量减少约 5000万 t，并减少引起温室效应的二氧化碳和二氧化硫等有害污染物排放，间接实现了环境保护。

在 2011 年 3 月以后，长江中下游地区遭遇到历史上罕见的干旱天气，降水达到中华人民共和国成立以来比较罕见水平，三峡工程再次被公众推到风口浪尖上。然而这次干旱主要是当年上半年度长江中下游地带尤其是两湖地带总体降水严重缩减所致，与三峡水库并无太大直接相关。反而三峡工程在这次大旱中发挥出前所未有的作用，由于能够及时向下游放水，在一定程度上减缓了旱情。

9.3.3　融资模式

1993~1997 年国家资本金推动。1994 年 12 月，三峡工程开始动工修建，但在工程早期，这个巨无霸工程未来的赢利前景并没有被大多数人所重视，各家金融机构也很难对项目风险进行较为准确的评估，因此这一阶段的资金主要依靠的是政策性银行贷款和国家注入资本金。

1997~2003 年债券融资模式。1997~2003 年是三峡工程建设的高峰期，此时三峡工程已经打下基础，未来收益和项目风险也开始被外界知晓，于是中国长江三峡工程开发总公司开始更多地利用市场化手段来进行融资，其中最值得一提的就是其曾九次发行三峡债券。

2003~2009 年整体上市。中国长江三峡工程开发总公司的子公司中国长江电力股份有限公司于 2003 年 11 月 18 日在上海证券交易所挂牌正式上市，所募集资本金共 100 亿元，加上债务融资总共 187 亿元收购了中国长江三峡工程开发总公司首批投产的 4 台机组。此后，中国长江电力股份有限公司又通过数次资本运作相继收购母公司中国长江三峡工程开发总公司部分机组。2009 年 5 月，中国长江电力股份有限公司在经过长达一年的停牌后最终宣布，将以向中国长江三峡工程开发总公司非公开发行股份、支付现金的方式承接债务，并将出资1075 亿元收购中国长江三峡工程开发总公司所持有的剩余所有的 18 台机组。

三峡水电站截至 2013 年 11 月 30 日累计发电共 7045 亿 kW·h，售电收入高达 1831 亿元，三峡工程已经全部收回投资成本。

9.3.4　移民问题

至 2010 年持续 18 年的三峡工程大移民宣告结束，至此 139.76 万移民安置工作全面完成，其中大约 16 万移民远赴其他省市安家落户。中央先后投资 6 亿元用于培训移民及就业指导，并逐步完善社会保障体系。目前三峡库区 GDP 增速已经连续 4 年超过重庆市全市平均水平。

"搬得出"成功实现。截至 2010 年，三峡库区总共搬迁移民 139.67 万人，安置工作全面完成。正是因为有了移民群众的牺牲和奉献，有共产党和人民政府不断维护和发展每个移民的利益，三峡百万移民才得以实现"搬得出"的目标。

移民生活逐步改善。近年来移民群众生活水平得到稳步提升。据统计显示，仅重庆库区在 2009 年就新增移民就业 5.8 万多人，通过对城镇人口调查失业率的研究，发现失业率由过去最高峰近 20%下降到了 8%，农村移民年人均纯收入达到 4998 元，同比增幅均超过 10 个百分点，城镇移民家庭年人均可支配收入可达到 8231 元。

库区特色产业兴起。中央政府专门成立总额为 50 亿元的三峡库区特色产业发展基金。到 2010 年，仅重庆库区就累计安排产业项目近 1037 个，安置移民就业 2.3 万余人，新增就业岗位可达到 7.6 万个。在产业基金的扶持带动下，库区的特色产业发展已经初见成效，初步形成了以榨菜、柑橘、中药材为主的农业产业，以生态休闲观光旅游为主的旅游产业，以纺织、化工为主的工业产业。

9.3.5　三大效益

三峡水电站主要有三大效益，分别是航运、防洪和发电，其中防洪被公认为是三峡工程最为核心的效益。

在历史上，长江上游河段及其多条支流经常引发洪水，在每次特大洪水暴发时，宜昌以下的长江荆州流域都要采取分洪抗洪措施，淹没部分农田和乡村，以保障武汉城区的安全。在三峡工程建设完成后，其巨大库容量所提供的调蓄能力足以使下游荆江地区防御百年难遇的特大洪水，也有助于荆江堤防的全面修补和洞庭湖的治理。

发电是三峡工程最能体现经济效益的功能。三峡工程是中国西电东送工程中线的巨型发电点，非常靠近华东、华南等电力负荷中心，三峡电站所发的电力将主要售予华中电网的湖南省、江西省、重庆市、河南省、湖北省，华东电网的上海市、江苏省、安徽省、浙江省，以及南方电网的广东省。三峡所实行的上网电价按照各受电省份的电厂平均上网电价确定成交，在相应扣除电网输电费用后，大约为 0.25 元/（kW·h）（2012 年价格）。三峡水电站是水电机组，它的主要成本是贷款和折旧的财务费用，因此利润率非常高。由于长江是受季节性影响变化较大的河流，尽管三峡水电站的装机容量大于案例二中的伊泰普水电站，但其发电量却不如后者多。

在三峡工程建设的开始阶段，曾经有人预测三峡工程建成后，其强大的发电能力将会使得电力供大于求。但从现在看来，即使三峡水电站全部建成投用，其装机容量也仅仅是那时中国总装机容量的 3%，并不会对整个中国的电力供需形势形成多大影响。而且自从 2003 年起，中国出现了罕见的电力供应紧张局面，煤炭价格一路飙升，三峡机组适逢其时开始发电，在它运行的前两年间，发电量均超过了原计划发电量，电力供不应求。

自古以来，长江三峡段下行十分湍急，古代诗人李白就有"朝辞白帝彩云间，千里江陵一日还，两岸猿声啼不住，轻舟已过万重山"的千古绝句。但与此同时，轮船向上游区域航行的难度也非常大，如宜昌往重庆方向仅可通行 3000 吨级的轮船，因此三峡的水运航路一直以单向通行为主。三峡工程建设成立后，该段长江将成为水势平缓的湖泊，万吨级轮船可从上海通往重庆。而且水流通过水库时放水，还可以改善长江中下游地区在干旱枯水季节的航运条件。不过由于永久船闸可以划分为五级，因此通行速度比较慢，理论上过闸需要 2h 40min，但在目前实际运行中，往往需要花费 4h 以上才能通过。

三峡水电站在大多数情况下会对环境有益。水能作为一种清洁能源，三峡水电站的建设成立，将会代替大批量火电机组，这样可以使每年的煤炭消耗量减少 5000 万 t，并减少引起温室效应的二氧化碳和二氧化硫等污染物的排放，间接实现了环境保护。三峡建设成立后，坝区附近的气候受到显著的影响，冷暖变化无常，破坏了几千年以来的地质地貌环境，进而破坏了微生物群体的生存环境，所带来的无形损失是不可估量的。

9.3.6 启示意义

（1）大型水轮发电机组应立足于国内自主开发设计制造，不能完全引进国外技术。我国在进行三峡工程建设时，通过引进国外大型水轮发电机组的先进经验技术，了解并学习了国外主要制造厂家的技术操作特点，这对于我国积极消化吸收引进外来技术，吸收别人长处，深入开展科研课题工作，并在此基础上有所创新，形成具有我国自主知识产权的系列技术具有积极激励作用。实践表明，新建大型水电站应该与国内制造厂商密切合作，从开始的可行性研究提出机组选型的方案开展科研工作，与此同时可以从国外引进单项技术或与国外厂家进行合作，做到半自主设计制造。

（2）完善国家层面移民政策。在新的历史时期，特别是十八届三中全会上已明确提出要保障农村集体经济组织土地所有权权益，农村土地将作为生产要素进入市场，这标志着在国家层面已着手对农村土地社会价值分配权进行调整，而水电移民政策的政策核心就是对被电站土地淹没进行补偿的模式。

（3）库区地方政府要积极引导产业建设。电站涉及库区地方政府要把主要精力放在市场失灵的领域，明确鼓励和支持移民产业的发展方向，为企业发展创造一个宽松的制度环境，通过制定财政、金融、税收、土地、工商管理、招商引资、交通运输管理等方面的一系列产业政策，培育主导产业，并不断引导主导产业升级，在库区带动和形成完整的产业链。

9.4 案例四 溪洛渡水电站

9.4.1 基本概况

溪洛渡水电站（图9.4）作为我国"西电东送"骨干主力建设工程，位于四川和云南交界的金沙江河畔。工程以发电为主，但是兼有防洪、拦沙和改善下游航运往来条件等综合经济效益，并可以为下游水电站进行梯级性电量补偿。电站主要供电华中、华东地区，兼顾滇、川两省用电需求，是金沙江"西电东送"距离最近的骨干发电中心之一，也是金沙江水电站中最大的一座。

图9.4 溪洛渡水电站

溪洛渡水电站的装机容量与案例二中伊泰普水电站不分上下，目前是世界第三、中国第二大水电站。溪洛渡水电站于 2005 年年底开始工程建设，2007 年实现成功截流。大坝主体工程混凝土浇筑在 2009 年 3 月开工，2013 年首批机组发电电站在左岸、右岸各布置一座地下发电厂房，各安装 77 万 kW 的 9 台单机容量巨型水轮发电机组，总装机共 1386 万 kW，仅次于伊泰普水电站和三峡水电站。

截至 2014 年 4 月，溪洛渡左岸电站 3 号机组完全结束试运行并已经完成停机检修，在正式投产发电后，剩余 4 台机组正在有序进行安装调试，并于 2014 年汛前全部投产试运行。

溪洛渡左岸 1 号机组在 2014 年 6 月 30 日 21 时 50 分结束了长达 72h 试运行，进入开始投产运行状态。至此，所有机组全部投产运行。

9.4.2　综合效益

9.4.2.1　发电效益

溪洛渡电站目前为不完全年度调节。上游梯级电站完成建设成立后，溪洛渡水电站能够确保出力可达 665.7 万 kW，年发电量可达 640 亿 kW·h。与此同时，该电站建设成立后，可为增加下游三峡水电站、葛洲坝水电站保证出力 37.92 万 kW，增加枯水期电量为 18.8 亿 kW·h。

溪洛渡水电站的枢纽由引水、拦河坝、发电、泄洪等建筑物共同组成。拦河坝是混凝土双曲拱坝，坝顶高程可达到 610m，最大坝高可达到 285.5m，坝顶弧长 698.07m，左、右两岸布置有地下厂房，各配备有 9 台水轮发电机组，电站总装机可达 1386 万 kW，多年发电量均在 571.2 亿 kW·h。

9.4.2.2　拦沙效益

金沙江中游水域是长江主要产沙地带之一，溪洛渡坝址年平均含沙量约为 1.72kg/m³，约占三峡入库沙量的 47%。经测算分析，溪洛渡水库如果单独运行 60 年，三峡库区入库沙量可比天然状态减少 34.1% 以上，中数粒径细化约 40%，对减轻重庆港的淤积和促进三峡工程效益发挥有重要作用。

9.4.2.3　防洪效益

溪洛渡水电站是长江防洪体系中的重要组成部分，是为解决川江防洪问题时采用的主要工程措施之一。

溪洛渡水库防洪库容可达 46.5 亿 m^3，利用溪洛渡水电站调洪再配合其他可采取的措施，可使川江沿岸的泸州、宜宾、重庆等城市的防洪标准从原来的 20 年一遇过渡到符合城市防洪规划测绘标准。溪洛渡水库在汛期拦蓄金沙江洪水时，可以直接减少进入三峡水库的洪水量，再配合三峡水库运行可以使长江中下游防洪标准进一步提高。研究结果表明，如果长江中下游遭遇百年一遇的洪水，溪洛渡水库与三峡水库联合调度，可减轻长江中下游的分洪量大约为 27.4 亿 m^3。

9.4.2.4 经济效益

随着溪洛渡水电站的建成，水库对外、对内水陆交通条件得以改善，移民及工程开发建设资金的使用，对库区各县的资源开发利用、基础设施建设、优化产业结构、发展经济必将起到积极的促进作用。由于水库对径流的调节促进作用，将直接改善下游通航条件，水库区也可实现部分通航。

9.4.3 建设意义

9.4.3.1 带动经济

溪洛渡水库区处于六盘水-攀西地区的核心地带。六盘水-攀西是我国资源最为富集的地带，该地区不仅有大量丰富的水能资源，而且还有储量大、种类多的矿产资源，以及热资源、生物资源和充足的光，被世人誉为"聚宝盆""得天独厚"。由于开发利用这些资源十分有限，这里的经济仍然十分落后，迄今没有摆脱贫困，与全国经济形成极大的落差。

修建溪洛渡水电站时，实施"西电东输"，对实现我国资源合理配置，改善电源分布结构，改善区域生态环境，促进长江流域经济可持续发展和促进西部地区特别是川、滇金沙江两岸少数民族地区的经济协调发展都具有深远的历史意义和作用。

9.4.3.2 防震作用

云南永善在 2014 年 4 月 5 日发生 5.3 级地震，但溪洛渡水电站设计抗震裂度可达到八度，这次地震对电站大坝没有任何影响，溪洛渡水电站安然无恙。

从有关部门了解到，地震发生以后，水电站建设指挥部立即启动了应急预案，组织工程技术人员对运行、电站建设进行认真细致的全面检查。检查结果表明，大坝已经安装发电的 14 台机组运行正常，运行工况非常良好，在建各项工程丝毫没有受到任何影响。

溪洛渡水电站的实施建设不仅采用了世界上最先进的机械设备，还采用了世界一流的工艺和技术，并应用了信息传输技术、精确温控技术、仿真技术、卫星导航技术、计算机技术等。溪洛渡水电站内埋了 7200 个先进的监测仪器，可全方位、全时空地精确监控。开创了我国 300 米级高拱坝建设运行数字化新模式。

9.4.4　建设初期经验总结

9.4.4.1　工作人员精诚团结、密切协作

全体工作人员扎实工作、精诚团结、密切协作、遵守纪律，是调查问责工作顺利推进的重要保障。不仅严格执行政策和操作流程、调查技术规范，高质量、高标准推进调查工作，还坚持因地制宜、因时制宜开展调查工作。各工作队克服各种困难，在天气良好时早出晚归仅中午休息；阴天时全天调查，尽量加紧工作进程。

9.4.4.2　坚持了当天问题不过夜

白天调查野外任务遇到的不合理问题，当天晚上立即召开协调会进行研究商策，尤其是对针对性强的争议问题及时处理，并形成相关技术规范，有效避免类似有异议问题的工作发生。

9.4.4.3　"一把标尺量到底"和"公开、公正、公平"

平等参与、发扬民主，体现了公平性。调查审核工作严格按照国家有关程序规范进行，自始至终体现了公平参与、发扬民主这一要求。在林木和土地的每一个调查审核环节，都有严格的量化评判标准、规范的程序。正是通过所设立的严格的措施和程序，才确保了整个调查工作都始终处在公平有序的氛围当中进行。

9.5　案例五　藏木水电站

9.5.1　基本概况

坐落于西藏自治区的藏木水电站（图9.5）是目前西藏最大的水电开发项目，

也是雅鲁藏布江干流上规划建设的第一座大型水电站。藏木水电站是雅鲁藏布江干流中游桑日至加查峡谷段规划 5 级电站中的第 4 级，下游为加查水电站，上游衔接街需水电站。藏木水电站施工建设于西藏山南地区加查县境内，距离拉萨市直线距离约为 140km，水库控制流域面积为 15.8 万 km^2，坝址处多年平均每秒流量可达 1010m^3，工程开发任务主要是发电，并兼顾有生态环境用水要求。

图 9.5　藏木水电站

总投资 96 亿元、历时近 8 年的藏木水电站在 2014 年 11 月 23 日投产发电。时隔一年藏木水电站在 2015 年 10 月 13 日开始全面运行。

加查峡谷是雅鲁藏布江上的四大峡谷的其中之一，在 37km 的范围内落差达 270m。峡谷内有多处梯级瀑布，江水奔腾，这里时常会出现大量鱼群逆水而上、跌落江中的场景，但是随着水电站修建完工，这种景观必将不复存在。藏木水电站最大坝高可达 116m，水库正常蓄水区建基面高程为 3310m，相应库容量约为 0.866 亿 m^3，电站总装机容量可达到 51 万 kW。这与案例三中三峡水库规模不可相提并论。

9.5.2　融资模式

藏木工程作为水电站其主要功能为发电，同样兼顾有生态环境用水的环保要求。藏木水电站工程为国家二等大型工程，开发任务主要为发电，漂木、航运、灌溉、防洪等综合利用要求。静态投资可达 789 700 万元，其中，建设征地移民安置补偿静态投资 13 783 万元，工程建设总投资 844 300 万元。水电站建设资金由资本金、银行贷款和国家拨款三部分组成。

9.5.3 建设意义

国家发展和改革委员会于 2010 年 7 月核准西藏藏木水电站项目工程，这是目前第一座在雅鲁藏布江干流上修筑的水电站工程项目。藏木水电站的修建有助于减轻西藏中部地区用电紧张的局面，有利于加快西藏社会经济发展和环境保护，对维护西藏地区和平稳定起到关键性作用。西藏自治区的藏木水电站是电力发展史上由建设 10 万千瓦级水电站到建设 50 万千瓦级水电站的标志性建筑工程。雅鲁藏布江藏木水电站的建设完成标志着中国对雅鲁藏布江干流上巨大水能资源开发利用的开始。

9.5.4 生态影响

藏木水电站地处人烟稀少地区，且规模小，因此对生态环境影响较小。

雅鲁藏布江位于欧亚板块和印度板块碰撞及新特提斯洋闭合所形成的缝合带上。其力学结构比较薄弱，加之多次地壳运动，使得该缝合带上断裂以前破碎带较为频繁，抗侵蚀能力相对较弱，于是水就沿这条缝合带侵蚀出一条河曲，形成了今天的雅鲁藏布江。

雅鲁藏布江中游的加查峡谷形成与雅鲁藏布江河道在此段突然变得狭窄是有关系的。河道突然变得狭窄，导致此处水的流速突然增大，其侵蚀能力和携带泥沙的能力变得很强，日积月累江水就在这个狭窄区域切割出了现在的加查峡谷。

虽然雅鲁藏峡谷有着极为丰富的水资源，但在开发利用时需要注意，这里地质结构非常复杂，落差较大，容易发生泥石流、山体滑坡等自然灾害，需要在利用时充分重视。

9.5.5 启示意义

1）藏木水电站对当地发展的意义

改善了当地交通等基础设施，带动了群众就业和物流业的快速发展，起到了保护一方环境、造福一方百姓、和谐一方社会的作用。水电建设是发展清洁能源的良好表现，藏木水电站建设完成后将很大程度缓解西藏电源紧缺问题，对推进雅鲁藏布江构建藏中能源基地、中游梯级电站开发具有重大意义。

2）藏木水电站的社会意义

结合工程建设需要，相关部门先后投资 2.9 亿元改造省道 306 加查至藏木段和曲松段道路，修建藏木大桥、拉绥桥等交通工程。投入资金 926 万余元，无偿援建加查县迎宾大道及电站周边村庄人畜安全饮水、灌溉渠道、村道、村公所办公楼等基础设施；投入资金 700 余万元，赞助地方科教文卫事业；累计使用当地少数民族劳务用工 3 万余人次，并发挥专业优势累计培训农牧民技术工人 3145 人次。

9.6 本 章 小 结

本章通过介绍国外、国内典型水电站开发，并对具体电站进行了启示意义分析，总结国外先进经验，对我国电站存在的不足予以说明，极大地明确了我国水电开发的发展方向。

（1）减少负债率，扩展融资渠道。三峡全面建成之前是世界最大的水电综合工程。伊泰普水电站工程共花费 211 亿美元，其中一半花费在工程和设备当中，另一半是则是用于高额的利息支出。债务融资的比例达到 90%以上，债务每年增加可达到 11 亿美元，即平均每天要增加 300 万美元，这意味着这个巨型水电项目投产后在经营上曾出现非常大的财务困难。有了伊泰普水电站这个前车之鉴，国家在三峡水电站动工之前就确立了要将债务比例控制在合理范围之内的大原则。

（2）充分重视前期勘测论证，项目程序依法进行。大古力水电站是美国最大的水电站，大古力水电站的建设、维护给世界水电站建设带来了深刻的借鉴意义。美国水电工程建设十分重视前期勘测论证工作，对项目建设的不同方案进行认真科学地评选，严格按法律程序办事，大型水电工程均进行了长期的论证考究工作。这为我国建设新的大型水电站提供了宝贵经验。

（3）落实环保措施、促进生态环境协调发展。伊泰普水电站的相关环保措施和环境保护意识值得我国水电工程加以借鉴。自工程建设开始，伊泰普水电站就把环境保护工作提到一定高度，通过制定环境保护相关文件来提供政策方面保障，且及时吸取环境保护方面的教训，这样不断完善并且长期坚持下去。环保工作形成以农业、林业、环境、水利为主的自然要素，以企业、政府为主的人为要素，以及以社区为主的社会要素有机统一协调发展的创新格局，对库区所有小规模流域都针对性地制定具体环境保护措施，从而对水体富营养化、可持续发电和防治泥沙淤积起到重要作用。与此相比，我国水利工程建设的环保意识有待进一步完善。在建设水电站和大型水库时，虽然有对环境保护所做的评价，但环境保护的持续措施，尤其是综合性的持续措施，还有待进一步加强。

（4）加快推进、完善移民保险、赔偿政策。在社会保险制度还不完善，移民缺乏安全保障，渴望得到保险保障的情况下，政府应支持移民保险的持续发展，指导移民如何使用安置补偿费和后期扶持专用基金，引导其投保保险公司的商业保险。保险业应抓住国家实行足额补偿、开发性移民的机遇，挖掘并满足移民的保险需求。政府应积极发挥在移民中普及保险知识的职能，提高移民识别和处理风险的判断能力，使移民充分认识到参加移民保险的必要性。保险公司应针对库区存在的特殊情况，开发险种并注意险种混合搭配，主险、附加险的适当组合。

移民安置规划编制过程中除实物指标等硬件外，还要对当地社会人文等"软件"情况进行细致研究，规划编制过程中除考虑移民原生活指标和生产经济指标外，还要高度重视人文因素在移民搬迁进入城镇后的社会融入作用，在移民搬迁进入城镇后关系网络、社会资源、教育人文等各方面社会功能恢复上要做到尽可能地综合统筹，以科学合理的指标量化测算，对应补偿落实，在移民安置实施规划中计列相应投资，全面合理地提高移民经济补偿，保证移民进入城镇安置后具备一定的生产生活经济基础。

水电的建设在于造福子孙后代，我们应该以史为鉴，吸收外国先进技术，既不能盲目建设，也不能缩手缩脚，要用实事求是的态度把水电项目做到极致。

10 长江上游水电开发的协调机制

水电开发量的测算只是进行水电开发的基础，水电开发的最终目标是实现经济、社会与环境和谐发展，走可持续发展之路。因此，涉及经济、环境与社会的三个利益主体的水电开发者、生态环境与移民之间的协调发展便是水电开发研究的重要内容之一。水电开发的协调机制，就是为了实现系统内的演进目标——经济、环境与社会的可持续发展，三个主体要素水电开发者、生态环境与移民之间的相互联系相互作用。本章分别对水电开发与生态环境、移民两大主体之间的协调机制进行分析，并提出相关政策建议。

10.1 协调机制的概述

协，第一种含义是和、合，如同心协力。《书·汤誓》："有众率怠弗协。"孔传："不与上和合。"第二种含义是和谐、协调。《太玄·数》："声律相协而八音生"（《辞海语词》，第 1219 页）。《汉语大词典》第 880 页解释，协：调整，调合。《尚书·舜典》："协时月正日，同律度量衡。"三国刘劭《人物志·材能》："夫一官之任，以一味协五味；一国之政，以无味和五味。"在本书中"协"指第二种含义，和谐，协调。

调：协调，调和，如饮食失调。《荀子·富国》："其耕者乐田，其战士安难，其百吏好法，其朝廷隆礼，其卿相调议，是治国已"（《辞海语词》，第 1145 页）；

《汉语大词典》第 296 页解释，调：协调，使协调。《楚辞·东方朔〈七谏·谬谏〉》："不论世而高举兮，而高举清白之行，恐操行之不调。"王逸注："调，和也。言人不论世之贪浊，而高举清白之行，恐不和於俗而憎於众也。"可见"协"和"调"的含义相同。

协调（coordination）一词在汉语大词典中解释为和谐一致，配合得当。徐迟《牡丹》八："而这时她和整个舞台取得了最美妙的协调"；草明《乘风破浪》第三章："唐绍周认为自己刚来和老宋关系一直不那么协调"；《花城》1981 年第二期："上下级通气，甲乙方协调"（汉语大词典，第 882 页）。因此，"和谐一致、配合得当"就是协调的明确意思。

协调作为管理的重要方法，一直受到重视并被不断研究发展，最后逐渐形成一种理论方法，其研究范围较广，包括协调的组织结构、协调的规律、协调的策略及协调的方法等。协调作为管理科学中的重要问题，又是一个十分广义的概念，对它的定义多种多样，如有学者将协调定义为正确处理组织内外各种复杂关系，为组织正常运转创造良好的环境和条件，促进组织目标的实现。学术界目前对"协调"还没有一个十分明确的定义。由于协调包含的范围较广，不同领域都可按照实际情况设立与之相应的协调机制，主要涉及领导、组织、执行、督察、考评、奖惩等方面的制度建立与运行。美国麻省理工学院协调科学中心将协调定义为一种管理具有共同目标的活动间相互依赖关系的行为，笔者认为该定义具有一定的代表性。协调也是协作过程的一部分，表现为单个个体的行动或行为会影响其他个体的行动或行为，其他个体行动或行为也会影响单个个体的行动或行为。因此，协调的核心就是同步，运用协调机制对个体行动或行为与整体之间的相关性进行管理，实现个体行为与整体行为之间的同步和一致性，确保个体之间存在的约束关系不被破坏。本书所研究的协调含义为：协调是相互联系的两个或者两个以上的要素组成的一个系统，为实现系统总体的演进目标，互相博弈而形成的一种良性循环态势。系统总体目标的实现就是协调的最佳效应。由此认为，协调具有以下两个特征：一是其以实现系统总体的演进目标为目的，即没有总体的目标，就没有必要对各单一系统之间的协调进行分析；二是其是一种动态的博弈过程。

"机制"一词来源于希腊文 mēchanē，意指机器制动的原理及机器内部各机件互为因果或相互作用的关系，并通过机器的运转实现一定的功能（孙中一，2001）。《辞海》（夏征农和陈至立，1989）的定义是："机制原指机器的构造和动作原理，生物学和医学通过类比借用此词。生物学和医学在研究一种生物的功能（如光合作用或肌肉收缩）时，常说分析它的机制，这就是说要了解它的内在工作方式，包括有关生物结构组成部分的相互关系，以及其间发生的各种变化过程的物理、化学性质和相互关系。阐明一种生物功能的机制，意味着对它的认识从现象描述进到本质说明。"从上述定义可以看出，机制是指系统内部要素间的耦合关系与作用机理。为加深对机制的理解，我们从静态和动态两个方面进行考察：静态机制是指要素之间的相互关联和结构方式；动态机制是指要素之间的作用关系和运行功能。系统工程理论认为系统由要素构成，要素形成结构，结构派生功能。结构是指"系统内部各组成要素之间的相互联系、相互作用的方式或秩序，即各要素之间在时间或空间上排列和组合的具体形式"，"与系统结构的概念相对应，把系统与外部环境相互作用所反映的能力称为系统的功能"（李国纲和李宝山，1993）。系统工程一般不涉及机制的概念，这是系统工程的不完善之处，从结构到功能的跨度太大，没有机制的概念做桥梁，不能透彻解释结构如何产生了功能。因此我们把机制界定为要素之间的耦合关系与作用机理，机制是结构派生功能的内在原因。借助机制的概念解释系统问题比使用结构与功能更具有解释力。

单看"机制"这个词，其概念是比较抽象的，机制原指机器的构造和工作原理，现如今"机制"一词广泛应用于自然现象和社会现象，通指其内部组织和运行变化的规律，如我们常说的经济机制、市场机制、竞争机制等。任何一个系统的科学研究都离不开对机制的探索，机制起着基础性的、根本的作用。科学的目的是察明、揭示和驾驭事物从表面到内在的形成规律，找到事物由表及里的各个可以调控的关键环节，并通过人为的可调控手段对系统进行干预，进而达到利用科学规律改善事物功能的目的。众所周知，经济学中通过最简单的利率杠杆来调节经济运行，管理学中通过激励杠杆来调节人的积极性，虽然调节对象完全不同，但两种调节手段的基础都是要先弄清其内部组织和运行变化的规律。换言之，这种规律即是经济运行机制和组织管理机制。在理想状态下，有了良好的机制，甚至可以使一个社会系统接近于一个自适应系统——在外部条件发生不确定变化时，能自动地迅速做出反应，调整原定的策略和措施，实现优化目标。构建机制的作用还在于能顾虑和促成正面影响并避免和消化负面影响。

简言之，本书认为"机制"是一个系统内部中各个要素之间的相互作用关系。从而"协调机制"是系统内两个或者两个以上的构成要素之间，为实现系统总体的演进目标，相互联系、相互作用而形成的一种良性循环态势。并且，只有经过实践检验证明有效的、较为固定的方式方法才能称为机制。

　　还有人将"协调机制"理解为能够正确处理系统内各种复杂关系,为组织的正常运行创造良好条件和环境,并不断促进组织目标实现的制度或方法。本书所研究的水电开发的协调机制(图 10.1),就是为了实现系统内的演进目标——经济、环境与社会的可持续发展,三个主体要素即水电开发者、生态环境与移民,三者之间的相互联系和相互作用。水电开发者、生态环境与移民三者呈现相互博弈而又相互依存的关系,本书旨在研究它们之间的博弈关系。在水电开发者与生态环境的博弈中,水电开发者处于强势,难以避免水电开发过程中对生态环境的破坏。同样,在水电开发过程中,如果出现移民,那么移民必将遭受到一定的损失。因此,为了经济、环境与社会的和谐与可持续发展,必须对生态环境与移民进行补偿,其实现路径如图 10.1 所示。在图 10.1 中,对生态环境、移民实施补偿,同时水电开发者的经济效益得到实现,便完成了在水电开发过程中经济、环境与社会的可持续发展。

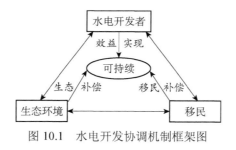

图 10.1　水电开发协调机制框架图

10.2　水电开发与生态环境的互相作用与协调

　　建设生态文明被认为是关系人民福祉、关乎民族未来的大计,是实现中华民族伟大复兴中国梦的重要内容。2005 年 8 月,时任浙江省委书记的习近平同志在浙江湖州考察时,提出了"绿水青山就是金山银山"的科学论断。"坚持绿水青山就是金山银山"的理念已成为加快推进我国生态文明建设的重要指导思想。面对当前资源约束趋紧、环境污染严重、生态系统退化的严峻形势,必须树立尊重自然、顺应自然、保护自然的生态文明理念。

　　发展是硬道理,是人类永恒的主题。但发展必须是遵循自然规律的可持续发展，水电开发亦是如此。生态文明理念倡导选择一种既不损毁自然环境，又能满足人类自身需要的健全发展模式，有节制地积累物质财富，使经济保持可持续增长。水电开发同样期待"绿色"开发。

10.2.1 水电开发对生态环境的影响

与人类生存和发展紧密相关的水资源、生物资源、土地资源及气候资源数量与质量的统称即生态环境，是关系社会与经济可持续发展的复合生态系统。由于水电开发是一个复杂的系统工程，对生态环境的影响涉及方面较广，并且这种影响是多方面的，本书将水电开发对生态环境的影响分为两个方面，正面影响和负面影响。

10.2.1.1　正面影响

水电开发能减免洪涝灾害对生态环境和人类生产活动的破坏。严重的洪涝灾害可以说是最大的生态环境灾难，水电开发可有效拦蓄洪水，防止森林植被、农田房屋、有效耕地等被毁，保护下游人民的生命财产安全和生态环境，同时可调节流量，充分合理利用水资源，拦洪蓄水可以除涝抗旱，灌溉农田，变水害为水利。

目前绝大部分的电力仍来自于火力发电，我国每年因火力发电消耗掉的煤炭将近 1 亿 t，其造成的有害气体排放，粉尘污染及煤炭资源消耗非常庞大，由火力发电引起的煤炭资源危机、空气污染问题日益严重，这也非常不利于国家提倡的节能减排。相对于火力发电，水力发电是再生能源，对环境冲击较小，不涉及自然资源消耗，有害气体排放等。虽说水里发电工程投资大、建设周期长。但水力发电效率高，投资回报周期长，而且可以大规模商业化开发。而相较于风能发电及太阳能发电，水力发电又具有成本低的优势。

另外，因建水电站而形成的人工湖泊，有利于改善库区生态与环境；减少水库泥沙淤积和坝下游湖泊淤积，有利用长期保留湖泊调蓄的作用等。

10.2.1.2　负面影响

长江上游地区水电资源开发不仅能够保障我国能源供应，还能加快促进社会可持续发展，带来一定的经济效益。然而，随着近年来长江上游水电开发的不断推进，水电开发对生态环境的负面影响问题越来越严重，产生了一定的生态环境问题。

在水电站建设的前期准备和施工过程中，会进行修建道路，开挖土石方等措施，必然会对植被产生破坏、导致水土流失等问题；水电站建设过程中还会对水生和陆生生物产生一定的干扰；水电站建成后，由于大坝的阻隔效应，阻断了水生生物的迁徙和洄游通道；库区蓄水后，部分生物的栖息地环境被破坏，高水头蓄水发电，掺气消能导致下泄水空气过饱和，对水生生物产生严重的影响；汛末蓄水，造成季节性的水资源短缺，下游居民的生产生活将受到影响；一些河道外引水式电站的运行，造成下游河道缺水断流，对当地的水生生物产生严重影响；由于梯级水电站的建设，水体携沙能力下降，清水下泄冲刷下游河道，改变了原河道的冲淤平衡，对河势安全构成威胁；除此之外，还必然会对长江上游众多的风景名胜、历史文物、各类保护区云集，水库蓄水产生一定的影响。

另外，水库的修建也会带来疾病的传播，特别是在热带以及亚热带地区，库水静止，温度适宜蚊虫、钉螺等动物生存繁殖，从而使库区携带大量的寄生虫，容易造成流行性疾病的爆发。例如，在埃及、加纳、肯尼亚的水库及灌区，蚊子的数量比非灌溉区增加了 4 倍，血吸虫病、疟疾的发病率比附近的非灌溉区明显的高 26%~54%。修建大坝不仅会对人类生存环境及自然生态环境造成巨大威胁，而且也淹没了无数人类文化遗址，破坏了人类文明的延续。

10.2.2 生态环境对水电开发的制约

长江上游地区的自然地理、地质环境和社会经济条件十分特殊，在长江上游地区进行水电开发，有着众多的生态环境制约因素，按照制约的类型大体可以分为自然因素和社会经济因素。

（1）自然因素。长江上游地区地形复杂、地势高低不平，水流速度较快，造成水土流失严重，同时，受地形和降水分布不均的影响，发生自燃灾害的频率也比较高；生态敏感区和脆弱区分布较广，因此水电资源开发活动应受到严格限制和管理，应禁止在开发水电过程中对生态敏感区有较大影响的行为；长江上游地区陆生生物和水生生物种类繁多，特别是长江上游珍稀特有鱼类自然保护区宜宾-重庆江段、岷江出口段，该江段的水电开发应受到严格的限制；金沙江中游江段，分布的自然保护区、风景名胜区多，水电开发方式应受到明显限制。

（2）社会经济因素。长江上游地区地理位置偏僻，多为山区，交通不便，是许多少数民族聚集生活的地区。由于受到地理位置的限制，当地居民思想守旧、观念落后，且文化水平较低，当地的社会经济发展相对落后，居民对水电开发移民有一定的排斥心理等，这些都是制约长江上游水电开发进程的社会经济因素。不仅加大了水电开发的施工难度，也增加了水电开发业主对生态环境保护的投入成本。

10.2.3 水电开发与生态环境之间的协调

根据第 7 章对水电开发者和生态环境的博弈分析结果，水电开发企业为获取利益选择开发水电项目时，不可避免地会对周围生态环境造成负面影响。此时，应及时对生态环境进行相应的生态补偿，同时通过加强对水电开发建设运行过程中的监督管理，降低对生态环境的破坏程度。除此之外，欲实现长江上游地区经济社会的可持续发展，实现人与自然的和谐相处，还需要加强对水电开发和生态环境协调问题的研究。

10.2.3.1 树立水电资源开发新观念，建立生态环境新体系

在建立生态环境新体系的前提下开发水电资源。我们应该明确认识到，长江流域水电资源开发利用在许多方面取得了显著成绩，如防洪、治涝、城市供水、水力发电、灌溉、航运、水土保持、水产、旅游等。有效促进了国民经济的发展、提高了人民生活水平。水电开发过程中必须将开发和生态环境保护紧密结合，构建和谐发展机制相统一，避免在开发利用资源时保护生态环境方面的盲目性和片面性。坚决制止乱采滥挖、破坏环境的行为；全面进行规划，不断强化管理，不能只顾眼前而忽视了长远，避免盲目开发。如果水电开发与优化生态环境相脱节，造成了一定程度的生态环境破坏、污染，直接影响着长江上游地区产业经济的增长和持续发展。

10.2.3.2 珍惜资源，保护环境，搞好宏观规划，实施有计划地开发

必须牢固确立"既要金山银山，更要绿水青山""绿水青山就是金山银山"的理念。发展经济和提高生活质量是我们追求的目标，而珍惜资源，保护环境是我们肩负的任务。如果只顾发展经济而忽略环境、对资源的保护，资源产业经济的发展会受到限制。若经济得不到发展，人民生活质量得不到改善，资源保护就无从谈起。因此，开发利用资源和保护资源应该是有统一的生态经济观，包括生态效益、经济效益和社会效益的综合。这就要有总体发展战略思想，把每项开发都当作一项系统工程对待，把近期和长远，开发和保护结合起来，进行统一规划，宏观控制，持续发展，造福人民。

10.2.3.3 水电开发对流域环境可持续发展具有促进作用

我国的《环境保护法》将环境定义为："影响人类生存和发展的各种天然的和经过人工改造的自然因素的总体，包括大气、水、海洋、土地、矿藏、森林、草原、野生生物、自然遗迹、人文遗迹、自然保护区、风景名胜区、城市和乡村等。"环境主体是人类社会，环境客体是人类社会的外部世界。在各种环境要素的综合作用下，环境客体之间通过物理、化学和生物作用而产生环境效应。环境影响可分为自然环境影响和人为环境影响。按产生机理又可分为环境生物影响、环境化学影响和环境物理影响。

自然环境影响是以地能和太阳能作为主要的动力来源，使客体之间由于相互作用而产生的环境变化。人为环境影响是指由人类活动所引起的环境的变化。这两种影响都还伴随着物理、化学及生物影响。环境生物影响是指当要素发生变化而导致生态系统产生变化的结果。环境化学影响是指由于某些化学反应所引起的环境变化。环境物理影响是指在某些物理作用条件下引起的环境变化。

生态环境是由各种生态系统构成的整体，包括生物群落、非生物群落等自然或非自然因素，整个系统会对人类的生产生活及繁衍发展产生间接的、潜在的、长远的影响。生态系统的功能和结构由其承受的外界扰动决定。流动生态系统是一个动态的生态系统结构，水电开发工程非常浩大，需投入大量的人力、物力，因此会对流域范围内的物质能量产生扰动，使得区域生态系统稳定性受到影响，系统内的物质和能量的再分配过程也受到影响。

水电建设截断河流，修建大坝和水库，淹没大量生物资源并改变水生生物的生存环境，将不可避免地改变当地生态系统。但是从客观上分析，水电又是国际上公认的清洁可再生能源之一，水电开发相比较于火电可以大大减少二氧化碳等温室气体的排放，改善大气环境，所以对生态系统还是有利的。在国家和地区的发展中，如何使得经济、社会及生态系统目标按照系统论的观点进行协调发展是最关键的，但是这种协调并不是简单的系统相加，而是强调了各个目标之间具备相互依存的关系，特别是要注意到国土资源的开发和保护，规划统筹与相互协调相结合，在实现地区经济增长的同时，做到环境、资源、人口三者之间的相互协调发展。可持续发展理论是第一次将整体、系统及持续思维引入发展，并且认为人与自然、社会系统之间是相互支持、相互作用和相互影响的。可持续发展能力主要表现为持续度、发展度和协调度，持续度代表时间，发展度代表数量，协调度代表质量。并且可持续发展的协调度以环境和发展、效率和公平及物质和精神之间的平衡为基础。对于当下及未来的水电开发，就必须走可持续发展道路，坚持统筹一致、协调发展和系统论。正确处理技术、经济上各个层次、方面和环节因素之间的相互关系，并尽可能做到科学合理、经济有效地解决由于各种结束造成的经济等问题，才能实现人类社会和生态环境的可持续发展。

10.3 水电开发与移民的互相作用与协调

中华人民共和国成立以来，我国兴起了大规模水电开发工程建设，由此产生了大规模的水库移民。有水电开发的地方，就有为此做出牺牲的水库移民，这是水电开发不得不面临的问题，也是社会经济发展的必然结果，水电开发工程的建设带动了经济发展，也与航运、养殖、灌溉、防洪和旅游组成水资源综合利用体系。在这一进程中，水库移民却为此失去了家园、离乡背井，失去了几辈人世代耕种的土地，面临着漂泊异乡，重新适应新的生产生活方式等问题。搬迁对移民造成的影响是无可避免的，重要的是开发者应尽可能在工程建设中减轻对移民社会系统的破坏，降低负面影响，优化补偿安置政策，以构建水电开发与移民安居乐业之间的和谐关系。

我国目前关于水库移民的法规是《大中型水电工程建设征地补偿和移民安置条例》，此条例体现了以人为本的原则，以移民妥善安置为前提，支持和提倡开发性移民，采取初期房屋、财产田地等一次性补偿补助，后期给予持续性生产扶持的办法。逐步提高移民生产条件，生活水平，注意前后期的利益分配，局部和整体的相互协调，走可持续发展之路。移民政策的贯彻执行不仅是维护移民利益，更是维护国家利益，促进水电开发工程的建设，满足我国可持续发展战略目标的需要。

10.3.1 水电开发对移民的影响

10.3.1.1 正面影响

在社会经济持续发展的推动下，移民政策得以不断完善。在以人为本的今天，水电开发也早已把移民放在首位，以移民为本。工程以往存在的"重工程，轻移民；重搬迁，轻安置"的做法早已消失，移民在工程建设中的重要性不言而喻，移民所应享受到的权益得到了保障。

基础设施有所增加。对于水库移民，在国家和地方政府的安置规划下，他们往往被安置到更适合居住的地区，交通、上学、就医、用电等更加便利，自来水、天然气等供应俱全。所分配到的宅基地、耕地面积较之以往有普遍扩大，在农业生产方面，兴建水库和沟渠，满足安置区人畜饮水和灌溉用水需要。公路修到家门口，交通更为便利，拓宽电网，保证了安置区人民的用电量，上学就医网点加密。

生产条件得到保障。由于大多数地区的移民安置仍是以农业安置为主，所以在移民搬迁后，政府仍保证每人可获得一份土地，根据地方政策不同，一般以每人一亩耕地作为标准。并兴建水库沟渠，保证用水需要，同时，根据不同安置区的资源条件不同，由地方政府牵头，移民参与经营的林业、畜牧业、养殖业等齐头并进，多元化发展，增加移民经济收入。

移民生活水平普遍有所提高。据最新的工程移民安置阶段性报告显示，大部分移民人均收入和生产生活水平已大大超出了搬迁前，但与社会平均水平相比仍显落后。为此，国家和地方政府出台了一系列扶持水库移民的政策，力求在政策上对移民有所倾斜。例如，采取分红的模式，每年提取水电设施建成后年总发电量的一定百分比，人均分配到每个移民头上，不仅增加了移民收入，也让移民切身感受到水电建设带来的利益，有诸如移民用电享有每度电更低的单价等举措。在移民居住条件方面，降低土木结构比例，增加砖混比例，以土为主的房屋基本消失，取而代之的是更扎实的砖混水泥房屋，结构更新，防潮防雨防震更强力，移民居住条件比搬迁前有了大大的改善。

拉动库区经济发展。水电工程建设在拉动地方经济发展、增加财政收入方面产生了积极影响。水电开发间接的带动了地区的建材、机械、钢铁、运输等行业的发展，增加了劳动岗位，吸纳了农村剩余劳动力，增加了地方财政税收，推动了经济落后地区的城镇化建设，尤其是对于我国西部地区的部分小县城，兴修水利水电工程功在当代，利在千秋。

10.3.1.2 负面影响

对移民生产生活方式的影响。移民搬迁到新的地区改变了原有的生产生活方式，离开了世世代代耕种的土地，空间的变化势必会对移民产生深远的影响。土壤土质的不同、气候的不同等造成了农作物种植、田间管理、耕作方式、劳动工具的差异，以往累积的经验将不再适用于新的环境，面对突发的自然灾害会手足无措。所以在搬迁的头几年，移民很可能会面临农作物减产、收成减少。在非自愿移民中，还有一个比较普遍的现象就是人力资本失灵，这也是导致他们无法适应生产方式转变的主要原因之一。

对移民社会交往和心理的影响。所谓一方水土养一方人，我国各个地区的传统文化和习俗因地区不同表现出巨大的差异，如在我国江浙、东南沿海一带，两个相邻的县城说着各自不同的方言，互相很难听懂对方的语言，这种区域性的文化差异具有传承性和独立性。因此，水库移民在搬迁后初期面临无法适应陌生的语言、饮食文化、传统习俗等问题。这种现象等同于生产生活方式的影响，会随着时间的推进，慢慢得到一定的改善。有学者研究发现，因当年兴建丹江口水库，由河南淅川县迁到湖北钟祥市的部分移民在初期难以融入当地居民的生活，在语言、文化习俗上表现出差异性，而这种差异使得20年后移民及其后代才逐步融入当地的文化中。新移民与安置区居民的冲突和社会纠纷问题，也是困扰在当地政府、移民自身和安置区居民心中长久的一个结，当地居民把移民当作外来者对待，而移民又表现出对当地文化的排斥，由此这种冲突的根本原因还是在于文化的差异。

对移民社会关系网络的影响。随着社会经济的发展，农村的社会结构虽然发生了较大的变化，但仍然是具有"生于斯、死于斯"的乡土社会，尤其是在少数民族地区。水利水电工程的建设会打散农村社会原有的社会结构，造成社区的分散和裂化，社会组织与人际关系平台也受到影响。水电开发过程中对移民的安置模式的不同，社会关系网络的影响程度也会不同。分散安置使移民之前的亲密关系淡化，导致群体瓦解。对于自己经营店铺的小业主则可能由于长期依托的社区瓦解而丧失服务对象和客源。对于城镇化安置的农村移民来说，如果他们无法寻找到新的谋生之路，他们就将面临失业。需要说明的是，由于电站建设的时间不同、对移民安置方式的不同、地方政府干预力度的大小不同、移民地原有社会经济系统特点、补偿安置政策的差异、移民自身的生计资本的差异等原因，水电开发建设对周围移民经济社会的影响程度和范围也不同，因而需要通过实地调查对其影响作具体的分析，不能一概而论。

对移民收入支出的影响。虽说近年来国家因水电开发工程建设对搬迁的移民补偿大幅度提高，各项权益也得到保障，但我国各地区仍存在着很大的贫富差距，这种贫富差距也明显地表现在移民身上。我国是一个多民族国家，很多少数民族地区近年也大力兴修水电开发工程，少数民族地区的多元化形成了包括耕地、林区、草地在内的复合型资源。正因为有这些大自然的礼物，民族地区移民收入来源除了耕地收入外，还包括蘑菇、药材、虫草、捕鱼等隐性收入。而那些一般地区的移民，也可以靠发展养殖业，畜牧业等产业增加收入来源。一旦迁出，他们失去了"靠山吃山、靠水吃水"的优势，收入来源单一化。尤其对于那些年老体弱、劳动力缺乏的移民家庭来讲，虽然居住水平得到改善，但家庭收入来源减少。例如，移民以前做饭靠烧柴火，搬迁到新的安置区后烧天然气，光是每年天然气的支出就是一笔不小的开支。另外，在早期的移民时代，由于国家经济发展水平和地方财政收入比较低，对移民的房屋补偿标准远低于新房建设成本，所以大多数移民要靠自身积蓄或者借债建房，这就严重拖慢了生产恢复与发展，增加了移民的支出。多数安置区离城镇更近，消费水平和物价水平较搬迁前也提高了不少，这也是移民支出增加的主要原因之一。总体而言，收入来源单一化和支出增加是造成水电开发工程移民贫困的两大关键点。

10.3.2　移民对水电开发的制约

随着中国经济的不断发展、科学技术的不断进步，资金制约、市场消纳制约和技术制约已不再是影响水电开发的主要因素，如今中国水电开发的主要制约因素是移民。部分移民为了追求私利，不服从工作安排，使得移民工作推进困难。特别是对水电站移民群体外迁和重新安置等采取的一些后续处理措施，让有些移民和地方政府的干部产生错觉，以为一闹事，就可以提高补偿标准，就可以撕开政策的口子。另外还有些移民采用不正当手段谋取私利，如使用抢种、抢栽、抢迁等手段来增加实物指标数量等，造成移民间的不公平，影响移民工作。

10.3.3　水电开发与移民之间的协调

根据第 8 章对水电开发者、生态环境和移民之间的三方博弈结果分析，选择水电开发时，对生态环境进行补偿，和自愿移民三者之间能达到均衡点。对环境补偿效果直接影响移民对待搬迁的态度，只有当移民搬迁获得的环境补偿大于搬迁所付出的成本时，移民才会表现为自愿搬迁的态度。要实现水电开发与移民之间的协调，还要注意以下几点。

10.3.3.1　非自愿性移民转变为自愿性移民

水电开发移民大部分是非自愿性移民，是由于水电工程的影响，导致周边社会区域范围内的各种社会关系和构成要件被强制性解体，并人为进行重组的过程，带有明显的强制性。公民是否愿意迁居、往何处迁居，这是公民生存权的组成部分。因此对水库移民问题的处理不当不仅会引发移民与水电开发者之间的冲突，还会引起更大的社会冲突。要想避免这样的冲突，达到水电开发者与移民之间的稳定和谐，首要一点就是让水电开发过程中的非自愿性移民转变为自愿性移民，让移民能自愿主动迁出，而非强制性的迁出。当然这个过程中的核心问题还是表现在利益分配问题上，即是移民能否对所获得的经济补偿满意。

10.3.3.2　满足移民的多样性诉求

由于移民的需求由以前单纯温饱需求上升到现在的社会公平和尊重的需求，自我价值实现、全面发展等社会需求，如今，不仅要满足于移民者的衣食住行和耕地要求，还要保障移民的知情权、参与权、表达权等要求，让移民分享社会发展成果，与水电站建立直接的利益关系，同时实现眼前利益和长远利益。如今移民的诉求开始多样化和差异化，要实现水电开发与移民之间的协调发展，还需要全方位考虑移民者的诉求，切身为移民考虑。

10.3.3.3　迁出后的移民能与社会保持稳定和谐

水电开发移民是一个庞大的群体，是以家庭为单位的整体性移民，其中每个移民家庭的收支情况不同、劳动力不同、生产生活方式不同，这势必引起移民之间的贫富差距，部分搬迁后的移民过上了比搬迁前更好的生活，居住条件，家庭收入也比搬迁前更好；但部分移民却会因种种原因导致比搬迁前更加贫困，如失去赖以生存的土地、缺乏生产生活条件、资产受损、就业能力受损、应付风险能力受损、人力资本积累能力受损、自身健康状况受损等。这部分移民会认为与当初所向往的搬后更好的生活而背离，会产生一系列不满情绪，激发社会矛盾。这不符合水电开发过程中经济、环境与社会的可持续发展理念。

水电开发者与地方政府要不断探索移民社会系统的重建路径，在移民迁出后持续关注移民的生产生活，通过一系列优化途径和政策帮助迁出后的移民走上小康致富之路，让移民更好地融入社会群体之中，实现水电开发工程与移民工程之间的和谐共存。具体的对策建议将在接下来的章节阐述。

10.4　长江上游水电开发对策建议

水电开发对流域可持续发展的影响主要表现在两个方面，对社会的影响和对环境的影响。一方面水电开发将极大地促进流域经济发展、社会进步和环境质量改善，水电开发对其实施主体而言必然是一件"有利可图"的事情，至少在不考虑"保护环境和移民工作"的前提下是"有利可图"的。因此首先应强化政府政策，以支持水电项目开发，促进当地经济进一步的发展。但是无序的开发会极大地影响移民与生态环境问题。显然，环境保护和移民工作不力，应该是当前我国水电开发中存在的两大急需解决的问题。所以在支持水电开发的同时，更应当分析水电开发过程中对生态环境、对移民所产生的问题，探讨相应的缓解补救技术方法和政策措施，才能促进长江上游地区水电开发和生态环境的协调可持续发展。

10.4.1　加强政府政策支持水电开发

国家生态文明建设是实现物质文明、精神文明的前提条件，是关系人民福祉、关乎民族未来的长远大计。当前世界范围内正在经历新型能源体系变革，走绿色低碳能源的发展道路，实现由不可持续的现代工业文明向未来可持续生态文明过渡，正是社会进一步发展的强烈要求。水电是绿色能源、可再生能源和分布式能源。在能源革命的时代背景下，水电在增加清洁能源供应、推进生态文明建设方面被寄予厚望。优先开发绿色水电将对推进我国生态文明建设，促进我国电力工业安全、经济、绿色、和谐发展发挥重要作用。

10.4.1.1　优先加快水电开发，做好水电开发统筹规划

我国水能资源蕴藏丰富，特别是长江上游地区，但我国对水能资源的开发利用率还比较低，在未来能源发展规划中，我国应优先发展水电能源。优先发展水电能源，一是可以缓解我国目前能源短缺的局面，以及促进对化石能源的节约与替代；二是可以减轻经济发展所面临的生态环境压力，早日实现非化石能源消费占一次能源消费的比例达到 15%的目标；三是有利于按照国家区域发展战略部署，实现长江上游地区水资源优势向经济优势的转变，进而加快区域经济发展，提高人民收入水平与生活水平；四是有利于提高我国水资源综合利用水平，增强我国能源安全保障能力。

政府应在以下几个方面做出努力，统筹规划好水电开发。一是大中小开发相结合，大力推进水电流域梯级滚动综合开发；二是在勘探设计、河流规划、建设施工等水电开发的全过程中注意生态环境保护，确保各项生态环境保护措施落到实处，将环境污染、生态破坏降到最低；三是强化对输电环节的研究，

并做好输电通道的相关建设工作；四是水电开发要统筹协调，做到有步骤、有重点、有节奏。

10.4.1.2 加强政府监督，实践科学发展观并合理开发水电

水电资源开发要以科学的方式合理开发，开发过程中贯穿落实科学发展观。首要要做出科学的规划，水电工程建设是否考虑到了移民、生态环境及民族文化等问题，以及工程是否具有"全面、协调及可持续"的特性等都较大程度上取决于规划的科学性。其次要做到科学的设计，需要尽量消除设计上的任何缺陷。优秀的设计方案一定是能够满足经济、社会、环境和生态等综合的要求，具有可持续发展的观念的设计。最后就是建设过程中要严格把关，谨慎实施，做到科学的建设，科学的开发。对于以前的只重视经济效益的开发手段应该去除，对于那些争论较大、风险认识还不是很清楚的水电项目应该暂缓实施，在经过仔细论证后再实施。政府相关部门必须重视在水电开发过程中的科学规划、科学设计及科学建设，要求能够有效地解决开发过程中面临的问题，必须做到对流域生态环境的保护及移民的妥善安置与扶持问题等，只有做到这样才能实现水电开发与流域可持续建设的协调发展。

10.4.1.3 健全工作机制，优化行政审批程序

完善水电开发建设管理协调机制，强化部门协同和上下联动，形成工作合力，共同研究解决水电科学开发中的重大问题。对纳入重点任务的水电项目，相关部门要指导协调项目业主抓紧开展工作，进一步优化行政审批程序，提高行政效率，改进服务方式，为水电工程建设创造良好环境。

陈永忠等（2007）认为如果不进行环境监理，对于施工弃渣，不按照环保设计进行堆放，不采取工程防护和植被恢复措施，将造成区域水土流失不断加剧；对于施工过程中出现的大面积植被破坏，不及时采取措施加以保护，将影响区域陆生生态的生物多样性和野生动物的栖息环境；在工程运行过程中，对于环保措施中提出的下泄环境用水，如果缺乏有效的监管监督机制，将严重破坏了河流水生生物的多样性。因此，应全面落实水电项目环境监理制度。

10.4.1.4 优化和调整水电税费政策

目前的水电税费政策存在水电行业实际税负过高、缴纳税费占征地移民投资比例过高、部分税费征收不尽合理、库区基金使用不规范、税费分配关系不尽合理等问题，在一定程度上制约了水电发展。加快开发水电，国家有必要加大鼓励扶持水电的力度，从税费政策上给予倾斜和优惠。建议相关部门积极关

注水电企业实际税负过高问题，尽快制定有行业针对性的政策，通过增值税返还、降低水电行业增值税率等手段降低税负至社会平均水平，体现国家对清洁可再生能源开发的支持。建议根据征税和收费的基本原则，对耕地占用税、耕地开垦费、森林植被恢复费等税费进行合理的优化和调整，减少税费的征收范围，降低征收标准，减少税费在水电站征地移民投资中的比例。建议加强库区基金管理，对于水电站缴纳的库区基金，应提留大部分比例专款用于本电站库区移民后期扶持，解决移民的生产生活问题，避免出现"还旧账，欠新账"，挪用资金解决老水库移民问题的同时，又出现新水库移民问题。同时，建议将库区基金纳入移民长效补偿体系，并在批复水电站电价时计入电站成本。在税收分配体系上，由中央向地方倾斜，适当增大地方在运行期税费的分配比例，以利于更大地调动地方支持水电发展的积极性，补偿地方支持水电开发付出的社会成本。

10.4.1.5 统一管理，促进水电可持续发展

刘慧勇（2013）认为在对水电综合开发战略上，应加大综合开发力度，使水电与水利统筹、旅游和渔业并举，让江河无比宝贵、山川更加美丽。张雷等（2014）认为中国是世界上流域水资源开发利用最早的国家之一，考虑到中国人口众多，以及流域水资源结构、需求变化、资源开发环境及全球气候变暖等诸多因素的影响，应确保社会发展的生存与工农业生产用水的基础地位不可有丝毫动摇。为此，未来中国流域水资源的综合开发强度应保持在 35%左右为宜，其中水资源的开发强度大体可在 25%，水电资源的开发强度大体可在 50%。

建立"流域、梯级、滚动、综合"的良性运行机制。水存在于各个流域，是一种动态资源，开发水电需要综合考虑各方面因素，还要处理诸多干支流、上中下游、防洪、供水、航运及左右岸之间的关系。在这方面，我国的大型电力开发公司开始进行流域协调调度开发等方面的工作。中国国电集团大渡河流域水电开发有限公司提出了"装机一千五、流域统调度、沿江一条路、两岸共致富"大渡河流域水电开发的目标。中国华能集团公司、汉能控股集团有限公司、中国大唐集团公司、中国华电集团公司及云南省投资控股集团成立了云南华电金沙江中游水电开发有限公司，公司成立后，提出以"流域、梯级、滚动、综合"为开发的原则，全面有序地开发金沙江中游的水利资源。因此，必须对管理体制进行改革，巩固流域综合规划和加强统一管理，引导市场合理配置资源。另外，要建立和完善河流、流域、河段或地区资源开发体，扭转资源赋予

主体与资源开发主体之间利益分配关系错位的局面，能源开发企业市场主体的
地位和职能得到强化，在"流域、梯级、滚动、综合"运行机制中的开发实体
起到积极作用，能做到在水电能源开发中以市场机制启动和拉动为主的新模式
促使水电资源的可持续利用和发展。

10.4.2　促进水电开发与生态环境间的协调及可持续发展

水电是一种可再生的环保型能源，是目前开发的技术较为成熟、大规模使
用程度较高的能源。我国要实现 2020 年单位 GDP 二氧化碳排放量比 2005 年下
降 40% 的绿色发展目标，水电能源占所有资源的 9%。因此，大力开发水电资
源是能够维持我国经济社会可持续发展的重要保障。然而，水电开发对生态环
境的负面影响日益突出，协调好水电开发与保护生态环境的关系，实现经济效
益与生态效益的共赢，需要做好以下几个方面。

10.4.2.1　要进一步提高水电开发生态环境影响评价技术和管理水平

我国项目环评在管理上的滞后和技术水平的较低，这就要求我国水电开发
的环境影响评价需要进行不断的完善。首先，严格落实水电开发项目的环境影
响评价审批制度。为加强保护流域的生态环境，在审批流域水电开发项目的环
节，应该重视项目环境影响评价，如给予其"一票否决"权力，这样可以避免
"未批先建""边批边建""已建未批"等被动审批行为的发生，确保环境影
响评价制度的重要性和权威性。其次，大力提高水电开发的生态环境影响评价
技术水平。水电工程的建设和运行会对当地的环境生物都产生一定影响，这就
需要充分考虑工程所在地的特殊生态环境状况，特别是生物的因素，必要时需
要预留一定的时间进行跟踪调查研究和分析。此外，流域梯级开发对生态环境
的影响有积累效应，需要进行深度的分析和周密的考察。

陈云华和吴世勇（2013）认为尽管目前我国正面临着水电建设任务紧迫、
移民安置工作艰巨、生态保护制约明显等一系列水电开发问题，但是在我国水
电发展政策的正确指导下，不远的将来，我国水电管理体制机制将更加健全，
政策法规体系更加完善，科技水平持续提升，水电平稳快速发展，水电对能源
结构改善和生态文明建设的作用更加明显，流域经济社会全面协调发展。

10.4.2.2　建立水电开发生态环境影响后评价制度

水电开发项目对生态环境影响不同于一般的建设项目，如水电站对生态环

境的影响主要体现在运行期，而且这种影响具有极大的不确定性，因此非常有必要实行环境影响后评价制度。环境影响后评价是指在项目建成并运行一段时间之后，通过对环境发生的实际影响的调查和研究，并与前期预测成果进行对比，一方面复核二者之间存在的差异性，以检验环境影响评价的预测成果和环保设计之间的合理性；另一方面为今后的水电工程建设提供合理准确的环境影响评价建设方案。

10.4.2.3　选择适宜的流域水电开发模式

流域的水电开发对生态环境的影响大小不仅与管理水平和地质环境条件有关，而且与流域水电开发模式有多多少少的关联性。在流域水电开发模式的方面，选择适宜当地环境的流域水电开发模式，可以大大减小工程对生态环境的负面影响，甚至可以有效地促进流域生态环境的恢复和改良；如果开发模式选择不恰当，很容易产生不良竞争，最终可能会对生态环境产生大的破坏作用。根据开发主体的不同，流域开发模式可分为单主体开发模式和多主体开发模式两类。从分工协作的角度来分，多主体开发模式又可分为多主体分段独立开发模式和多主体协作开发模式。不同的开发模式有不同的特点，适用范围也不同。因此，我们可以根据流域自身的社会经济和自然条件特点选择合适的开发模式，以保护、改善、恢复水电开发流域生态环境。长江上游水电开发模式按照因地制宜和效益最大化两个基本原则选择。因地制宜原则是指流域开发模式需要根据流域的实际情况，如流域大小、流域水能资源状况、行政区域跨度、所在地的社会经济状况、移民数量、流域生态环境条件及电力需求等因素综合考虑，最终做出选择；流域整体效益最大化原则是指流域水电开发要以流域整体综合效益的最大化为目标，而不应以经济效益最大化为目标，这种综合效益是包含了流域生态环境效益和经济效益的综合体。除此之外，还可以根据竞争与协作相结合的原则选择开发模式，市场经济既需要自由竞争也需要相互协作。没有竞争就失去动力，难以提高效率，但过度竞争会造成资源的浪费和破坏。

10.4.2.4　推进电价体制改革，适当提高水电电价

推进电价体制改革，有助于加快水电开发与实施生态环境保护并重，有助于降低水电开发对环境的负面影响，以及改善生态环境。需要将生态补偿的投入纳入考量，进一步理顺电价形成机制。在平衡各方利益的情况下，按照成本加收益的原则合理调整水电电价，有利于促进实现水电开发与生态环境保护间的协调和可持续发展。

10.4.2.5 建立生态补偿长效机制

金弈等（2015）认为水电工程的生态影响是显著的。在我国当前持续推进水电开发的形势下，加强水电工程生态补偿的实施力度是非常必要的。其提出加强生态补偿执行管理、加强生态补偿基础研究、建立生态补偿长效机制三点建议，以促进我国水电工程生态补偿的机制完善和有效实施。

部分水电开发业主为了在较短的时间内得到批复，尽快实现项目开工建设，仅注重在环保方面的前期评价，而忽视了在项目开发过程中和开发后期对环境的保护，缺乏运营后的对生态环境的持续投入。生态环境损害后负面影响的显现是一个长期过程，对生态损害的修复也是一个长期的过程。只有动态化的生态补偿制度才是科学的，动态化的生态补偿制度能够反映生态修复成本的不断提高，反映生态环境损害叠加累积的效应及逐渐恶化的趋势，反映人们对生态文明建设成果的更高需求，以可持续的生态补偿保障经济社会可持续发展，实现人与自然和谐发展。因此，水电开发需要建立起对生态补偿的长效机制。

建立生态补偿的长效机制主要从两方面入手：一是政策制度，需要建立起规范、稳定、配套的长效生态补偿制度体系，主要包括建立起补偿金的筹集制度、分配制度和资金管理制度等。另外，还需要有推动制度正常运行的"动力源"，即要有出于自身利益而积极推动和监督制度运行的组织和个体，包括中央和地方各级政府、水电开发者等。二是资金支持，主要是建立水电开发后续生态补偿基金，专项用于水电开发后造成周围环境污染，保障生态环境安全项目，或因生态污染造成的经济损失，经权威部门鉴定，应给予补偿的项目等。生态补偿基金为生态补偿长效机制提供了重要保障，支撑着生态补偿覆盖水电工程项目全周期。

10.4.3 做好移民与水电开发之间的协调工作

移民工作关乎移民个人及千家万户的利益，也是水电开发中涉及的最重要的社会管理工作，为做好这项工作，思路如下。

10.4.3.1 进一步完善移民政策

水电开发应积极探索移民与政府分享水电开发利益的机制，把实现移民脱贫致富与当地社会经济发展作为一个重要目标，切实维护移民群众的利益，使水电开发成为移民脱贫致富、区域城镇化建设与经济发展的重要机遇，共享水电开发带来的成果。

创新移民安置方式。加快研究移民多渠道安置方式，制定并落实具体政策措施，推进试点工作，探索征地补偿费用入股电站建设、逐年货币补偿安置、货币化安置等多渠道的移民安置方式，形成移民与水电工程相互促进、共同发展的局面。

加强移民政策研究。加强研究与移民安置相关的先移民后建设政策、社会保障政策、移民补偿费用动态管理政策、结合城镇化安置农村移民的政策、移民区和移民安置区后续发展政策、征地补偿和国有土地上征收房屋补偿政策等。同时，要加强移民政策研究队伍的建设，提高移民政策研究力量，构建以完善的水电移民研究体系。

10.4.3.2 解决好库区移民遗留问题

老水库移民补偿标准普遍较低，按成本定价的电价也较低，虽然国家出台了后期扶持政策，但在生产生活条件、后续发展条件等方面老水库移民与新水库移民还是有较大的差距。在做出重大贡献且电站又有经济承受力的条件下，因电价机制使新老移民待遇差距问题迟迟未得到解决，老水库移民是目前水库移民中最不稳定的群体，因此，全面而系统梳理老水库移民问题就显得尤为重要，这也是目前水电开发建设需要重点关注的有关社会公平与社会和谐的一个重要方面。因此，建议以市场电价为基础，出台解决老水库移民问题的相关政策。按照移民与项目挂钩的原则，落实企业在市场经济条件下的移民责任，如每个电源企业负责解决其拥有的水电项目涉及的解决移民问题所需的费用，并根据经济效益等，有区别对各电站制定相应的移民问题解决办法。

10.4.3.3 加强移民制度建设

当前，制度建设成为制约水利水电工程移民社会系统重建最为重要的因素，如移民政策与其他政策存在冲突、利益分配机制调整滞后及移民政策内部不一致等。制度建设是扭转移民安置理念、转变发展观念和实现开发性移民的基础和保障。移民制度建设应从以下三个方面着手：一是对滞后于社会经济发展的补偿安置政策进行修改，使之与社会经济发展保持一致性，甚至是超前性，如调整补偿政策的结构性缺陷，改变利益分享政策的政策地位；二是实现移民征地安置政策与其他类型征地补偿安置政策的衔接，逐步实现统一，规避"同地不同价"的现象；三是实现移民政策内部的统一，对移民补偿安置实行"就高不就低"的原则，逐步扭转"同库不同策"的局面。

10.4.3.4 移民就业服务与能力再造

随着社会的不断进步，人民生活水平的不断提高，只是解决水库移民者最基本的居住温饱问题已经不能满足要求，更重要的是为移民提供改善生活品质的能力，如通过技能培训、就业服务的方法提高移民的就业能力，让移民有稳定的收入，早日实现奔小康的目标。在技能培训方面，政府应结合当地的产业结构及移民的意愿，走访就业单位，联系技能培训学校，然后制定出具有针对性、实效性的技能培训科目，让移民在完成技能培训并取得合格证书后能够顺利就业。在就业服务方面，应多开展就业指导、多收集相关就业信息，积极组织招聘会，为移民提供更多更好的就业岗位。与当地大中小型企业展开合作，安排移民现场参观工厂车间，对各项工作有更深入的了解。在企业招聘，机关和事业单位考试中，对出身自移民家庭的大中专毕业生给予一定的政策倾斜，适当地降低面试录用分数，优先安排，让他们有更多的机会，切身感受到移民的好处。

此外，在安置区选择上应合情合理，对移民给予一定优化选择的权利。一个合适的安置点无论是对移民、对当地居民而言，都具有举足轻重的地位。安置点的选择与移民的社会适应、融合，生产生活恢复及安置点的社会关系网络构建等密切相关。迁出地与迁入地的同质性越强，越有利于提高移民搬迁的积极性和生产力的恢复发展。南水北调中线丹江口水库移民安置点选择的机制值得借鉴。当初为了维持移民社会的融合与适应，采取了整体搬迁的原则。通过整体搬迁，移民在迁入后的经济发展水平、生产力恢复速度、文化习俗、土地资源、安置区基础设施状况等各方面均得到较快的恢复与发展，整体搬迁能更为完整地保留移民社会的文化习俗，氏族传承和耕作习惯。通过对移民搬迁满意度的调查，结果显示大部分移民对安置点的区位、环境、交通等都比较满意，并从中持续吸取移民的意见以继续强化安置区的建设。

10.4.3.5 不断加强金融支持水电开发移民安置

金融作为现代经济发展的动力引擎和核心，是产业发展的血液，其他任何经济手段都不可能替代金融对水电开发移民的支持。金融支持作为水电开发移民的重要方面，其作用主要体现在以下三点：一是对安置区提供信贷支持。移民安置区大多数经济发展水平不高、基础设施比较落后，金融支持企业对安置区进行投资，能够促进安置区社会资本形成，增强安置区经济增长的后劲。二是促进安置区市场分工。通过金融对安置区产业开发支持，形成规模化和产业化生产和特色各异的产业发展格局。三是促进市场制度的形成。金融作为市场化很高的行业，对安置区提供信用支持，要求安置区各部门根据金融服务要求，加快推进相关配套制度的建设，这有利于推动安置区形成符合市场经济要求的市场制度。因此，做好水电开发移民工作需要不断加强金融支持水电开发移民安置，完善相关金融体系。

10.4.3.6 移民保险助推水电开发移民安稳致富

移民安置是水电开发工作顺利进行的一个关键环节，因此，需要合适的移民保险配套服务，为水电开发工作保驾护航。移民保险是一系列为移民生产生活提供风险保障的金融保险产品。移民保险内容可以从以下几个方面着手。

（1）移民搬迁平安保险。以移民搬迁过程中人身伤害与财务损失为保险责任，由动迁单位统一办理投保手续，使搬迁过程中发生的人员伤亡及财务损失能得到保险补偿。

（2）"保险＋扶贫"移民保险项目，主要指移民养老保险和附加医疗保险。我国对水库移民安置最主要的途径是农业安置，但其前提是要有足够数量、一定质量的生产资料——土地。由于我国耕地资源较为贫乏，单一的农业安置会加剧人地紧张关系。实行养老保险和医疗保险安置可以使一部分移民从农业产业中转移出来，为扩大移民安置容量、缓解耕地供需矛盾等提供条件。

（3）"保险＋信贷"的移民保险项目，一类是移民借款人意外伤害保险，一旦移民发生意外死亡或丧失工作能力，由保险公司代为支付贷款；二是贷款保证保险，一旦借款人无力还款，由保险公司代为还款。这两类保险能够显著提升移民的信用度，有助于获得信贷支持脱贫致富。

10.4.4 加强我国水电项目资金支持

通过对我国长江上游地区水电开发融资模式存在问题的分析，本节对我国水电开发的投融资政策和法律法规的完善提出以下建议，以加强水电项目资金支持。

10.4.4.1 完善我国水电项目建设投融资环境

（1）健全水电项目投资机制。一是划清水电项目的类别，明确市场与政府投资分摊比例。二是完善政府财政投入机制。我国大部分水利水电工程项目，都具有很大的"公益性"公共职能，各级政府理应承担起投资主体的责任。政府财政投入机制包括财政投入稳定增长机制、财政补偿机制和财政信贷机制三个方面的内容。要保持水电项目建设投入水平与其他基础设施建设投入水平的协同性，就需要水利财政投入的稳定增长。

（2）建立灵活有效的融资机制。一是调整水电项目融资政策，遵循水电项目不同的投资分工制度，形成新的有效率的水电项目融资政策。二是改善融资环境，规范货币市场和资本市场。三是创立新的融资方式，鼓励有实力的水管单位上市发行股票和债券，扩大资本金和经营规模。改善投资环境，积极利用外资，鼓励国内外投资者以独资、合资合作等多种方式参与水电项目建设。

（3）完善投资回收补偿机制。投资补偿机制的完善与否，是与能否建立完善的融资机制相联系的。没有完善的投资补偿机制，投资者的利益得不到应有的回报，必然影响民间资本和外资投入的积极性，也违背了市场经济的一般原则和价值规律。投资回收补偿的核心是水、电价格。目前我国实行的由物价部门统一定价的体制，是明显与市场经济原则相矛盾的，并且目前对水电企业所定的水电价格明显背离其价值。因此，建议应当遵循价值规律，理顺水电价格，完善定价机制，使水电价格能比较准确地体现其价值，在保障民生的同时，也能保障投资者的投资能得到合理的回收和补偿，保障银行贷款的安全，保证项目工程正常的更新改造和维护，保证水电项目的长期、有效和良性的运转。

（4）培育规范化的水电项目市场主体。一是转变水利工程管理主体的性质与职能，建立水电项目经营管理的法人实体。二是在水利水电产权制度改革的基础上，明确水利水电项目的法人主体，按照"公益性"和"经营性"功能的不同性质，明确将其水利水电资产分离。将经营性资产明确其产权属于项目法人。其运营产品水电的收益属于项目法人。增加项目法人方的经营管理责任，使其担负起项目保值增值，以及还贷付息的经济责任，减少银行风险，还可减少腐败滋生的概率。

（5）加强水电项目投融资法制建设。各级政府和投资主体之间的投资分配分摊，投资各方和受益各方的权、责、利的保障，水利水电项目的准入门槛，水利水电项目的规划、立项、审批程序，水利水电产品的定价原则和审批程序水利水电的风险保障水污染的责任追究等，都应有一套完整、完备的法律体系来保证。我们一是要对已有的法律法规按照新的形势不断进行完善和补充，二是应根据新的形势和实践中发现的新问题，制定一批新的法律法规，以使我国的水利水电事业在法制化的轨道上健康发展。

10.4.4.2　多渠道为水电建设集资

（1）纵观我国目前整体的经济状况和财政赤字，是有能力加强基础设施建设的，尤其是能源电力方面，仍应继续推进积极的财政政策，支持水电项目的开发。

（2）政府可运用灵活的货币金融政策，以发行水电开发项目债券的方式从资本市场筹措资金。按发行人的不同，主要可发行以下三种债券：一是最常见的国库券。国库券是中央政府根据信用原则，以承担还本付息责任为前提而筹措资金的债务凭证。国库券主要发行包括国家重点建设债券、国家建设债券、财政债券、特种债券、保值债券、基本建设债券，这些债券大多对银行、非银行金融机构、企业、基金等定向发行。二是一般意义债券。这种债券是地方政府以其信誉和收税权力做担保而发行的债券。这种债券通常来讲可靠性很高，利率较低。三是公司债券，这种债券是以公司财产作为担保发行的债券。

（3）运用财政贴息的办法，为水电项目获得更多的信贷资金，引导社会资金大量投入到水电项目建设中。水电项目的建设不能仅仅依靠国家和政府部门投入的财政预算，还应采用财政贴息的手段，逐步加大对水电项目建设的信贷规模，获得更多的社会资金。

10.4.4.3 建立多层次、多元化的融资模式

同国外相比，我国在水电项目建设集资方面仍然处于渠道单一、方式落后的局面。首先我国仍是一个发展中国家，虽然已成为世界第二大经济体，但人均 GDP 还远远落后，在水电开发等国家建设项目上财力有限。因此，水电项目的开发，单靠政府财政投入这种单一的渠道远不能满足其发展需要。还应积极学习国外先进的融资经验，结合所学经验，开发和创新具有中国特色的新的融资模式。西方国家广泛运用的投融资形式，TOT 融资、ABS 融资、BOT 融资等，目前还未能广泛应用于我国的水电项目开发领域。国家应当积极采用国际上通行的 TOT、BOT、ABS 及 PPP、融资租赁等多种融资模式，结合我国基本国情和实际需求，开创新的融资租赁模式。除此以外，也可采取我国目前广泛采用的施工方垫资、租赁等多种融资模式。积极改善投资环境。增强水电项目建设对社会资金和外资的吸引力。

（1）BOT（build-operate-transfer）即建设-经营-转让。BOT 模式的基本思路是由项目所在国政府或所属机构为项目的建设和经营提供一种特许权协议作为项目融资的基础，由本国公司或者外国公司作为项目的投资者和经营者安排融资，承担风险，开发建设项目，并在有限的时间内经营项目获取商业利润，最后根据协议将该项目转让给相应的政府机构。

（2）TOT（transfer-operate-transfer），就是指通过出售现有已建成项目在一定期限内的现金流量从而获得资金来建设新项目的一种融资方式。从运转过程看，它是一种既不完全同于传统方式，也不同于融资租赁的一种新型项目融资

方式,特别适合于有稳定收益、长周期基础设施项目的建设融资,水电项目具有投资高、建设周期长、回收期长的特点,因此在水电项目上具有很大的发展空间。

(3) ABS (asset-backed securities),是以项目所属资产为支撑的证券化融资模式。具体来说,它是以项目所拥有的资产为基础,以该项目资产可以带来的预期收益为保证,通过在资本市场上发行债券筹集资金的一种项目融资方式。

(4) PPP (public-private-partnership),也称为 3P 模式,即公私合作模式。在这种模式中,政府部门、民营资本基于某个公用事业项目结成一种伙伴关系,双方首先通过协议的方式明确共同承担的责任和风险,其次明确各方在项目各个流程环节的权利和义务,最大限度地发挥各方优势,使项目建设既摆脱政府行政的诸多干预和限制,又充分发挥民营资本在资源整合与经营上的优势,达到比预期单独行动更有利的结果。

10.4.4.4 增强银行融资对水电项目建设的支持力度

发达国家水电项目事业发展的经验表明,在涉及能源电力方面,如大型水利水电基础设施建设上,政府出台了一系列经济上的优惠政策,包括低利率贷款、土地开发免税等,顺利地解决了基础设施建设中的资金不足问题。我国国家政策性银行除了应继续对节水灌溉项目进行优惠贷款外,还应扩大优惠贷款范围。在贷款额度、贷款利率、贷款周期等方面给予水电开发项目等基础设施建设以优惠。无论大中型水电项目都应享有的长周期低利率的优惠政策。还要积极利用外国或国际金融机构的贷款。通过水电开发项目的财产作为抵押进行银行融资,并结合地方政府的财政税收作为担保,以提高大水电项目开发的融资力量。同时,水电行业要进一步健全制度保障,落实项目法人责任制,完善信用机构,提高水电行业整体的信用登记争取扩大各类银行对水利水电行业的投入力度。对商业银行的贷款,还可实行财政贴息制度。扩大对水利水电项目的贴息范围,延长贴息期限。

10.4.4.5 积极鼓励民间投资,吸引民间资本进入水电项目建设

随着近年来我国经济的高速发展,民间投资也突飞猛进,能够吸引民间资本进入水电开发项目,缓解了基础设施建设过程中资金不足的压力,对加快水电项目开发具有非常重要的作用。纵观我国目前的水电开发建设,民间资本占比非常薄弱,除极少数项目有少量的民间投资,绝大多数资金还是来自国家和地方政府。而在国外,民间资本在水电项目建设中占有相当大的比例。之所以

我国民间资本难以进入水电项目，主要表现在以下几个方面：国家政策的支持力度不足、相关的法律法规尚不完善、民营投资税负过重、缺乏担保机构，以及投资渠道不畅等。要想吸引民间资本的进入，可通过借鉴国外经验然后制定出符合我国国情的政策，建立健全相关的法律法规，打开民间投资渠道，降低投资要求，简化投资手续等。具体如下：一是结合地方政府，出台相关支持民间投资的政策，如适当降低民营企业在水电项目建设过程中的税负，提高对中小企业的补贴百分点，通过政府有效的控制和管理，让民间投资积极推动水电项目的现代化建设。二是在可能的范围内，降低民间资金的准入门槛，简化投资手续，积极鼓励各种可能的投资方式，让民间投资进入水电项目建设更为容易。三是充分做好国有水利水电项目的转型工作，化繁为简，将传统模式下的水电项目开发转变为适应市场经济，符合现代化建设的新型水利水电项目，将水利工程的经营权、产权下放到民间资本，满足市场需求，增加活力，推动发展。

10.4.5 加强水电大坝的修缮和水电开发项目的退役管理

近年来，北美一部分水生生态学家和资源管理者通过对北美水生态区保护的研究实验发现，水电大坝的再次修缮可以使河流得到重新恢复，对整个流域生态环境的改善也有极大的作用。

10.4.5.1 水力发电大坝的修缮

调查者发现，在美国大约有 75 000 座高于 5ft[①]的大坝阻止了美国的水道，这些大坝中仅有 2400 座在发电，大部分的大坝都是受私人利益所驱使，在选址和经营方式上完全没有顾虑大坝对河流生态系统的影响，这导致了河流生态系统和生物多样性遭受了严重的破坏。整个北美有长达 3 500 000mile[②]的河流，有600 000 mile 位于蓄水大坝之后。其中的部分大坝急需修缮。

在1996年因模拟洪水被广泛报道的科罗拉多河上的格兰峡谷大坝通过影响坝下的水文和地貌来恢复河流的自然功能。在格兰峡谷实验的前几年，资源管理者、水生态学家和环境保护主义者通过联邦能源管理委员会的再次授权许可，寻求类似的操作变化，并取得显著成功。

大坝管理者通过改变大坝的水流动态，从峰值的流量到更为自然的流动，

---

① ft 即英尺，1ft≈0.3048m。
② mile 即英里，1mile≈1609.34m。

可以改善水质和栖息地结构，资源管理者在这些大坝的下面已经看到自然鱼类的显著增加。

10.4.5.2　水电开发项目的退役和大坝的拆除

无论是在北美，还是我国，抑或是世界上其他河流众多的国家，都存在着许许多多几十或上百年前修建的蓄水大坝。以前的大坝主要是用作防洪和灌溉。20 世纪以来，随着社会的演变，人口的迁徙和农业灌溉技术的日新月异，很多大坝已丧失了其原有的作用，但却依然横亘在河道中间，改变了河流原生的生态系统。这些大坝没有了价值，自然也无人管理，可以拆除。

世界上较早期和为人所熟知的拆坝先例要数位于缅因州肯纳贝克河的爱德华兹大坝，于 1999 年实施拆除计划，从而打通了 20mile 通道，保护了像大西洋鲑鱼和短吻鲟及其他一些利用鱼梯的鱼类物种主要的产卵和生长栖息地。这对于当时的人们而言是一件不可思议的事情，存在着大量的争论。但后来的事实证明，拆坝是恢复当地生态系统的唯一选择。

10.5　本 章 小 结

水电开发者、生态环境和移民三者之间协调是实现经济、环境与社会的可持续发展的重要前提。本章首先分别分析了水电开发与生态环境、移民两大主体之间的协调机制，水电开发工程的建设在为防洪、发电、航运、供水、灌溉、旅游等方面创造综合效益的同时，也随之会对生态环境产生一定负面影响。水电开发工程中的移民在搬迁中受益，改善了居住条件，生活水平也得到提高，但同时也衍生了一部分移民社会问题。要解决在水电开发过程中所引起的这一系列问题，保障水电开发、生态环境、移民三者间协调发展，就要对生态环境和移民进行补偿，以及完成其他一些工作要求。

其次，为促进长江上游地区水电开发和生态环境、移民的协调可持续发展，提出加强政府政策支持水电开发、促进水电开发与生态环境的协调及可持续发展、做好移居与水电开发之间的协调工作、加强我国水电项目资金支持、加强水电大坝的修缮和水电开发项目的退役管理五点建议，并给出具体措施方法。为政府相关部分在制定水电开发过程中的政策规范提供参考意见。

参 考 文 献

庇古. 1971. 福利经济学（上册）. 台北：台湾银行经济研究室.

蔡金燕，徐胜. 1997. 水电开发战略与可持续发展. 湖北水力发电，（4）：10-12.

曹新. 2007. 中国开发水电面临的问题与对策. 中国发展观察，（7）：28-30.

常德生. 2008. 李仙江流域梯级水电开发的环保措施. 河南水利与南水北调，（3）：19-20.

陈刚，宗仁怀. 2005. 坚持水电科学开发，实现大渡河流域可持续发展. 四川水力发电，24（增刊）：91-93.

陈进，黄薇. 2006. 长江上游水电开发对流域生态环境影响初探. 水利发展研究，（8）：10-14.

陈鹏. 2005. 中国能源消耗与国内生产总值关系的实证分析. 国土与自然资源研究，（3）：15-16.

陈永忠，刘均贵，吴全兴. 2007. 加强环境监理 走水电开发可持续发展之路. 四川水利，（6）：18-19.

陈云华，吴世勇. 2013. 马光文中国水电发展形势与展望. 水力发电学报，36（2）：1-4.

晨凤. 2006. 水电开发的"双面影响"均应纳入政绩考核. 环境经济杂志，（6）：65.

成都勘测设计研究院. 1981. 金沙江渡口宜宾河段规划报告. 成都：成都勘测设计研究院.

程根伟. 2004. 西南江河梯级水电开发对河流水环境的影响及对策. 中国科学院院刊，19（6）：433-437.

邓家荣，洪尚群，施顺生. 2001. 生态补偿应融入环境影响评价中. 云南环境科学，（2）：1-3.

丁一，陈鹰. 2014. 西部民族地区水电开发农村生态移民问题探讨. 农村经济，（9）：58-62.

董耀华，李荣辉. 2006. 水电开发的演变历程与发展趋势. 水利电力科技，32（4）：6-13.

董子敖，阎建生. 1987. 计入径流时间空间相关关系的梯级水库群优化调度的多层次法. 水电能源科学，5（1）：29-40.

杜万平. 2001. 完善西部区域生态补偿机制的建议. 中国人口资源与环境，（3）：119-120.

段斌，陈刚，马光文. 2014. 水电开发与水电企业和谐发展研究. 人民长江，46（24）：6-13.

段跃芳. 2004. 关于水库移民补偿问题的探讨. 三峡大学学报自然科学版，26（3）：218-221.

范卉，刘玉峰. 2004. 水电"大跃进"引发利益博弈. 中国新闻周刊，（46）：44-47.

方时娇. 2009-05-19. 也谈发展低碳经济. 光明日报.

方子云. 1998. 水与可持续发展——定义与内涵（二）. 水科学进展，（1）：22-24.

冯之梭. 2004. 循环经济导论. 北京：人民出版社.

傅秀堂. 2001. 论水库移民. 武汉：武汉大学出版社.

傅振邦. 2006. 水电开发将向何处去？中国三峡建设，（3）：40-42.

高本庆. 1995. 时域有限差分法（FDTD Method）. 北京：国防工业出版社.

高铁梅. 2006. 计量经济学分析方法与建模 Eviews 应用及实例. 北京：清华大学出版社.

葛继稳，蔡庆华，刘建康. 2006. 水域生态系统中生物多样性经济价值评估的一个新方法. 水生生物学报，30（1）：126-128.

郭升选. 2006. 生态补偿的经济学解释. 西安财经学院学报, 19（6）：43-48.

郭中伟, 李典谟. 1997. 生物多样性经济价值评估的基本方法. 生物多样性, （2）：60-67.

何璟. 2006. 我国水电可开发量的探讨. 中国农村水电及电气化, （4）：8-9.

胡渲, 刘世庆. 2015. 水电工程移民安置"三原"原则的改革与突破. 党政研究, （2）：119-122.

胡庆和. 2006. 水电项目开发可持续发展措施探析. 生态经济学, （4）：48-51.

胡铁松, 陈红坤. 1995. 径流长期分级预报的模糊神经网络方法. 模式识别与人工智能, （12）：147-151.

环境科学大辞典编委会. 1991. 环境科学大辞典. 北京：中国环境科学出版社.

黄美胜. 2008. 平阳水能资源开发管理问题及发展方向探讨. 中国水能及电气化, （3）：40-42.

黄真理, 李玉梁, 李锦秀, 等. 2004. 三峡水库水容量计算. 水利学报, （3）：7-14.

冀文军. 2007. 水电开发：向左, 还是向右？ 国家电网, （5）：48-49.

贾魁桐. 2006. 水电开发的环境效益及问题. 湖南水利水电, （2）：74-76.

金纬亘. 2008. 探寻生态伦理的核心概念. 社会科学家, （4）：16-19.

金弈, 张轶超, 谭奇林. 2015. 水电工程生态补偿机制研究. 环境影响评价, 37（3）：45-48.

柯晓阳, 徐喻琼. 2008. 清江流域水电工程开发性移民的实践及思考. 水利水电快报, 29（3）：35-38.

孔令强, 施国庆. 2008. 水电工程农村移民入股安置模式初探. 长江流域资源与环境, 17（2）：185-189.

李爱年, 彭丽娟. 2005. 生态效益补偿机制及其立法思考. 时代法学, （3）：65-74.

李陈. 2012. 长江上游梯级水电开发对鱼类生物多样性影响的初探. 武汉：华中科技大学硕士学位论文.

李传青. 2013. 我国大型水电建设项目融资方式选择研究. 成都：西南财经大学硕士学位论文.

李德旺. 2012. 长江上游生态敏感度与水电开发生态制约研究. 武汉：武汉大学硕士学位论文.

李国纲. 1993. 管理系统工程. 北京：中国人民大学出版社.

李海燕. 2013. 试论低碳生活方式. 生态环境学报, （4）：723-728.

李海英, 冯顺新, 廖文根. 2010. 全球气候变化背景下国际水电发展态势. 中国水能及电气化, （10）：29-37.

李锦秀, 廖文根. 2002. 富营养化综合防治调控指标探讨. 水资源保护, （2）：4-5.

李镜, 张丹丹, 陈秀兰, 等. 2008. 岷江上游生态补偿的博弈论. 生态学报, 26（6）：2792-2798.

李丽娟, 郑红星. 2000. 海滦河流域河流系统生态环境需水量计算. 地理学报, 55（4）：495-500.

李荔歌. 2012. 推进我国低碳生活的道德因素探讨. 郑州：郑州大学硕士学位论文.

李松慈, 李明. 2004. 以可持续发展指导小浪底移民工作. 北京：联合国水电与可持续发展国际研讨会.

李向前, 曾莺. 2001. 绿色经济. 成都：西南财经大学出版社.

李焰云. 1999. 清江流域综合开发与环境保护对策. 人民长江, 30（1）：22-24.

李英海, 莫莉, 左建. 2012. 基于混合差分进化算法的梯级水电站调度研究. 计算机工程与应用, 48（4）：228-231.

李永安. 2007. "四个一"理念：科学发展观在水电开发领域的体现. 求是, （1）：26-27.

梁武湖, 王黎, 马光文. 2005. 生态脆弱地区水电的可持续开发. 资源开发与市场, 21（1）：22-24.

辽宁省财政厅课题组. 2008. 关于完善我国生态补偿体系的思考. 地方财政研究, （2）：22-25.

廖瑞钊. 2005. 坚持可持续发展观 加强水能开发管理. 中国农村水电及电气化, （12）：27-29.

林森. 2004a. 流域梯级滚动开发的主要问题及对策研究（Ⅰ）. 湖北省水力发电, （2）：8-11.

林森. 2004b. 流域梯级滚动开发的主要问题及对策研究（Ⅱ）. 湖北省水力发电, （3）：5-9.

刘昌明. 1997. 水与可持续发展——定义与内涵（一）. 水科学进展，8（4）：377-384.

刘东波，于雪梅，程玉双. 2002. 论水电开发与可持续发展战略. 黑龙江水利科技，（3）：15-16.

刘慧勇. 2013. 水电综合开发战略思考. 中国投资，（11）：99-101.

刘建明，马光文. 2006. 四川水电资源可持续开发和利用. 环境保护，（7）：58-60.

刘健，王正伟，罗永要，等. 2004. 水电的可持续发展综述. 电力学报，19（2）：106-110.

刘兰芬. 2002. 河流水电开发的环境效益及主要环境问题研究. 水利学报，（8）：121-128.

刘思华. 2004. 绿色经济导论. 北京：同心出版社.

刘鑫卿，张士军. 1999. 梯级水电站流量滞后性影响研究. 华中理工大学学报，5（27）：46-48.

刘艳平，周端庄. 1993. 法国罗纳河开发的一些特点和经验. 水利水电快报，（13）：12-23.

柳地. 2006. 论大型水电开发与生态环境的协调发展. 人民长江，37（4）：3-4.

陆佑楣. 2005. 我国水电开发与可持续发展. 水力发电，31（2）：1-4.

麻泽龙，谭小琴，周伟，等. 2006. 河流水电开发对生态环境的影响及其对策研究. 广西水利水电，（1）：24-28.

马怀新. 2012. 加强水利水电开发的协调发展. 四川水力发电，28（1）：71-74.

牛文元. 2009-3-19. 低碳经济是落实科学发展观的重要突破口. 中国报道，（3）.

潘春国，王晓波，孙向红. 2002. 流域综合发展及梯级电站经济运行. 东北电力技术，（1）：18-22.

庞名立. 2014. 全球十大水力发电站 四个在中国. http://www.wusuobuneng.cn/archives/9141 [2014-09-04].

彭扬. 2008. "流域心态"探微——基于岷江上游生态环境保护博弈分析视角. 读与写杂志，5（7）：199-200.

平乃凡，汪兰苏. 1996. 梯级开发河流污染物的积累性和缓冲性. 四川环境，15（3）：5-8.

钱玉杰. 2013. 我国水电的地理分布及开发利用研究. 兰州：兰州大学硕士学位论文.

全国水力资源复查工作领导小组. 2003. 中华人民共和国水力资源复查成果总报告（2003 年）. 北京：中国电力出版社.

阮基康. 2005. 论四川西部水电开发期望值及约束条件. 四川水力发电，24（1）：7-12.

沈满洪，杨天. 2004-03-02. 生态补偿机制的三大理论基石. 中国环境报.

施国庆. 1996. 水库移民系统规划理论与应用. 南京：河海大学出版社.

施国庆，郑瑞强. 2008. 社会和谐型水电工程建设探讨. 中国水利，（6）：22-24.

施祖留，孙金华. 2003. 水利工程移民管理三方行为博弈分析. 人民黄河，25（2）：44-45.

水博. 2008. 水电开发与河流生态存在博弈之说吗. 中国三峡建设，（5）：10-13.

四川省计划委员会. 1997. 四川省水力资源. 成都：四川省计划委员会资料.

苏茜. 2006. 水电开发决策中博弈的利益集团. 内江科技，（7）：110.

孙荣，邓伟琼，袁嘉，等. 2015. 山地河流水电开发对河岸带植物群落特征的影响. 环境科学研究，28（6）：915-922.

孙涛，杨志峰. 2005. 基于生态目标的河道生态环境需水量计算. 环境科学，26（5）：43-48.

孙晓山. 2006. 坚持可持续发展观 有序开发水能资源. 中国农村水电及电气化，（1）：20-23.

孙中一. 2001. 企业战略运行机制——机制论. 天津：天津人民出版社.

汤献华，周厚贵，杨卫东. 2000. 水电开发与可持续发展战略. 水利水电科技进展，20（3）：18-20.

万军，张惠远，王金南，等. 2005. 中国生态补偿政策评估与框架初探. 环境科学研究，（2）：1-8.

汪皓. 2013. 水电工程 TOT 项目融资模式研究. 昆明：昆明理工大学硕士学位论文.

王芳, 王浩, 陈敏建. 2002. 中国西北地区生态需水研究 (2) ——基于遥感和地理信息系统技术的区域生态需水计算机分析. 自然资源学报, 17 (2): 129-137.

王丰年. 2006. 论生态补偿的原则和机制. 自然辩证法研究, 22 (1): 31-36.

王洪梅. 2007. 水电开发对河流生态系统服务及人类福利综合影响评价. 北京: 中国科学院研究生院博士学位论文.

王丽婷. 2006. 移民安置过程中参与主体的行为博弈分析. 绥化学院学报, 26 (5): 9-10.

王良海. 2006. 我国生态补偿法律制度研究. 重庆: 西南政法大学硕士学位论文.

王林, 孟晓亮. 2008. 湖北省小水电开发存在问题及对策. 湖北水力发电, (1): 51-53.

王沛沛. 2013. 金融支持水库移民的制度与影响分析——以浙江省温州市水库移民创业贷款项目为例. 农村经济, (9): 66-69.

王钦敏. 2004. 建立补偿机制 保护生态环境. 求是, (13): 55-56.

王儒述. 2004. 西部水资源开发与可持续发展. 水利科技与经济, 10 (5): 288-290.

王信茂. 2006. 水电的优先开发与生态保护. 中国电力企业管理, (1): 21-23.

王旭, 雷晓辉, 蒋云钟, 等. 2013. 基于可行空间搜索遗传算法的水库调度图优化. 水利学报, (1): 26-34.

王仲颖, 黄禾巾. 2012. 中国高技术产业发展年鉴. 北京. 北京理工大学出版社.

魏希侃. 1996. 我国水电开发与金沙江水能资源开发. 中国三峡建设, (8): 28-29, 46.

吴晓青. 2007. 加快建立生态补偿机制促进区域协调发展. 求是, (19): 52-54.

夏军, 郑冬燕, 刘青娥. 2012. 西部地区生态环境需水估算的几个问题探讨. 水文, 5 (22): 12-17.

夏征农, 陈至立. 1989. 辞海. 上海: 上海辞书出版社.

肖山. 2012. 老挝南芒河水电站 (BOT) 项目财务评价与风险对策研究. 成都: 西南交通大学硕士学位.

徐鼎甲. 1995. 进行日调节时水电站下游水位的计算. 水利水电技术, (4): 2-4.

徐健, 崔晓红, 王济干. 2009. 关于我国流域生态保护和补偿的博弈分析. 科技管理研究, (1): 91-93.

徐嵩龄. 2001. 生物多样性价值的经济学处理: 一些理论障碍及其克服. 生物多样性, 9 (3): 310-318.

许盼. 2015. 全球十大水电站盘点. http://www.powerfoo.com/news/sdkx/sdkx2/2015/61/156121618F7JKBAH73151BF165DC5.html [2015-06-01].

严奇, 何建敏, 郭建平. 2006. 我国竞争性能源之间替代效应分析. 动力工程, 26 (4): 592-595.

晏志勇, 彭程, 袁定远, 等. 2006. 全国水力资源复查工作概述. 水力发电, 32 (1): 8-12.

杨丽娜. 2012. 我国大宗能源开发利用的分布格局及其时空变化. 兰州: 兰州大学硕士学位论文.

杨清廷. 2013. 加快水电开发 促进能源结构调整. 四川水力发电, 32 (5): 121-126.

杨文健, 唐钟鸣, 李凡宁, 等. 2006. 广西库区移民土地淹没长期补偿政策研究. 生态经济, (11): 60-62.

杨晓华, 金菊良, 陈肇升. 1998. 马斯京根模型参数估计的新方法. 灾害学, 13 (3): 1-6.

殷大聪, 刘强, 桑连海. 2011. 长江上游水电开发生态环境制约的协调对策探讨. 长江科学院院报, 12: 43-47.

尹明万, 杨全明, 李学敏. 2006. 浅析能源环境对我国水电开发战略的影响和要求. 水力发电, 32 (5): 5-9.

俞海, 任勇. 2008. 中国生态补偿: 概念、问题类型与政策路径选择. 中国软科学, (6): 7-15.

俞平. 2006. 水电开发的环境效益及问题. 甘肃水利水电技术, 42 (1): 41-44.

庾莉萍. 2008. 关于水资源保护生态补偿机制的思考. 环境教育, (9): 45-47.

袁超义, 李承军. 2007. 基于可持续发展的流域水电梯级开发模式研究. 水力发电, 33 (6): 1-5.

曾建生. 2008. 基于三方博弈关系实施水库移民行业管理的必要性分析. 水利规划与设计, (3): 4-7.

曾明勇. 2008. 农村小水电开发与生态环境保护的问题. 海峡科学, (2): 39-40.

曾胜. 2009. 区域水电资源动态测算与协调机制研究. 成都: 西南交通大学硕士学位论文.

曾胜. 2013. 开发者与生态环境之间的进化博弈分析——以水电项目为例. 西部论坛, 23 (4): 72-78.

曾勇红, 姜铁兵, 权先璋. 2003. 灰色系统理论在水库正常蓄水位方案选择中的应用. 水电自动化与大坝监测, (2): 57-59.

曾志雄, 谢旭洋, 漆文邦. 2012. 水利投资与国民经济增长关系的实证研究. 水利经济, 30 (5): 18-21, 76.

张婧婧, 姜铁兵. 2002. 基于人工神经网络的日径流预测. 水电自动化与大坝监测, (8): 65-67.

张静波, 张洪泉. 1996. 流域梯级开发的综合环境效应. 水资源保护, (3): 30-31, 35.

张雷, 鲁春霞, 吴映梅, 等. 2014. 中国流域水资源综合开发. 自然资源学报, 29 (4): 295-302.

张睿. 2014. 流域大规模梯级电站群协同发电优化调度研究. 武汉: 华中科技大学博士学位论文.

张思平. 1987. 流域经济学. 武汉: 湖北人民出版社.

张晓锋. 2013. 水电开发对生态环境影响及生态补偿机制设计. 科教导刊, (1): 192-193.

张信宝, 文安邦. 2002. 长江上游干流和支流河流泥沙近期变化及其原因. 水利学报, (4): 56-59.

赵建达, 李志武, 吴昊. 2008. 欧洲小水电站环境设计典型案例研究. 小水电, (2): 7-9.

赵深山. 1997. 正确处理发展水电与生态环境的关系. 水利水电技术, (3): 6-8.

郑度. 2004. 长江上游地区水土保持若干问题探讨. 资源科学, 26 (8): 1-6.

郑守仁. 2006. 我国水能资源开发利用及环境与生态保护问题探讨. 中国工程科学, 8 (6): 1-6.

中国电力出版社. 2014. 中国水力发电年鉴 2014. 北京: 中国电力出版社.

中国国家统计局. 2013. 中国能源统计年鉴 2013. 北京: 中国统计出版社.

中国可再生能源发展战略研究项目组. 2008. 中国可再生能源发展战略研究丛书·水能卷. 北京: 中国电力出版社.

中国能源研究会. 2014. 中国能源发展报告 2014. 北京: 中国电力出版社.

中国能源中长期发展战略研究项目组. 2011. 中国能源中长期 (2030、2050) 发展战略研究可再生能源卷 2005. 北京: 科学出版社.

《中国三峡建设》编辑部. 2005. 中国水能资源富甲天下——全国水力资源复查工作综述. 中国三峡建设, (06): 68-73.

中国水电顾问集团成都勘测设计研究院. 2006. 四川省大渡河长河坝水电站环境影响报告书. 成都: 中国水电顾问集团成都勘测设计研究院.

中国水电顾问集团成都勘测设计研究院. 2007. 四川省大渡河长河坝水电站建设征地移民安置规划报告. 成都: 中国水电顾问集团成都勘测设计研究院.

中国水电开发投融资问题研究课题组. 2008. 我国水电开发的背景. 经济研究参考, (8): 2-9.

周创兵. 2013. 水电工程高陡边坡全生命周期安全控制研究综述. 岩石力学与工程学报, 32 (6): 1081-1093.

周大兵. 2004. 坚持科学发展观, 加快水能资源开发. 水力发电, (12): 17-21.

周凤起, 张健民. 2004. 中国能源需求及供应方案的成本效益分析//李志东. 中国能源环境研究文集. 北京: 中国环境科学出版社.

周建平. 2011. 十三大水电基地的规划及开发现状. 水利水电施工, (1): 1-7.

周睿萌，雷振，唐文哲. 2015. 水电建设对地方经济发展影响实证研究——以云南省永善县溪洛渡电站为例. 水利经济，33（5）：43-47.

周双超. 2008. 金沙江水电开发 2008 年建设任务极具挑战性. 四川水力发电，27（1）：98.

周婷，纪昌明，朱艳霞，等. 2013. 基于支持向量机的梯级水电站群中长期调度计划制定及评价. 电力系统自动化，37（2）：56-60.

朱成章. 1987. 世界河流水能资源估算及利用. 水力发电学报，（4）：105-112.

朱达. 2004. 能源–环境的经济分析与政策研究. 北京：中国环境科学出版社.

庄贵阳. 2005. 中国经济低碳发展的途径与潜力分析. 国际技术经济研究，8（3）：8-12.

邹体峰，王艳芳，王仲珏. 2008. 浅析我国小水电开发中的生态环境保护问题. 中国农村水利水电，（3）：97-98.

Afzali R，Mousavi S J，Ghaheri A. 2008. Reliability-based simulation-optimization model for multireservoir hydropower systems operations：Khersan experience. Journal of Water Resources Planning & Management，1/2，134（1）：24-33，10.

Bhola T，Raju S，Projjwal D，et al. 2005. Problems of Nepalese hydropower projects due to suspended sediments. Aquatic Ecosystem Health & Management，8（3）：251-257.

Boyland R T. 1992. Laws of large numbers for dynamical systems，with randomly matched individuals. Journal of Economic Theory，（57）：473-504.

Buentorf G. 2000. Self-organization and sustainability：Energetics of evolution and implications for ecological economics. Ecological Economics，33（1）：119-134.

Costanza. 1991. Ecological Economics：The Science and Management of Sustainability. New York：Columbia University Press.

Daly H E. 1974. The economics of the steady state. American Economic Review，（64）：15-21.

Daniel S D. 2007. Warren and the erosion of federal preeminence in hydropower regulation. Ecology Law Quarterly，34（4）：763-801.

Downing T E. 1996. Mitigating social impoverishment when people are involuntarily displaced//McDowell C. Understanding Impoverishment. Oxford：Berghahn Books.

Dudhani S，Sinha A K，Inamdar S S. 2006. Assessment of small hydropower potential using remote sensing data for sustainable development in India. Energy Policy，34（17）：3195-3205，11.

Egré D，Milewski J C. 2000. The diversity of hydropower projects. Energy Policy，30（14）：1225.

Emmanuel L. 2006. Light from the heart of darkness ［hydropower generation］. Power Engineer，20（4）：42-46.

Environmental Constraints on Hydropower. 2006. An ex post benefit-cost analysis of Dam Relicensing in Michigan. Land Economics，82（3）：384-403.

Forest P. 2012. Transferring bulk water between Canada and the United States：More than a century of transboundary inter-local water supplies. Geoforum，43（1）：14-24.

Friedman D. 1991. Evolutionary games in economics. Econometrica，（59）：637-666.

Gilboa J，Matsui A. 1991. Social stability and equilibrium. Econometrica，（59）：859-868.

Hamilton W D. 1964. The genetically evolution of social behaviors，Ⅰ and Ⅱ. Journal of Theoretical Biology，7（1）：

17-32.

Hashimot T, Loucks D P, Stedinger J R. 1982. Robustness of water resources system. Water Resources Research, 18 (1): 21-26.

International Hydropower Association. 2003. International Hydropower Association Sustainability Guidelines. http: // www. hydropower. org/1_5.htm [2003-12-20].

Jakobsson E. 2002. Industrialization of rivers: A water system approach to hydropower development. Knowledge, Technology & Policy, Winter, 14 (4): 41-56.

Kaldellis J K. 2008. Critical evaluation of the hydropower applications in Greece. Renewable & Sustainable Energy Reviews, 12 (1): 218-234, 17.

Kibler K M, Tullos D D. 2013. Cumulative biophysical impact of small and large hydropower development in Nu River, China. Water Resources Research, 49 (6): 3104-3118.

Koch F H. 2002. Hydropower—the politics of water and energy: Introduction and overview. Energy Policy, 30 (14): 1207-1213.

Kuby M J, Fagan W F, ReVelle C S, et al. 2005. A multiobjective optimization model for dam removal: An example trading off salmon passage with hydropower and water storage in the Willamette basin. Advances in Water Resources, 28 (8): 845-855.

Larson S, Larson S. 2007. Index-based tool for preliminary ranking of social and environmental impacts of hydropower and storage reservoirs. Energy, 32 (6): 943-947.

Lehner B, Czisch G, Vassolo S. 2005. The impact of global change on the hydropower potential of Europe: A model-based analysis. Energy Policy, 33 (7): 839-855.

Lewontin R C. 1961. Evolution and the theory of games. Journal of Theoretical Biology, (1): 382-403.

Matthew J, Kotchen M R, Moore F L, et al. 2006. Environmental constraints on hydropower: an ex post benefit-cost analysis of dam relicensing in Michigan. Land Economics, 82 (3): 384-403.

Maynard S J. 1974. The theory of games and the evolution of animal conflicts. Journal of Theoretical Biology, (47): 209-221.

Maynard S J, Price G R. 1973. The logic of animal conflicts. Nature, (246): 15-18.

Oud E. 2002. The evolving context for hydropower development. Energy Policy, 30 (14): 1215-1223.

Park H J, Um J G, Woo I, et al. 2012. The evaluation of the probability of rock wedge failure using the point estimate method. Environmental Earth Sciences, 65 (1): 353-361.

Pearce D W. 1999. Methodological issues in economic analysis// Cernea M. Economics of Involuntary Resettlement: Challenges and Questions. Washionton D C: The World Bank.

Petersen W. 1958. A general typology of migration. American Sociological Review, 23 (3): 256-266.

Raesaar P. 2005. Resource and utilization of Estonian hydropower. Oil Shale, 22 (2): 233-241.

Rathod G W, Rao K S. 2012. Finite element and reliability analyses for slope stability of Subansiri Lower Hydroelectric Project: A case study. Geotechnical and Geological Engineering, 30 (1): 233-252.

Samuelson L. 1991. Limit evolutionarily stable strategies in two-player, normal form games. Games and Economic

Behavior，(3)：110-128.

Samuelson L，Zhang J. 1992. Evolutionary stability in a symmetric games. Journal of Economic Theory，(57)：
363-391.

Schwartz J S，Simon A，Klimetz L. 2011. Use of fish functional traits to associate in-stream suspended sediment
transport metrics with biological impairment. Environmental Monitoring and Assessment，179 (1-4)：347-369.

Seip K，Strand T. 1992. Willingness to pay for environmental goods in Norway：A contingent valuation study with real
payment. Environmental Resource Economics，2 (1)：91-106.

Sheng Z，Yu J J. 2014. Evolutionary game analysis between immigration and developers：A case study of hydropower
development project. International Journal of Safety and Security Engineering，4 (2)：154-163.

Solow R. 1986. On the intergenerational allocation of natural resources. Scandinavian Journal of Economic，(88)：
141-149.

Spash C L，Hanley N. 1995. Preferences，information and biodiversity preservation. Ecological Economics，12 (3)：
191-208.

Sternberg R. 2008. Hydropower：Dimensions of social and environmental coexistence. Renewable & Sustainable
Energy Reviews，12 (6)：1588-1621，34.

Winter H V，Jansen H M. 2006. Bruijs MCM. Assessing the impact of hydropower and fisheries on downstream
migrating silver eel, Anguilla anguilla, by telemetry in the River Meuse. Ecology of Freshwater Fish, (15)：221-228.

Yee K S. 1966. Numerical solution of initial boundary value problems involving maxwell's equations in isotropic
media. IEEE Transactions on Antennas and Propagation, 14 (3)：302-307.

Young P. 1993. The evolution of conventions. Econometrica，(61)：57-84.

Yüksel I. 2007. Development of hydropower：A case study in developing Countries. Energy Sources Part B：
Economics，Planning & Policy，4 (2)：113-121.

附表 1　长河坝电站库区回水计算成果及淹没调查采用水位

断面编号	距坝里程/km	主要地名	Q4%=5330m³/s（25年一遇）			Q5%=5180m³/s（20年一遇）			Q20%=4170m³/s（5年一遇）		
			天然水位/m	回水水位/m	调查水位/m	天然水位/m	回水水位/m	调查水位/m	天然水位/m	回水水位/m	调查水位/m
1	0	坝址		1690.00	1691.00		1690.00	1691.00		1690.00	1691.00
2	0.666			1690.00	1691.00		1690.00	1691.00		1690.00	1691.00
3	1.274			1690.00	1691.00		1690.00	1691.00		1690.00	1691.00
4	1.955			1690.00	1691.00		1690.00	1691.00		1690.00	1691.00
5	3.535			1690.00	1691.00		1690.00	1691.00		1690.00	1691.00
6	5.051			1690.00	1691.00		1690.00	1691.00		1690.00	1691.00
7	5.961			1690.01	1691.00		1690.01	1691.00		1690.01	1691.00
8	7.506			1690.01	1691.00		1690.01	1691.00		1690.01	1691.00
9	10.386			1690.01	1691.00		1690.01	1691.00		1690.01	1691.00
10	12.086			1690.01	1691.00		1690.01	1691.00		1690.01	1691.00
11	13.226			1690.01	1691.00		1690.01	1691.00		1690.01	1691.00
12	14.879	广金坝		1690.01	1691.00		1690.01	1691.00		1690.01	1691.00
13	16.814			1690.01	1691.00		1690.01	1691.00		1690.01	1691.00
14	18.318			1690.01	1691.00		1690.01	1691.00		1690.01	1691.00
15	19.468			1690.04	1691.00		1690.04	1691.00		1690.03	1691.00
16	20.658	野牛沟沟口		1690.12	1691.00		1690.11	1691.00		1690.08	1691.00
17	21.983			1690.22	1691.00		1690.21	1691.00		1690.14	1691.00
18	23.581	巴郎沟	1645.94	1690.36	1691.00	1645.80	1690.34	1691.00	1644.80	1690.23	1691.00
19	24.907		1651.60	1690.49	1691.00	1651.25	1690.47	1691.00	1649.13	1690.31	1691.00
20	26.091		1656.28	1690.62	1691.00	1655.93	1690.59	1691.00	1653.78	1690.40	1691.00
21	27.206		1661.76	1690.76	1691.00	1661.36	1690.72	1691.00	1658.94	1690.48	1691.00
22	28.516		1667.79	1691.18	1691.18	1667.53	1691.11	1691.11	1665.75	1690.72	1691.00

续表

断面编号	距坝里程/km	主要地名	Q4%=5330m³/s (25年一遇)			Q5%=5180m³/s (20年一遇)			Q20%=4170m³/s (5年一遇)		
			天然水位/m	回水水位/m	调查水位/m	天然水位/m	回水水位/m	调查水位/m	天然水位/m	回水水位/m	调查水位/m
23	29.714	桃沟沟口	1676.28	1692.01	1692.01	1676.00	1691.96	1691.96	1674.30	1691.28	1691.28
24	30.862		1681.98	1693.15	1693.15	1681.80	1693.07	1693.07	1680.25	1692.23	1692.23
25	32.060		1692.85	1695.06	1695.06	1692.43	1694.89	1694.89	1691.06	1693.78	1693.78
26	33.365	蒲力河坝	1696.51	1697.91	1697.91	1696.34	1697.83	1697.83	1695.15	1696.66	1696.66
27	34.644	孔玉乡	1701.28	1701.35	1701.35	1701.04	1701.12	1701.12	1699.42	1699.60	1699.60

资料来源：2007 年《四川省大渡河长河坝水电站建设征地移民安置规划报告》，第 6 页

附表 2　长河坝电站金汤河段回水计算成果及淹没调查采用水位

断面编号	距坝里程/km	主要地名	Q4%=5330m³/s (25年一遇)			Q5%=5180m³/s (20年一遇)			Q20%=4170m³/s (5年一遇)		
			天然水位/m	回水水位/m	调查水位/m	天然水位/m	回水水位/m	调查水位/m	天然水位/m	回水水位/m	调查水位/m
1	0	河口		1690.00	1691.00		1690.00	1691.00		1690.00	1691.00
2	0.795			1690.00	1691.00		1690.00	1691.00		1690.00	1691.00
3	1.885			1690.01	1691.00		1690.01	1691.00		1690.01	1691.00
4	3.07			1690.01	1691.00		1690.01	1691.00		1690.01	1691.00
5	3.465		1666.13	1690.01	1691.00	1666.07	1690.00	1691.00	1664.43	1690.01	1691.00
6	3.84		1675.83	1690.04	1691.00	1675.79	1690.03	1691.00	1674.80	1690.02	1691.00
7	4.055		1684.29	1690.15	1691.00	1684.26	1690.14	1691.00	1683.60	1690.10	1691.00
8	4.35		1698.11	1698.13	1698.13	1698.08	1698.11	1698.11	1697.15	1697.28	1697.28

资料来源：2007 年《四川省大渡河长河坝水电站建设征地移民安置规划报告》，第 7 页

附表 3　长河坝水电站影响区统计表

序号	影响区名称	影响类型	距坝里程/km	影响区长度/m	前缘高程/m	后缘高程/m	影响区宽度/m	面积/亩	影响对象
1	下索子沟左岸四家寨	滑坡	14	260～300	1540	1820	150～190	27	荒草地灌木林地
2	一柱香堆积体	塌岸	12	900～1000	1545	2540	930	402	荒草地灌木林地

资料来源：2007 年《四川省大渡河长河坝水电站建设征地移民安置规划报告》，第 8 页

注：表中所列为主要段，与水库淹没区重叠部分计入水库淹没区

附表 4　长河坝水电站建设征地主要实物指标汇总表

序号	项目	单位	合计	水库淹没区	枢纽工程建设区			备注
					永久用地	施工场地搬迁	临时占地	
1	总面积	km²	18.0	11.5	2.4		4.1	
1.1	陆地面积	km²	14.5	8.3	2.1		4.1	
其中	耕地面积	亩	4.9				4.9	
	园地面积	亩	3 587.2	993.8	108.1		2 485.3	
	林地面积	亩	14 440.3	10 298	2 721.2		1 421.1	
1.2	水域面积	km²	3.501	3.2	0.3		0.001	
2	涉及行政区							
2.1	乡	个	9	5	1	3		
2.2	村	个	27	16	2	9		
2.3	户数	户	324	68	20	236		
3	总人口	人	1 741	476	78	1 187		
3.1	农村人口	人	1 522	323	78	1 121		
3.1.1	农村移民人口	人	1 498	323	78	1 097		
	农业人口	人	1 424	317	70	1 037		
	非农人口	人	74	6	8	60		
3.1.2	农村事业单位职工		24			24		
3.2	工矿企业职工	人	219	153		66		
4	房屋面积	万 m²	13.2	2.4	0.6	10.2		
4.1	农村部分	万 m²	12.4	1.8	0.6	10.0		
4.2	工矿企业	万 m²	0.8	0.6		0.2		
5	主要专业项目							
5.1	企事业单位	个	16	13		3		
5.2	交通设施							
5.2.1	三级公路	km	37.2	32.7	1.7	2.8		
5.2.2	四级公路	km	5.1	5.1				
5.3	通信光缆	km	139	120.2	6.8	12		
5.4	基站	个	15	4	6	5		
5.5	输电线路	km	41.3	30.7	2	8.6		
5.5.1	10kV	杆 km	40.2	30.7	2	7.5		
5.5.2	35kV	杆 km	1.1			1.1		

资料来源：2007 年《四川省大渡河长河坝水电站建设征地移民安置规划报告》，第 12 页

注：水库淹没区与枢纽工程建设区重叠部分的实物指标计入枢纽工程建设区中

附表 5 长河坝水电站水库淹没涉及县乡村组表

序号	县	乡（镇）	村
1	康定	舍联乡	干沟村
2	康定	孔玉乡	四家寨村
3	康定	孔玉乡	巴朗村
4	康定	孔玉乡	河坝村
5	康定	孔玉乡	泥落村
6	康定	孔玉乡	门坝村
7	康定	孔玉乡	阿斗村
8	康定	孔玉乡	寸达村
9	康定	孔玉乡	色龙村
10	康定	孔玉乡	崩沙村
11	康定	三合乡	边坝村
12	康定	三合乡	河坝村
13	康定	三合乡	庄房沟村
14	康定	金汤乡	新房子村
15	康定	金汤乡	陇须村
16	康定	麦崩乡	上火地村

资料来源：2007 年《四川省大渡河长河坝水电站建设征地移民安置规划报告》，第 13 页
注：该地农村集体经济组织最小建制单位为村

附表 6 长河坝水电站实物指标汇总表（水库淹没区）

序号	项目	单位	指标量	备注
1	农村移民部分			
1.1	户数	户	68	
1.2	人口		323	
1.2.1	农业人口	人	317	
1.2.2	非农业人口	人	6	
3	农村移民房屋			
1.3.1	房屋面积	m^2	17 760.4	
	砖混结构	m^2	437.7	
	石混结构	m^2	1 630.4	
	砖木结构	m^2	621.0	
	石木结构	m^2	11 633.0	

续表

序号	项目	单位	指标量	备注
	土木结构	m²	10.8	
	木结构	m²	215.4	
	杂房	m²	2 620.4	
	藏式阁楼	m²	591.8	
1.3.2	房屋装修	m²	390.46	
1.3.2.1	客卧房	m²	343.98	
	B 级	m²	120.22	
	C 级	m²	223.76	
1.3.2.2	厨房	m²	46.48	
	C 级	m²	46.48	
1.4	农村移民主要附属设施			
1.4.1	围墙	m²	1 747.73	
	砖（石）质	m²	1 704.17	
	土质	m²	43.56	
1.4.2	院坝	m²	7 033.67	
	水泥	m²	2 035.59	
	土质	m²	4 998.08	
1.4.3	微型电站	kW	83.5	
1.4.4	输水管	m	10 445	
	钢管	m	695	
	铁管	m	2 000	
	镀锌管	m	70	
	胶管	m	7 680	
1.4.5	水缸			
	个数	个	48	
	容积	m³	15.52	
1.4.6	蓄水池			
	个数	个	24	
	容积	m³	640.9	
1.4.7	粪池	个	55	
1.4.8	灶台	眼	137	
1.4.9	坟墓	座	48	

序号	项目	单位	指标量	备注
1.4.10	龙门	个	14	
	一级	个	9	
	二级	个	1	
	三级	个	4	
1.4.11	烟囱	个	42	
1.4.12	花台	m³	13.93	
1.4.13	洗衣台	个	7	
1.4.14	橱柜	套	15	
1.4.15	食品加工台	座	33	
1.4.16	喇嘛墙	m²	138.68	
1.4.17	粮仓	个	1	
1.4.18	电动货运索道	条	2	
1.4.19	溜索	条	36	
1.5	零星林木	株	4 833	
	柑橘	株	193	
	枇杷	株	2	
	桃子	株	307	
	苹果	株	159	
	梨子	株	54	
	桑树	株	56	
	樱桃	株	145	
	杏子	株	170	
	核桃	株	1 589	
	柿子	株	18	
	花椒	株	1 172	
	葡萄	株	14	
	竹子	（丛）	8	
	其他经济树	株	327	
	其他果树	株	417	
	其他树	株	202	
2	农村企事业单位			
2.1	数量	个	3	

续表

序号	项目	单位	指标量	备注
2.2	房屋面积	m²	553.6	
	砖混结构	m²	43.5	
	石木结构	m²	510.1	
2.3	主要附属设施			
2.3.1	围墙	m²	231.96	
	砖（石）质	m²	56.4	
	土质	m²	175.56	
2.3.2	院坝	m²	990.37	
	水泥	m²	21.7	
	土质	m²	968.67	
2.3.3	水缸			
	个数	个	1	
	容积	m³	0.3	
2.3.4	蓄水池			
	个数	个	1	
	容积	m³	36	
2.3.5	粪池	个	2	
2.3.6	灶台	眼	3	
2.3.7	食品加工台	座	1	
2.3.8	电动货运索道	条	1	
3	土地	亩	17 540.2	
3.1	农用地	亩	11 314.8	
3.1.1	耕地	亩		
3.1.2	园地	亩	993.8	
3.1.2.1	果园	亩	322.2	
3.1.2.2	可调整果园	亩	498.9	
3.1.2.3	其他园地	亩	109.6	
3.1.2.4	可调整其他园地	亩	63.1	
3.1.3	林地	亩	10 298	
3.1.3.1	有林地	亩	90.1	
3.1.3.2	灌木林地	亩	10 207.9	
3.1.4	其他农用地	亩	23.0	

序号	项目	单位	指标量	备注
3.1.4.1	农村道路	亩	21.5	
3.1.4.2	坑塘水面	亩	1.5	
3.2	建设用地	亩	458.9	
3.2.1	居民点及工矿用地	亩	113.6	
3.2.1.1	农村居民点	亩	45.0	
3.2.1.2	独立工矿用地	亩	68.7	
3.2.2	交通用地	亩	339.3	
3.2.2.1	公路用地	亩	339.3	
3.2.3	水利设施用地	亩	6.0	
3.2.3.1	水工建筑用地	亩	6.0	
3.3	未利用地	亩	5 766.5	
3.3.1	未利用土地	亩	980.4	
3.3.1.1	荒草地	亩	505.7	
3.3.1.2	裸岩石砾地	亩	474.7	
3.3.2	其他土地	亩	4 786.1	
3.3.2.1	河流水面	亩	4 727.2	
3.3.2.2	滩涂	亩	58.8	
4	专业项目			
4.1	工矿企业	个	13	
4.1.1	占地面积	亩	47.4	
4.1.2	职工	人	153	
4.1.3	房屋面积	m²	5 973.9	
	砖混结构	m²	138.6	
	石混结构	m²	241.3	
	砖木结构	m²	3 999.7	
	石木结构	m²	335.2	
	杂房	m²	1259.1	
4.1.4	主要附属设施			
4.1.4.1	围墙	m²	519.17	
	砖（石）质	m²	519.17	
4.1.4.2	院坝	m²	2 845.24	
	水泥	m²	519.06	

序号	项目	单位	指标量	备注
	土质	m²	2 326.18	
4.1.4.3	变压器	个	5	
4.1.4.4	水缸			
	个数	个	2	
	容积	m³	2	
4.1.4.5	蓄水池			
	个数	个	6	
	容积	m³	274.1	
4.1.4.6	粪池	个	2	
4.1.4.7	灶台	眼	8	
4.1.4.8	龙门	个	5	
	一级	个	5	
4.1.4.9	烟囱	个	3	
4.1.4.10	洗衣台	m²	3	
4.1.4.11	预制夯乒乓球台	张	1	
4.1.4.12	食品加工台	座	30	
4.1.4.13	石砌基座	m³	96	
4.1.4.14	料仓	m³	818	
4.2	小水电站			
4.2.1	数量	座	3	
4.2.2	装机容量	kW	1 713	
4.2.3	房屋面积	m²	274.5	
	砖混结构	m²	114.8	
	石混结构	m²	52.8	
	砖木结构	m²	70.0	
	杂房	m²	36.8	
4.2.4	主要附属设施			
4.2.4.1	围墙	m²	141.14	
	砖（石）质	m²	141.14	
4.2.4.2	院坝	m²	1 458.11	
	水泥	m²	685.13	
	土质	m²	772.98	

续表

序号	项目	单位	指标量	备注
4.2.4.3	输水管	m	240	
	胶管	m	230	
4.2.4.4	蓄水池			
	个数	个	2	
	容积	m³	0.5	
4.2.4.5	粪池	个	2	
4.2.4.6	龙门	个	1	
	二级	个	1	
4.2.4.7	电动货运索道	条	3	
4.2.4.8	机耕道	km	2.5	黑金台子
4.3	公路		37.9	
4.3.1	三级公路	km	32.7	
4.3.2	四级公路	km	5.1	
4.4	通信设施	km		
	光缆	km	120.2	
	基站	个	4	
	机房	座	2	
	直放站		1	
4.5	库周交通			
	机耕道	km	3.15	
4.6	输变电设施	km	30.7	

资料来源：2007年《四川省大渡河长河坝水电站建设征地移民安置规划报告》，第14～18页

附表7　长河坝电站建设征地搬迁人口汇总表　（单位：人）

乡	村	基准年				规划水平年				备注
		水库淹没区	永久用地区	临时占地区	合计	水库淹没区	永久用地区	临时占地区	合计	
舍联	干沟	114	78		192	124	85		209	
	野坝			280	280			304	304	
	江咀			344	344			374	374	
	牛棚子			241	241			262	262	
	小计	114	78	865	1057	124	85	940	1149	

续表

乡	村	基准年				规划水平年				备注
		水库淹没区	永久用地区	临时占地区	合计	水库淹没区	永久用地区	临时占地区	合计	
孔玉	巴朗	40			40	43			43	
	河坝	23			23	25			25	
	门坝	73			73	79			79	
	泥落	7			7	8			8	
	四家寨	28			28	30			30	
	小计	171			171	185			185	
三合	边坝	11			11	12			12	
	小计	11			11	12			12	
金汤	新房子	21			21	23			23	
	陇须	6			6	7			7	
	汤坝			160	160			174	174	
	新联上			33	33			36	36	
	新联下			33	33			36	36	
	河坝			6	6			7	7	
	小计	27		232	259	30		253	283	
合计		323	78	1097	1498	351	85	1193	1629	

资料来源：2007 年《四川省大渡河长河坝水电站建设征地移民安置规划报告》，第 42 页

附表 8　长河坝水电站水库淹没区搬迁人口计算表　（单位：人）

乡	村	基准年基本情况							规划水平年预测			备注
		淹没人口			生产安置人口	搬迁人口			搬迁人口			
		合计	农业	非农		合计	农业	非农	合计	农业	非农	
舍联乡	干沟	114	109	5	109	114	109	5	124	118	6	
	小计	114	109	5	109	114	109	5	124	118	6	
孔玉乡	巴朗	40	40		40	40	40		43	43		
	河坝	23	23		23	23	23		25	25		
	门坝	73	73		73	73	73		79	79		
	泥落	7	7		7	7	7		8	8		
	四家寨	28	28		28	28	28		30	30		
	小计	171	171		171	171	171		185	185		

续表

乡	村	基准年基本情况							规划水平年预测			备注
		淹没人口			生产安置人口	搬迁人口			搬迁人口			
		合计	农业	非农		合计	农业	非农	合计	农业	非农	
三合乡	边坝	11	11		9	11	11		12	12		
	大火地				3							
	小计	11	11		12	11	11		12	12		
金汤乡	新房子	21	21		21	21	21		23	23		
	陇须	6	5	1	5	6	5	1	7	6	1	
	小计	27	26	1	26	27	26	1	30	29	1	
合计		323	317	6	318	323	317	6	351	344	7	

资料来源：2007 年《四川省大渡河长河坝水电站建设征地移民安置规划报告》，第 42 页

附表 9 长河坝水电站永久占地区搬迁人口计算表 （单位：人）

乡	村	基准年（2005 年）基本情况								搬迁年预测				备注
		永久用地区人口			生产安置人口	搬迁人口				搬迁人口				
		合计	农业	非农		合计	农业	非农	其中：扩迁人口	合计	农业	非农	扩迁人口	
舍联乡	干沟	78	70	8	70	78	70	8		85	76	9		
合计		78	70	8	70	78	70	8		85	76	9		

资料来源：2007 年《四川省大渡河长河坝水电站建设征地移民安置规划报告》，第 43 页

附表 10 长河坝水电站临时用地区搬迁人口计算表

乡	村	基准年基本情况			规划水平年预测			备注
		占地区人口			搬迁人口			
		合计	农业	非农	合计	农业	非农	
舍联乡	野坝	280	269	11	304	292	12	
	江咀	344	312	32	374	339	35	
	牛棚子	241	230	11	262	250	12	
金汤乡	汤坝	160	159	1	174	173	1	
	新联上	33	33		36	36		
	新联下	33	28	5	36	30	6	
	河坝	6	6		7	7		
合计		1097	1037	60	1193	1127	66	

资料来源：2007 年《四川省大渡河长河坝水电站建设征地移民安置规划报告》，第 43 页

附表 11　农村移民安置方案

乡	村	生产安置方式	安置地	生产安置人口	搬迁安置人口	用地性质	备注
孔玉乡	小计			145	177	水库淹没区	
	巴朗村	分插安置	市场坝	34	177		
	河坝村	分插安置	上菩提	19			
	门坝村	分插安置	上菩提	17			
			下菩提	45			
	泥洛村	分插安置	石场	6			
	四家寨村	分插安置	石场	24			
三合乡	小计			11	11	水库淹没区	
	边坝村	分插安置	边坝	8	8		
	火地村	分插安置	火地	3	3		
金汤乡	小计			22	281	水库淹没区	
	新房子村	分插安置	新房子	17	21	水库淹没区	
	陇须村	分插安置	陇须	5	7	水库淹没区	
	汤坝	分插安置	汤坝		174	临时用地	土料场
	新联上	分插安置	新联上		36	临时用地	土料场
	新联下	分插安置	新联下		36	临时用地	土料场
	河坝	分插安置	河坝		7	临时用地	土料场
舍联乡	小计			148	1136		
	干沟村	集中安置	章古河坝	148	196	水库淹没区、永久占地	
	野坝村	集中安置	野坝		304	临时用地	
	江咀村	集中安置	江咀		374	临时用地	
	牛棚子	集中安置	牛棚子		262	临时用地	
养老保障				54			
自谋职业、自谋出路、投亲靠友				42	24		
合计				422	1629		

资料来源：2007 年《四川省大渡河长河坝水电站建设征地移民安置规划报告》，第 59、60 页